网络食品交易风险与治理机制研究

浦徐进　洪巍　徐磊　著

WANGLUO SHIPIN JIAOYI FENGXIAN YU
ZHILI JIZHI YANJIU

人民出版社

序　一

在互联网技术迅速发展的当下,网络食品市场已经成为一个不可忽视的新兴领域。随着电子商务的兴起和移动互联网的普及,越来越多的消费者开始通过在线平台购买食品,这包括预包装食品、生鲜农产品以及外卖服务等。网络食品的便利性和多样性吸引了广大消费者,但同时也带来了一系列食品安全管理和监管的挑战。网络食品安全问题的复杂性主要源于交易的虚拟性和匿名性,这使得传统的食品安全监管模式难以适应。消费者在网络平台上往往难以直接核实食品来源和质量,而网络商家的资质验证和食品安全标准执行也不如实体店铺透明和严格。此外,跨区域的物流配送增加了食品安全的不确定性和风险。江南大学商学院浦徐进教授、洪巍教授和徐磊副教授的专著《网络食品交易风险与治理机制研究》创新性地采用多元主体协同治理的理论框架,探索了网络食品安全在快速发展的电子商务环境中面临的新挑战与风险,提出了将大数据、人工智能、区块链等前沿技术应用于食品安全监管的具体策略,解决了传统食品安全监管在网络环境下的适应性和效率问题。通过这些措施,该书为构建一个更高效、更透明的网络食品安全治理体系提供了实践指导和理论依据。该书的创新点主要体现在以下四个方面。

第一,提出了一个基于市场机制的多元主体共治模型。不仅强调政府在网络食品安全治理中的中心角色,同时指出要充分发挥企业、社会组织和消费者等多个利益相关者的作用。建立了一个包容性的治理框架,旨在促进各治理主体之间的协同合作,以实现资源共享、信息透明和决策效率的优化。

第二,深入探讨了信息技术在网络食品安全治理中的应用。详细阐述了大数据、云计算、物联网、人工智能和区块链技术如何被整合进食品安全的监管体系中,这些技术的应用不仅提高了监管的精确性和响应速度,也增强了食品追溯系统的可靠性。此外,技术创新还助力于建立更为动态的风险评估模型,能够实时监测和响应潜在的食品安全风险。

第三,对传统与现代治理方式的融合提出了新的思路。建议通过强制与激励结合的方式,引入递进式治理策略。这种策略不仅强调了制度的约束力,也充分利用了市场和社会力量的自我调节功能,从而形成了一种既包含强制性法规执行又兼容激励性措施的治理体系。

第四,特别强调公众参与的重要性。在网络食品安全的多元共治模型中,公众不仅是政策和监管措施的受益者,更是监督和反馈的重要来源。通过提高公众的食品安全意识和参与度,可以有效地提升治理的透明度和公信力,从而构建一个更加开放和公正的食品安全监管环境。

习近平总书记多次强调,要加强食品安全国家战略的实施,确保人民群众的"舌尖上的安全"。在当前经济社会发展背景下,网络食品安全已经成为国家治理体系和治理能力现代化的重要内容。《网络食品交易风险与治理机制研究》一书的出版顺应大势,恰逢其时,是一本分析翔实、论证充分的管理学佳作,能够启发我们更加深入地思考如何促进网络食品市场的健康可持续发展,对于网络食品的经营管理实践也具有重要的借鉴意义。

中国工程院院士　国际食品科学院院士
南昌大学食品科学与技术国家重点实验室主任

序　二

习近平总书记对食品安全问题非常重视,曾在多个公开场合强调食品安全的重要性。他曾指出:“食品安全关系人民身体健康和生命安全,必须坚持最严谨的标准、最严格的监管、最严厉的处罚、最严肃的问责,切实提高监管能力和水平。”①随着互联网的深入发展,网络食品交易成为新的消费趋势,带来了前所未有的市场扩展和便利性。然而,这种新型交易模式也伴随着诸多食品安全挑战,急需创新治理机制来应对。当前,我国网络食品安全治理已步入新的发展阶段,面对复杂的网络环境和多变的消费需求,如何建立和完善网络食品安全治理体系已经成为亟待研究的重大问题。

江南大学商学院浦徐进教授、洪巍教授和徐磊副教授共同撰写的《网络食品交易风险与治理机制研究》一书紧密结合现实背景,详细探讨了网络食品市场快速发展下的安全风险,并提出了一系列创新的治理策略。书中首先分析了网络食品市场的发展现状和主要特征,包括市场规模的扩大和消费模式的变化,同时指出了市场发展中的主要安全风险。在此基础上,作者建议构建多元主体参与的协同治理模式,强调政府、企业、社会组织及公众在食品安全治理中的合作关系。其次书中还探讨了信息技术在食品安全管理中的应

---

① 《总书记的温暖牵挂》,《人民日报》2023年1月22日。

用，如大数据和区块链等，以及这些技术如何帮助提高治理效率和透明度。最后提出了完善相关政策和法规框架的建议，旨在形成一个更加系统和有效的网络食品安全治理体系。通过这些深入的分析和建议，该书为网络食品安全的现状及未来发展提供了宝贵的理论支持和实践指导，提出了许多值得深思的观点。

第一，提倡构建一个基于市场机制的网络食品安全治理结构，强调政府、企业、社会组织和公众之间的平等合作。该结构旨在确保政府能够迅速响应网络食品安全风险的变化，同时以提高民众的满意度和信任度为核心目标。通过这种合作模式，各方能共同参与决策过程，共享资源和信息，从而提升整个网络食品安全治理体系的效率和适应性。

第二，建议对现有的网络食品安全管理方式进行根本性的革新，从依赖传统的强制性规则执行转变为采用更加柔性的激励措施，如建议、指导、协商和契约等。这种转变能更有效地利用社会公众的参与潜能，鼓励公众、企业和其他社会主体积极参与食品安全的自我管理和监督，进而形成更加动态和参与性强的治理环境。

第三，提出一种递进式的强制与激励结合的治理模式，该模式在强制性措施和激励性措施之间找到平衡。初期通过激励性措施鼓励企业和行业组织采取自我约束和自律行为，如设立行业标准和自我监督机制。随着时间推移，对未能达到安全标准的行为逐步实施强制性处罚。这种方法旨在通过逐步的调整和反馈，引导所有相关方向着提高食品安全标准的方向努力。

第四，强调公众参与在网络食品安全治理中的核心地位，并倡导建立一个广泛的政府与社会力量合作的社会治理模式。通过这种公众参与和社会治理模式，可以有效集合和利用来自各方的知识、资源和能力，增强食品安全治理的透明度和公众信任，同时提高治理措施的接受度和效力。公众的直接参与也有助于监督和执行食品安全政策，确保治理活动的公正性和有效性。

浦徐进教授、洪巍教授和徐磊副教授都是江苏省重点培育智库“江南大学食品安全风险治理研究院”的骨干成员，基地承担了包括国家社会科学基金重大项目、国家自然科学基金面上项目、国家社会科学基金一般项目等在内的多项食品安全治理领域国家级课题，发表了一系列见解深刻、观点新颖的论文，为政府提供了多份具有参考价值的决策咨询报告，相继获得教育部高等学校科学研究优秀成果奖（人文社会科学）二等奖、江苏省哲学社会科学优秀成果奖一等奖等奖励，赢得了学界的广泛关注和好评。

随着网络食品市场的持续扩张，网络食品安全治理面临的挑战也日益严峻。这些挑战不仅涉及食品安全本身的问题，还关系到网络经济的健康发展和公众的切身利益。希望浦徐进教授、洪巍教授和徐磊副教授在学术道路上不断开拓，继续探索网络食品供应链的内在规律，努力解答网络食品安全风险治理的现实困惑，取得更加丰硕的成果。

是为序！

路江涌

北京大学博雅特聘教授

目　录

绪　论

第一节　相关概念界定

一、互联网经济

互联网经济是信息网络化时代所产生的经济活动和经济现象，最初由美国学者约翰·弗劳尔（John Flower）正式提出。① 经济合作与发展组织在《OECD 互联网经济展望（2012）》中提出，通过互联网维系或单纯依赖互联网的经济活动所产生的价值就是互联网经济。② 国内外学者对互联网经济的理解存在一定差异。美国学者唐·泰普斯科特等（Don Tapscott 等）认为，互联网经济是突破技术瓶颈的新型经济模式；③我国学者乌家培将不同于传统经济的互联网经济定义为一个大型的互联网络市场；④徐慧认为，凡是与互联网相关或依赖于互联网的收入均为互联网经济；⑤赵冬梅等在强调智慧化和信

---

① ［美］约翰·弗劳尔著：《网络经济：数字化商业时代的来临》，梁维娜译，内蒙古人民出版社 1997 年版。

② 经济合作与发展组织著：《OECD 互联网经济展望（2012）》，张晓译，上海远东出版社 2013 年版。

③ ［美］唐·泰普斯科特、阿特·卡斯顿著：《范式的转变——信息技术的前景》，米克斯译，东北财经大学出版社 1999 年版。

④ 乌家培著：《网络经济丛书》，长春出版社 2000 年版。

⑤ 徐慧：《基于“互联网经济”的中国产业融合与创新》，《改革与战略》2016 年第 11 期。

息化手段的基础上，将互联网经济定义为通过创新驱动促进发展的经济。[①]事实上，不能把互联网经济单纯地理解为虚拟经济，也不能把它想象成与传统经济对立或在传统经济之外的经济。它是在传统经济发展的基础上，以互联网为媒介、以现代信息科技为核心的一种新经济形态，是顺应时代发展所产生的一种崭新的经济现象，也是互联网活动中所产生的所有经济活动的总和。

当前，世界各国都在制定相关政策来推动和规范互联网经济的发展。2018年，英国颁布《数字宪章》，旨在为英国发展数字经济创造最佳条件，确保市场有序运行；德国推出《高技术战略2020》，以促进互联网与工业的融合创新；美国将互联网视为国家发展的战略基础，针对互联网发展的安全和标准等问题，于1996年发布了《信息技术管理改革法》，并在政府部门内设立首席信息官、首席技术官、首席数据官等职位；日本在2012年提出《日本复兴战略》，通过实施e-Japan计划普及互联网，明确了通过数字信息产业振兴日本经济的目标，全力推进“数字新政”战略，推动社会数字化、智能化转型。2015年，习近平主席在第二届世界互联网大会的演讲中提出构建网络空间命运共同体的“五点主张”——加快全球网络基础设施建设，促进互联互通；打造网上文化交流共享平台，促进交流互鉴；推动网络经济创新发展，促进共同繁荣；保障网络安全，促进有序发展；构建互联网治理体系，促进公平正义。这为全球互联网发展和网络空间治理提出了中国的思路和方案，也为我国自身的发展指明了方向。[②] 此外，习近平总书记还亲自部署我国平台经济发展，提出要着眼长远、兼顾当前，补齐短板、强化弱项，营造创新环境，解决突出矛盾和问题，推动平台经济规范健康持续发展。[③] 2021年，国务院印发《“十四五”数字经济

---

① 赵冬梅、吴世健、孙继强：《发展互联网经济推进智慧城市建设问题研究——以江苏省为例》，《科技管理研究》2016年第11期。

② 习近平：《在第二届世界互联网大会开幕式上的讲话》，《人民日报》2015年12月17日。

③ 《推动平台经济规范健康持续发展　把碳达峰碳中和纳入生态文明建设整体布局》，《人民日报》2021年3月16日。

发展规划》,提出我国数字经济发展的总体要求、主要任务、重点工程和保障措施,为“十四五”时期各地区、各部门推进数字经济发展提供了行动指南。2022年,国务院新闻办公室发布《携手构建网络空间命运共同体》白皮书。党的二十大报告指出“加快建设网络强国、数字中国”,未来经济发展重心聚焦实体经济,互联网企业依旧起到重要作用。因此,加快发展互联网经济,对于构建新发展格局、推动高质量发展具有重要意义,是全面建设社会主义现代化国家新征程上的重点任务。

随着互联网普及率的提高,其与经济社会融合的广度和深度也不断拓展。2023年,我国网上零售额达到15.4万亿元,连续11年稳居全球第一。[①] 国家统计局的数据显示,我国互联网业务收入总体保持较快增长的趋势,2023年我国规模以上互联网和相关服务企业完成互联网业务收入17483亿元,增速同比提高6.8个百分点。[②] 互联网经济的快速发展在促进消费、拉动投资等方面发挥着重要作用,已经成为我国经济发展的关键驱动力。

当前,互联网经济业态可以分为五大主要类型:

(1)电子商务。电子商务是指在全球广泛的商业贸易活动以及开放的网络环境下,基于客户端/服务端应用方式,实现网上购物、商户之间的网上交易和在线电子支付的一种新型商业运营模式,是以信息网络技术为手段,以商品交换为中心的商务活动。

(2)互联网金融。互联网金融是指传统金融机构和互联网企业利用互联网技术和信息通信技术实现资金融通、支付、投资和信息中介服务的新型金融业务模式,是传统金融行业与互联网技术相结合的新兴领域,具有可移动性、快速性和安全性。

① 商务部电子商务和信息化司:《2023年中国网络零售市场发展报告》,见 https://dzswgf.mofcom.gov.cn/news_attachments/0b705cad272d2f27479e27aaba27ebe816731b07.pdf。

② 《2023年互联网和相关服务业运行情况》,见 https://www.miit.gov.cn/jgsj/yxj/xxfb/art/2024/art_3aa3fa8990d64171a1fd5682dd365ea8.html。

(3)即时通讯。即时通讯是一种基于互联网的即时交流消息的业务活动,是一个允许两人或多人使用网络即时传递文字消息、档案、语音与视频交流的终端服务。即时通讯按使用用途分为企业即时通讯和网站即时通讯,根据装载的对象又可分为手机即时通讯和PC即时通讯。目前,主流的即时通讯软件主要有Skype、Google Talk、Wechat、Facebook等。

(4)搜索引擎。搜索引擎是指根据用户需求与一定算法,运用特定策略从互联网检索出指定信息反馈给用户的一种检索技术。搜索引擎依托于多种技术,如网络爬虫技术、检索排序技术、网页处理技术、大数据处理技术、自然语言处理技术等,为信息检索用户提供快速、高相关性的信息服务。

(5)网络游戏。网络游戏是以互联网为传输媒介,以游戏运营商服务器和用户计算机为处理终端,以游戏客户端软件为信息交互窗口,为游戏用户提供娱乐、休闲、交流和虚拟成就的具有可持续性的个体性多人在线游戏。

二、网络食品

网络食品是互联网、大数据等新一代信息技术与食品产业渗透融合的产物。在《中华人民共和国食品安全法》《网络食品安全违法行为查处办法》等法律条文中,网络食品的定义是通过第三方网络交易平台或自建网站进行交易的食品,可以利用网络订单实现食品和资金之间的流通交易。理论上,所有食品均可以通过网络进行销售。但是,由于食品具有易腐性、季节性、周期性等特征,网络食品市场以销售休闲食品、生鲜食品、外卖食品为主,如表0-1所示。

表0-1 网络食品的主要类别和定义

类别	定义
网络餐饮食品	又称外卖食品,指餐饮服务经营者通过互联网(含移动互联网)接受订单,制作、打包并配送的餐饮食品

续表

类别	定义
生鲜食品	指未经烹调、制作等深加工过程,只做必要保鲜和简单整理而上架出售的初级产品,以及面包、熟食等现场加工品类的商品的统称,包括水果、蔬菜、肉品、水产品、熟食和糕点等
非生鲜食品	除网络订餐食品、生鲜食品以外的其他网络食品,包括干果、膨化食品、糖果等休闲食品,以及肉制食品、保健食品、特殊医学用途配方食品、婴幼儿配方乳粉、米面粮油等

资料来源:笔者整理。

总体而言,网络食品交易具有以下四个特征:

(1)交易方式网络化。交易双方通过网络平台完成食品交易,交易行为具有不确定性、虚拟性和隐蔽性。新一代信息技术的推广应用加速了经济全球化的进程,处于不同地区甚至不同国家的交易双方都可以通过网络交易市场中的虚拟平台进行食品交易,打破了传统实体市场中食品交易的时间和空间障碍。

(2)经营方式虚拟化。网络食品市场中的商家店铺是虚拟的,商家只需要在网络第三方交易平台上申请开店,进行网页设计,将所售食品的详细介绍置于网上供消费者浏览。由专门的客服人员与买家进行交流,回答消费者咨询的问题。通过支付平台进行收付款即可完成交易。

(3)食品种类多样化。网络食品市场提供种类丰富多样的食品,全国甚至全世界的特产美食基本都可以在网上找到。此外,同一种食品可能有多个商家在网上出售,消费者的选择空间大大增加。

(4)交易成本低廉化。在网上销售食品没有门店,不需要在实体门店摆放实物,不需要售货员,省去了店面租金、装修费、水电费及人员雇佣费等大量费用。同时,商家可以通过互联网对产品进行介绍和宣传,避免了传统方式的广告、印刷等大量成本。

网络食品的销售模式主要有三种:(1)B2C(Business to Consumer)模式。依靠传统电商搭建的综合类电商平台和垂直化电商平台将商家和客户相连,目前食品电商平台运营旗舰店的销售模式大多为 B2C 模式。(2)O2O(Online to Offline)模式。利用配送平台(例如“饿了么”“美团外卖”“百度外卖”等)连接网络食品的线上选购和线下服务,充分发挥线下的食品供应资源、消费需求和线上的选购优势。(3)C2C(Customer to Consumer)模式。这种模式下的网络食品交易多在社交媒体上进行,往往是个人与个人之间的交易行为(例如在微信上订购“私房蛋糕”和“秘制美食”等),销售具有隐秘性。

尽管网络食品提供了诸多便利,但也带来了不少问题。比如,相较于线下交易,消费者无法充分鉴别网络食品经营者的资质和食品的安全性,而网络平台上的食品经营者为了吸引顾客往往会利用夸大甚至虚假的宣传广告图片、刷好评、删除差评记录等方式误导消费者,从而给行政管辖、调查取证、食品安全监管带来很大挑战。

三、食品安全

20 世纪 70 年代初,联合国粮农组织首次提出了“保证任何人在任何地方都能够得到为了生存和健康所需要的足够食品”的“食品安全”概念,在当时的时代背景下,食品的安全性主要体现为食品供给数量的保障。20 世纪 80 年代初,世界卫生组织又提出了新的“食品安全”概念,即“生产、加工、存储、分配和制作过程中确保食品安全可靠,有益于健康并且适合人消费的种种必要条件和措施”,食品安全已经从最初的供给数量提升到对食品质量的更高要求。20 世纪 90 年代初,世界卫生组织为了最大限度地保证食品安全,进一步提出了以消费者为导向的“食品安全”定义,即“对食品按其原定用途进行制作和(或)食用不会使消费者受害的一种担保”。

2009 年,我国出台的《中华人民共和国食品安全法》将“食品安全”定义为“无毒、无害,符合应当有的营养要求,对人体健康不造成任何急性、亚急性或者慢性危害”。这一定义可以从三个层面来理解:从安全的角度看,食品应当无毒、无害;从营养的角度看,食品应符合基本的营养要求;从健康的角度看,食品对人体健康不能造成任何危害。

近年来,食品已经由过去的初级农副产品发展为凝结科技属性的复杂产品。转基因和杂交技术在选种育苗过程中大力推广;化肥、农药在农粮作物的种植过程中被广泛应用;防腐剂、调味剂在食品加工过程中被普遍使用。因此,对食品安全性的判断需要借助更先进的科技手段。世界各国也开始逐步重视起隐性的食品安全问题,关注食品安全的潜在风险对人类的危害性。因此,目前的"食品安全"已经发展为一个集合性概念,涵盖了食品数量、食品质量、食品卫生、食品营养等诸多内容。

首先,食品安全具有外部性。食品安全领域的外部性表现为食品生产经营者的经济活动所造成的企业利益与社会利益的不匹配,许多食品生产企业将其问题产品所带来的成本消耗转嫁到社会上,成为外部成本。在食品交易活动中,消费者往往被食品生产经营者的营销手段和外部感官所左右,难以辨别食品本身的安全性。失信企业一旦通过不法手段获得收益,就实现了对不安全食品的成本和风险转移,给市场健康有序发展带来了不安定因素。

其次,食品安全具有公共属性。食品特殊的功能使其具备了保障公众基本生存、身体健康和社会稳定的重要作用,其公共属性体现为食品的安全性能够影响社会公众的整体福利水平。食品安全所引发的一系列问题也都与食品安全的公共属性相关。例如,食品安全问题所引发的病害不仅危害着公众个人的生命财产,也是对公共医疗卫生造成了巨大的负担;食品安全问题所引发的社会恐慌不仅损害了食品产业的整体形象,更是对政府公共服务能力的质疑。

最后,食品安全具有政治属性。任何国家都有保障本国公民生命健康的义务,这也成为国家应当保障食品安全的依据。同时,食品安全问题也事关消费者的权益。每一个消费者和社会组织都有参与食品安全治理的权利,有知悉所购食品的真实服务权。我国更是对食品安全给予了前所未有的重视,习近平总书记反复强调食品安全监管问题,指出"能不能在食品安全上给老百姓一个满意的交代,是对我们执政能力的重大考验”①。

四、风险治理与治理机制

(一)风险治理

“风险治理”一词最初是由“欧洲委员会”(European Commission)支持成立的综合风险管理研究机构“诚信网络”(Trust Net)提出的。随后,“国际风险管理理事会”(International Risk Governance Council)给出了更加完整的定义——“风险治理是在更大的背景下处理风险的识别、评估、管理和沟通”。在公共安全领域,风险治理是一项系统工程,涉及风险识别与分析、风险评估、风险决策和风险处置行动等一系列内容。② 国内外学者也从不同角度给出了对风险治理的理解。以罗杰·E.卡斯帕森为代表的国外学者,针对信息在风险传播过程中的扩散作用,提出“风险的社会放大”框架,描述了社会与个体因素如何作用以放大或弱化对风险的认知,并由此制造诸如技术污名化、经济损失或管制性影响之类的次级效应;③我国学者朱正威等强调了政府在风险治理过程中的重要性,将风险治理界定为“政府识别、评估、判断风险,采取有效行动预测风险,减轻不利后果,以及监控、优化管理流程的全部过程”;④曹惠民认为风险治理的关键在于充分了解风险自身的生成发展机理和风险治理机制;⑤李冰和刘卓红提出风险源于社会关系的变化,因此风险治理是以人民

---

① 中共中央党史和文献研究院编:《习近平关于国家粮食安全论述摘编》,中央文献出版社 2023 年版,第 116 页。

② 吴林海、王晓莉、尹世久等著:《中国食品安全风险治理体系与治理能力考察报告》,中国社会科学出版社 2016 年版。

③ [美]尼克·皮金、罗杰·E.卡斯帕森、保罗·斯洛维奇著:《风险的社会放大》,谭宏凯译,中国劳动社会保障出版社 2010 年版。

④ 朱正威、刘泽照、张小明:《国际风险治理:理论、模态与趋势》,《中国行政管理》2014 年第 4 期。

⑤ 曹惠民:《新时代公共安全风险治理绩效改进策略研究》,《求实》2020 年第 4 期。

群众为主、制度化、法制化、精准化且遵循群众史观的综合治理工程。①

社会风险的治理是组织和部门等主体通过专门化和制度化的手段缓解风险、保护公众利益和维持社会秩序的一系列活动,具有如下特点:(1)公开性和透明度。风险治理不同于风险控制,它强调治理过程的信息公开和操作透明;(2)风险利益相关者的参与。风险管理过程经常涉及政府部门、咨询机构、协调部门以及不同的风险利益相关者,强调在风险管理过程中理顺相关利益群体之间的关系;(3)风险治理的清晰性和责任共担。风险治理强调治理目标的明晰和治理主体各自责任的明确;(4)良好的风险沟通。风险沟通是一种认识风险,进而采取合适的应对行为,并参与到风险决策中来的过程。风险沟通是风险治理的重要内容,强调信息公开和相关主体之间的平等对话;(5)对科学与不确定性之间关系的正确认识。风险具有不确定性和难以测量性,风险治理强调既要尊重科学数据,也要正确认识风险;(6)重视科学专家意见的同时也要考虑其他因素。风险治理的重要环节是风险评估,在风险评估指标的确定上不仅要重视专家意见,也要考虑其他相关利益群体的意见,才能得出令各方都能接受的结果;(7)建立信任。风险治理强调建立信任关系,推动主体之间的有效合作;(8)风险的跨域合作治理。不同类型风险涉及的范围不同,社会风险往往具有影响广域的特征,因此倡导风险的跨域合作治理是实现善治的必然选择。

目前,食品安全的风险治理面临着一些独有的难题:

(1)食品安全风险的不可预测性带来的治理难题。由于食品安全风险是否发生和发生时间的不确定性,以及产生结果和程度的不可预估,政府监管部门在风险治理过程中容易顾此失彼。在互联网迅速发展的当下,食品安全风险造成的不良影响会通过现代通信手段快速传播,容易引起全社会的负面情绪。人们对食品安全的关注程度不断加强,希望政府能将食品安全风险的预

---

① 李冰、刘卓红:《新时代风险治理探析》,《理论视野》2021年第6期。

测和治理作为首要的职责,对政府及时高效处理食品安全风险的需求非常强烈。然而,政府监管部门在处理食品安全风险事故中存在着制度上、政策上以及设置上的障碍,在及时性、信息公开方面也需要进一步完善。

(2)食品安全风险的普遍性带来的治理难题。食品安全环节多、链条长,我国地域广阔,食品种类繁杂,食品安全风险贯穿于生产、加工、运输、储存、交易等整个食物链环节。例如,在生产过程中,食品被违规加入食品添加剂;在运输、储存、交易过程中,不能保证食品环境,进而导致食品受到污染、发生变质。这些不可控的因素,使得政府监管责任变得异常繁重。食品安全风险是普遍的,单靠政府的力量难以解决,每一个社会成员都应该承担起相应的责任。食品安全风险治理要求多个治理主体相互合作,政府需要思考如何与其他部门,尤其是非政府组织进行合作,有效发挥非政府组织的作用。

(3)食品安全风险的全球性带来的治理难题。随着经济、政治、文化全球化,国际间人员、资金、技术等的交流日益密切,食品安全风险也在各国之间扩散。例如,2013 年新西兰乳业巨头生产的蛋白粉被检测出梭状芽孢杆菌、2018 年的非洲猪瘟蔓延导致大量病死猪等,这些食品安全事故给全世界经济带来不同程度的影响。在经济全球化的背景下治理食品安全风险,单纯依靠一国的力量很难完成,需要各个国家的合作和努力。

(二)治理机制

“机制”是一个多义词,商务印书馆出版的《新华词典》对其的解释是:一是指“机器的构造和工作原理”;二是“借指有机体各部分的构造、功能特性及其相互联系及相互作用等”;三是指“用机器加工制造的”。《现代汉语词典》(第 5 版)对“机制”增加了第四重释义,即“泛指一个工作系统的组织或部分之间相互作用的过程和方式”。“机制”这个词最初在生物学、医学等自然科学研究中被广泛使用,后被社会科学研究所借用,用以指称社会各组成部分、要素之间较为稳定的相互联系、相互作用的关系,以及它们之间协调运行的过程和方式。

社会治理机制是指为实现社会治理的目标,社会治理主体(政府、私营部门、第三部门、社区组织、公众等)之间形成的相互联系和相互作用的关系,以及它们之间的协调运行过程。它包括如下内涵:第一,社会治理机制具有明确的目标导向——实现社会治理的目标。具体而言,即为了促进社会系统的和谐运行和良性发展,实现社会的公平正义。第二,社会治理机制是政府、私营部门、第三部门、社区组织、公众等多主体之间的互动关系。这种关系结构不是官僚制组织所强调的不平等的上下层级的纵向结构(因为私营部门、第三部门、社区组织、公众不属于政府系统内的组成部分),而是政府、私营部门、第三部门、社区组织、公众等多主体在平等的基础上形成的横向网络状的关系结构;不是政府对社会其他主体发号施令的命令与服从关系,而是政府与社会其他主体之间在平等基础上的合作伙伴关系。第三,社会治理机制是社会治理主体之间的协调运行过程。社会治理主体之间的协调运行过程是社会治理主体协同治理活动的形成、推进和实现过程,是社会治理主体从协同治理活动的发端、延续到完成的全过程。社会治理的职能主要是协调社会关系、解决社会问题、化解社会矛盾、应对社会风险、保持社会稳定、促进社会公正等,社会治理主体之间的协调运行过程一般包括社会治理决策如何做出、社会治理动态调控如何进行,以及社会危机如何治理等环节或过程。

社会治理机制在社会治理中发挥着极其重要的作用,有助于形成社会治理的自适应系统,提高社会治理效率。2013 年,党的十八届三中全会通过《中共中央关于全面深化改革若干重大问题的决定》,正式用“社会治理”概念代替“社会管理”概念,提出“创新社会治理体制”的改革目标,并强调从“改进社会治理方式”“激发社会组织活力”“创新有效预防和化解社会矛盾体制”“健全公共安全体系”等方面提升社会治理水平,由此推动了一系列重大创新实践。党的十九大报告提出“打造共建共治共享的社会治理格局”,提高社会治理社会化、法治化、智能化、专业化水平。党的十九届四中全会再次提出“完善党委领导、政府负责、民主协商、社会协同、公众参与、法治保障、科技支撑的社会治理体系”。党的二十大报告进一步指出,完善社会治理体系,健全共建共治共享的社会治理制度,提升社会治理效能,畅通和规范群众诉求表达、利益协调、权益保障通道,建设人人有责、人人尽责、人人享有的社会治理共同体。

第二节　我国网络食品市场的发展现状

一、网络食品市场规模持续扩大

2020 年初,新冠疫情在全国范围内蔓延,对我国经济以及各行业的发展产生了较大影响,也对传统的商品流通产业造成了巨大的冲击。居民所有的日常需要从线下转向线上,网络食品行业真正走上了前台。为保证各地居民特别是疫情重灾区的菜篮子供应,数家电商平台联合社区生鲜、餐饮企业以及其他跨界企业进行了合作,网络购买一时成为居民获取食品的主要渠道。

从 2017 年开始,在国家“菜篮子工程”政策的指引下,冷链物流技术快速发展,网络食品行业规模呈现稳步增长的态势。2020 年的中央一号文件明确提出“启动农产品仓储保鲜冷链物流设施建设工程。加强农产品冷链物流统筹规划、分级布局和标准制定。安排中央预算内投资,支持建设一批骨干冷链物流基地。国家支持家庭农场、农民合作社、供销合作社、邮政快递企业、产业化龙头企业建设产地分拣包装、冷藏保鲜、仓储运输、初加工等设施,对其在农村建设的保鲜仓储设施用电实行农业生产用电价格”。同时,食品安全追溯系统利用互联网技术,实现了“从田间到餐桌”的质量监管追溯,推动了网络食品市场的发展。此外,国家和地方陆续出台相关政策来保护和支持网络食品行业的发展,如表 0-2 所示,不同层面的政策叠加,进一步激发了网络食品行业的活力。

表 0-2 促进网络食品行业发展的相关政策

政策	内容
《中华人民共和国国民经济和社会发展第十四个五年规划和2035年远景目标纲要》	严格食品药品安全监管,加强和改进食品药品安全监管制度,完善食品药品安全法律法规和标准体系,探索建立食品安全民事公益诉讼惩罚性赔偿制度,深入实施食品安全战略,推进食品安全放心工程建设攻坚行动
《网络餐饮服务食品安全监督管理办法》	明确要求互联网餐饮服务提供者具有实体店铺并依法取得食品经营许可证,同时网络订餐交易平台必须实地审查入网餐饮服务经营者,并实名登记其信息、签订协议、明确入网餐饮点的食品安全责任,在主页面的显著位置公示其食品经营许可证等
《关于加快推进冷链物流运输高质量发展的实施意见》	优化枢纽港站冷链设施布局,完善产销冷链运输设施网络,鼓励生鲜电商、寄递物流企业加大城市冷链前置仓等"最后一公里"设施建设力度
《天津市商务局关于推动菜市场全面提档升级的通知》	实现商户进货平台化,实现交易收银电子化,实现商户管理集约化,实现线上订单规模化,配送到家便利化
《上海市促进在线新经济发展行动方案(2020—2022年)》	拓展生鲜电商零售业态,大力促进"数字菜场"等消费新业态发展、加快发展"无接触"配送以及鼓励发展智慧零售终端等三大措施
《关于加强疫情期间生鲜电商平台和邮政快递行业合作的通知》	各相关部门加强协调统筹,加大宣传引导,强化信息互通,发挥好网购的作用,培育在线"新经济"

资料来源:笔者整理。

随着我国电商产业的迅猛发展,网络食品在食品销售市场中所占的份额获得了快速提升。2023年,全国农产品网络零售额5870.3亿元,增长12.5%。分品类看,休闲食品、滋补食品和粮油网络零售额位居前三,占比分别为17.1%、13.3%和13.3%。分地区看,东、西、中部和东北地区农产品网络零售额占全国农产品网络零售额比重分别为63.9%、15.7%、14.9%和5.5%,分别增长11.8%、16.9%、13.1%和6.8%。[①] 根据淘宝、科普中国联合发布的报告显示,2021年有210万人在淘宝上选购食品;微博上食品电商热门话题

① 商务部电子商务和信息化司:《2023年中国网络零售市场发展报告》,见 https://dzswgf.mofcom.gov.cn/news_attachments/0b705cad272d2f27479e27aaba27ebe816731b07.pdf。

阅读量已经突破1亿;哔哩哔哩网站"食品电商"开箱的视频播放量在15万以上;而在小红书APP上,关于食品电商的相关笔记有近1500篇。我国食品电商及相关企业数量也呈现快速增长的趋势,2019年我国食品电商及相关企业数量达到9.37万家;2020年以来,由于受到疫情的冲击,食品电商及相关企业数量逐渐缩水,截至2021年底,我国食品电商及相关企业数量下降至5.73万家。目前,网络食品市场主要以休闲食品、生鲜食品、网络餐饮食品为主。

(一)网络休闲食品

随着居民可支配收入的增长及消费观念的转变,健康安全、方便快捷的休闲食品受到青睐,休闲食品行业呈现出上升发展的态势。2022年中国休闲食品行业的市场规模达到8437亿元,近五年年均复合增长率为4.24%。企查查数据显示,中国经营范围含"休闲食品"且状态为在业、存续的企业有62.87万余家。近年来,国内休闲食品相关企业数量呈稳步增长状态,2022年新增企业注册量达13.41万家,占相关企业注册总量的21.33%,为近年来增长量最多的一年。2023年1—11月,国内休闲食品相关企业注册量达20.35万家,占企业注册总量的32.37%。①

(二)生鲜食品

随着现代物流业的发展,人们对于生鲜食品的日常需求也被进一步激发,生鲜电商市场得以高速发展。根据网经社"电数宝"(DATA.100EC.CN)电商大数据库显示,2016—2022年,我国生鲜电商市场规模持续扩大,从2016年的914亿元增长至2023年的6427.6亿元,增长5.1倍,如图0-1所示。

中商产业研究院发布的《2022—2027年中国生鲜电商产业需求预测及发

① 中商情报网:《2024年中国休闲食品行业市场前景预测研究报告(简版)》,见https://m.askci.com/news/chanye/20231201/0908542701423233840602 36.shtml。

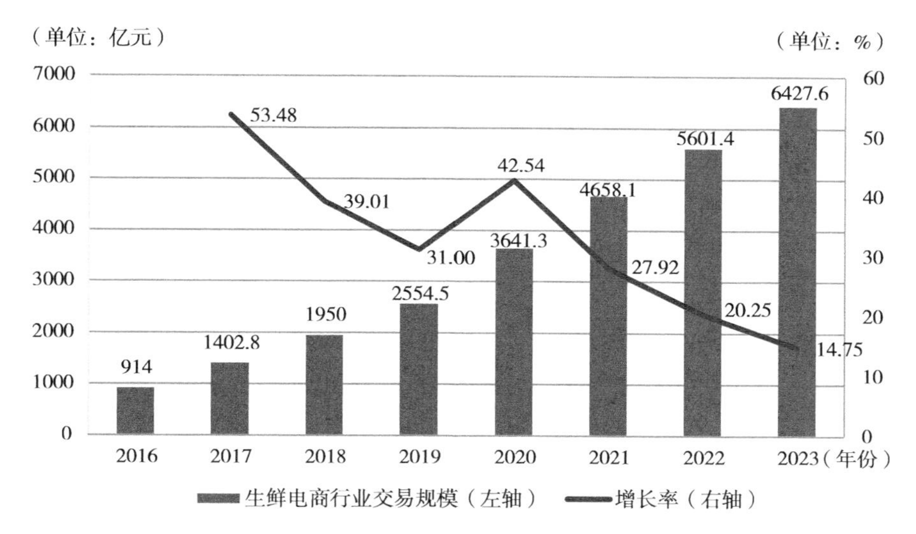

图 0-1　2016—2023 年我国生鲜电商行业交易规模及增长率

资料来源:笔者整理。

展趋势前瞻报告》显示,2023 年中国生鲜电商交易规模达到约 6427.6 亿元,同比增长 14.74%。中商产业研究院分析师预测,2024 年中国生鲜电商交易规模将达到 7367.9 亿元。近年来,生鲜电商渗透率保持增长趋势,2022 年渗透率达到 10.28%。2023 年生鲜市场进入寒冬期,渗透率下降至 8.97%,生鲜电商行业发展空间较大。疫情期间,人们在生鲜平台上的消费更加趋向于日常化,如图 0-2 所示。可见,消费者已经养成了线上购买生鲜产品的习惯,这为生鲜电商行业持续发展提供了良好的条件。

(三)网络餐饮

第 53 次《中国互联网络发展状况统计报告》显示,截至 2023 年 12 月,我国网络餐饮用户规模已达 5.45 亿,较 2022 年 12 月增长 2338 万人,占网民整体的 49.9%。国家信息中心发布的《中国共享经济发展报告(2023)》显示,2022 年我国在线外卖收入占全国餐饮业收入比重约 25.4%,同比提高了 4 个百分点。此外,中国饭店协会联合饿了么发布的《2020—2021 年中国外卖行业发展研究报

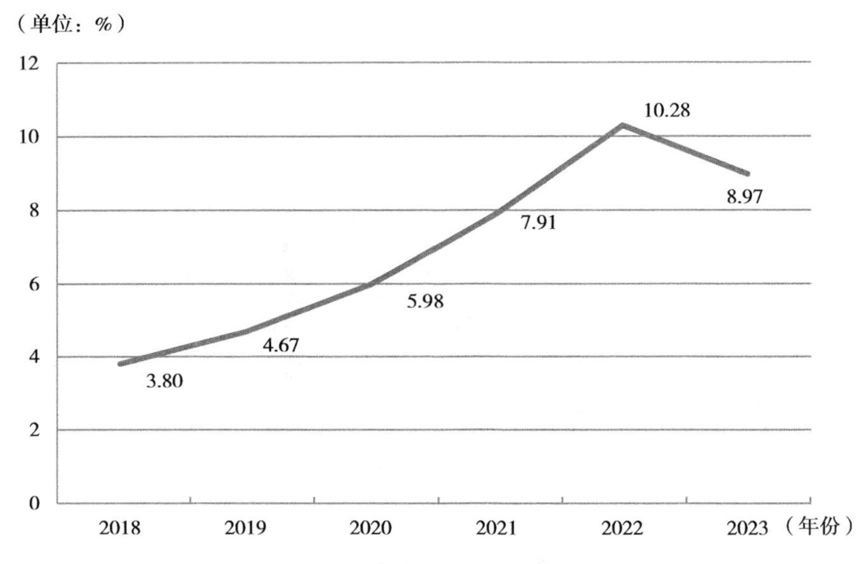

图 0-2　2018—2023 年我国生鲜电商渗透率统计情况

资料来源:网经社电子商务研究中心。

告》显示,疫情给外卖市场带来了很多趋势性的变化,外卖餐饮获得更多下沉市场用户及大龄用户的欢迎,餐饮企业门店纯外卖比例由 4%提高至 7%。

近三年,我国外卖相关企业新注册量整体呈快速上升趋势,如图 0-3 所示。企查查数据显示,截至 2024 年 1 月 25 日,我国现存外卖相关企业 257.08 万家。近十年,我国外卖相关企业注册量整体呈显著上涨态势。2023 年,我国外卖相关企业新增 105.32 万家,首次突破 100 万家,同比增长 56.74%。从区域来看,江苏现存 55.97 万家外卖相关企业,位居第一。山东、广东分别现存 30.83 万家、22.33 万家外卖相关企业,位居前三。此后是河南、福建、湖北等地。从城市来看,苏州现存 34.22 万家外卖相关企业,位居第一。广州、无锡分别现存 10.1 万家、6.67 万家外卖相关企业,位居前三。此后是重庆、长沙、西安等地。①

① 《外卖员月收入居蓝领前三! 企查查:江苏外卖相关现存企业最多》,见 https://qnews.qcc.com/postnews/q70115ad039f11d57da7d0e0ae9fb1280.html。

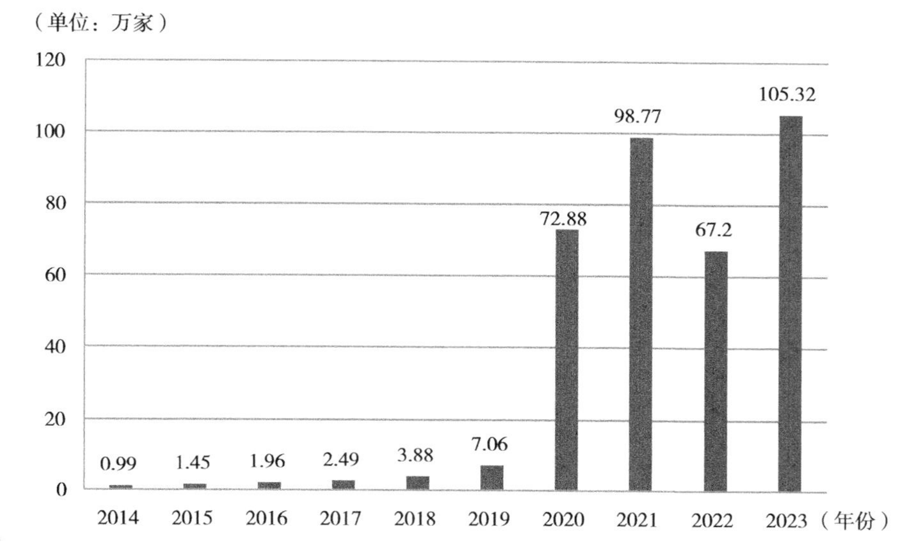

图 0-3　2014—2023 年我国外卖相关企业注册量

资料来源:笔者整理。

2022 年我国网上外卖用户规模达 5. 21 亿,占网民整体的 48. 8%。① 新冠疫情期间,餐饮行业总体收入同比下降 16. 6%,但线上外卖收入仍然保持稳步上升趋势(2020 年收入达到 6561 亿元,同比增长 13. 3%),外卖业务已经成长为餐饮行业的关键增长引擎(见图 0-4)。同时,外卖产业的渗透率也持续提升,外卖在我国居民饮食消费中的重要性进一步增强。②

当前,凭借强大的大数据分析和运筹优化能力,外卖平台得以高效完成从线上下单到线下配送的各个环节,人们形成了以外卖的形式购买生鲜蔬菜、药品、日用品等的消费习惯。随着外卖业务的拓宽,2022 年,我国在线外卖市场规模达到 9411. 3 亿元,增速达到 19. 8%。③

① 中商情报网:《2022 年我国网上外卖用户规模达 5. 21 亿 占网民整体的 48. 8%(图)》,见 https://www.askci.com/news/chanye/20230324/0934452679621663650 51228. shtml。

② 中研网:《中国外卖箱行业市场现状调研及发展趋势分析》,见 https://www.chinairn.com/hyzx/20220817/150848239. shtml。

③ 搜狐网:《华经产业研究院重磅发布〈2023 年中国外卖行业深度研究报告〉》,见 https://www.sohu.com/a/703842217_120928700。

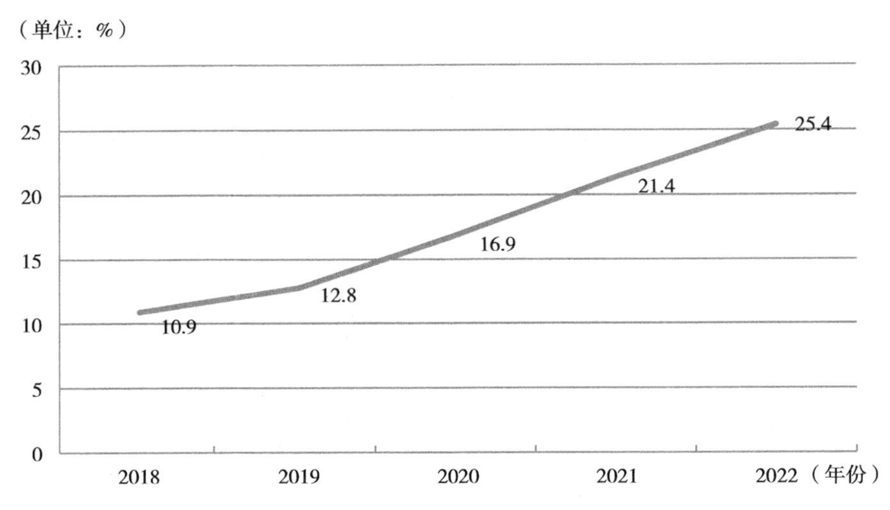

图 0-4　2018—2022 年我国外卖行业市场规模占餐饮行业比重

资料来源:笔者整理。

二、网络食品商业模式不断创新

"互联网+"是一种新的思维方式、生产方式和生活方式,将不断催生新的商业模式。网络经济的发展使食品企业相关信息的透明度更高,食品对外营销渠道更宽、范围更广,食品企业能够实时地了解消费者的消费需求与倾向。在"互联网+"思维的潮流中,网络食品企业不断变革传统的管理理念和管理方式,网络食品市场也在不断创新商业模式,营造良好的网络消费环境。

(一)休闲食品的商业模式

目前来看,休闲食品的销售仍以超市卖场为主,但电商市场发展迅速,未来休闲食品大有向"线上+线下"全渠道布局发展的趋势。根据销售渠道的不同,休闲食品的商业模式主要有以下五种:

1. 个体经营休闲食品商业模式

一些掌握传统休闲食品制作方式的个体户往往会采用个体经营模式,他们制作的休闲食品虽然符合当地人的口味，但成本低、制作工序简单、种类较单一，缺乏一定的质量保障。随着社会经济的发展，人们对休闲食品的需求更加追求质量和营养，因此个体经营休闲食品模式的销售份额也会越来越小。

2. 点对点的休闲食品商业模式

与个体经营休闲食品商业模式不同，在点对点模式下，销售点本身不生产相关的休闲食品，只负责售卖。销售点根据消费者的需求喜好选择不同的供应商，基本能满足食品消费者的大部分需求。在该模式下，销售点规模较大、多集中于居民住宅区，且休闲食品有一定的质量保障，消费者的信赖度较高。

3. 电商平台商业模式

随着新零售时代的到来，各大休闲食品零售商也纷纷开始进行“线上+线下”全渠道布局，通过线下门店体验增加转化率的同时，又吸引消费者回到线上完成购买，形成线上和线下融合、优势互补、相互加持的全渠道模式，为消费者提供多触点、便捷化的多场景购物解决方案。

4. 微商模式

受益于简单快捷的操作界面，仅依靠移动客户端的社交软件便可完成食品交易的商业模式，很多非专业的兼职人员开始投入到“微商”行业中。这类模式下的主要消费群体为社交软件中的好友，基于对售卖人员的信任选择该食品。在微商模式的运营中，生产商、运营商、销售渠道和零售组成了一个完整的运营体系。

5. 线下直营店模式

在该种模式下，门店的所有权和经营权全部归品牌商所有，具有较高的标准化和系统化程度。这类门店的装修风格、管理模式和服务标准等均保持高度一致。消费者可在线下直营店体验以后，再选择是否购买。这种模式可以刺激线下实体店的销售效率，强化线下购买力，进而刺激线上消费，实现线上线下的全面发展。

（二）生鲜电商的商业模式

目前，生鲜电商行业存在多种商业模式共存的局面，主要包括传统平台模式、O2O平台模式、前置仓模式、“到店+到家”模式、社区团购模式等类型，如表0-3、表0-4所示。其中，前置仓模式（如小象超市等）、“到店+到家”模式（如盒马鲜生等）主要布局在一二线城市，消费人群以一二线城市白领为主，而社区团购模式（如美团优选、多多买菜等）则主要满足下沉市场中的用户需求，不同商业模式的生鲜电商致力于满足不同层级消费者的消费需求。

表0-3　生鲜电商采用的不同经营模式

	阿里巴巴	京东	美团	初创公司
传统平台模式	天猫生鲜	京东生鲜	无	无
O2O平台模式	淘鲜达、饿了么零售	京东到家	美团闪购	钱大妈
前置仓模式	无	无	小象超市	叮咚买菜、朴朴超市等
“到店+到家”模式	盒马鲜生	七鲜	小象生鲜	多点
社区团购模式	淘菜菜	京东拼拼	美团优选	多多买菜

资料来源：笔者整理。

表0-4　生鲜电商模式分类

	O2O平台模式	前置仓模式	“到店+到家”模式（店仓一体化）	社区团购模式
模式特征	平台与线下商超、零售店和便利店等合作，为消费者提供到家服务	在离用户最近的地方布局集仓储、分拣、配送于一体的仓储点，缩短配送链条，降低电商配送成本	到店消费+线上购物+即时配送，提供线上线下一体化消费体验	团购平台提供产品供应链物流及售后支持，团长负责社群运营，用户在团点自提商品
布局城市	一、二、三线城市为主	一、二线城市为主	一、二线城市为主	二、三、四、五线城市
覆盖范围	1—3公里	1—3公里	1—3公里	500米—1公里

续表

	O2O 平台模式	前置仓模式	“到店+到家”模式（店仓一体化）	社区团购模式
配送时长	1—2 个小时	30 分钟—1 小时	30 分钟—1 小时	1—2 天
代表平台	京东到家、美团闪购	小象超市	盒马鲜生、七鲜	兴盛优选、十荟团

资料来源:笔者整理。

1. 传统平台模式

利用互联网将生鲜产品通过电商大仓和分仓等传统快递方式配送给消费者,一般为用户下单后 1—2 天送达。主要包括传统垂直电商和传统平台电商,往往以区域/城市中心仓和物流快递相结合的方法实现目标城市全覆盖。这种模式以天猫生鲜、京东生鲜等企业为典型代表,虽然可以节省一定的门店成本,但运输和储存生鲜的成本较高,且收货时间较长。

2. O2O(Online to Offline)平台模式

这种模式以淘鲜达、京东到家等企业为典型代表,是目前许多电商平台甚至科技企业正在发展追求的模式,结合了线上和线下的商业优势,为消费者提供即时便利、高品质的场景化的泛生鲜消费解决方案。在这种模式下,网络成为线下交易的平台,消费者们可以选择在线上或线下进行选品、下单和支付。

3. 前置仓模式

生鲜电商通过在社区周边设置前置仓或者与线下商超、零售店和便利店等合作,覆盖周边 1—3 公里内的消费者,在 1 小时内快速把生鲜产品配送给消费者。这种模式以小象超市、叮咚买菜等企业为典型代表,既可以提高配送效率又能保证生鲜产品新鲜度,充分满足一、二线城市中消费者对新鲜、便利和健康的生鲜产品的需求(见图 0-5)。

4. “到店+到家”模式

这种模式与前置仓模式类似,以盒马鲜生、七鲜、多点等企业为典型代表。生鲜电商在社区周边开设门店,以门店为中心服务周边 1—3 公里的用户,用

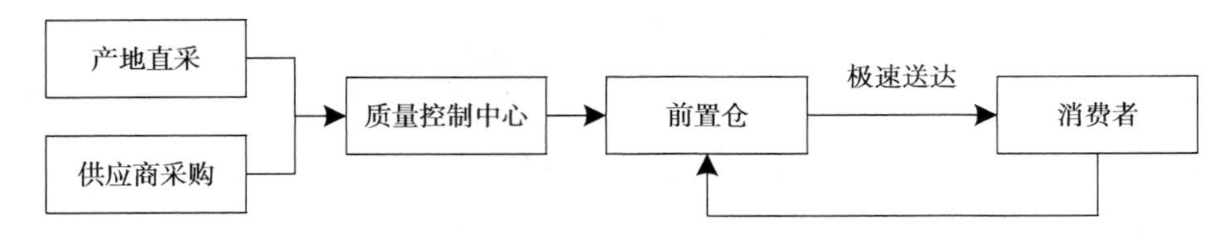

图 0-5　前置仓的商业模式

资料来源:笔者整理。

户既可以到店消费,也可以在 APP 下单后,平台提供 1 小时内送货到家服务。平台所开设的门店既开门营业,又承担线上仓储配送功能(见图 0-6)。

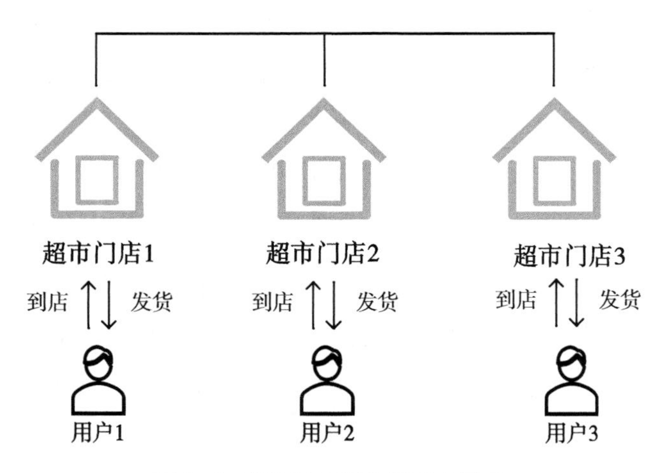

图 0-6　"到店+到家"的商业模式

资料来源:笔者整理。

5. 社区团购模式

该种模式以兴盛优选、十荟团、美团优选、多多买菜等企业为典型代表。社区团购为"线上购物+供应商配送+团长运营"的模式,以社区为核心,消费者通过团长(一般为社区夫妻店)或社区推荐或自行在电商 APP 小程序下单,次日在团点处自提。社区团购模式规避了前置仓与"到店+到家"模式中较高的履约成本,但供应链仓储建设、激活用户、维护团长等成本较高,团长受利益驱动,且用户多为价格敏感型,实际总运营成本较高(见图 0-7)。

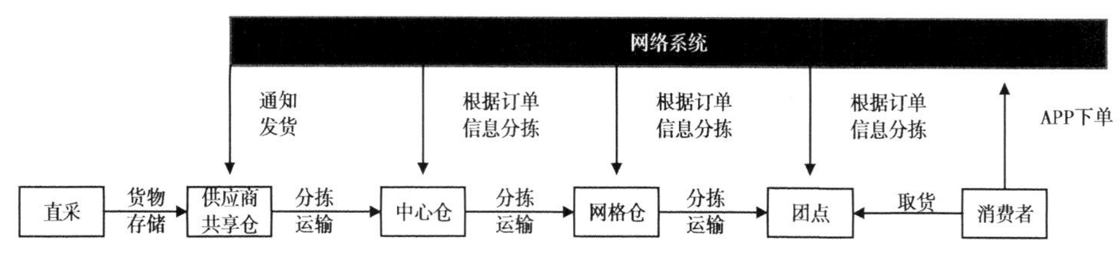

图 0-7　社区团购的商业模式

资料来源:笔者整理。

(三)网络餐饮食品的商业模式

早期的外卖形式主要是电话外卖,用餐者通过电话的形式订餐,商户在一定时间内将食物送到家门口。随着互联网的发展,O2O 外卖模式成为市场新宠,用餐者在外卖 O2O 平台上选择合适的商户并下订单,商户接单后将会立即备餐,随后平台专业配送员或众包配送员上门取货,并在一定时间内送货上门,如图 0-8 所示。各大平台争相进入 O2O 外卖市场,建立 APP 渠道,采用自建物流配送系统或采用开放式的众包配送。

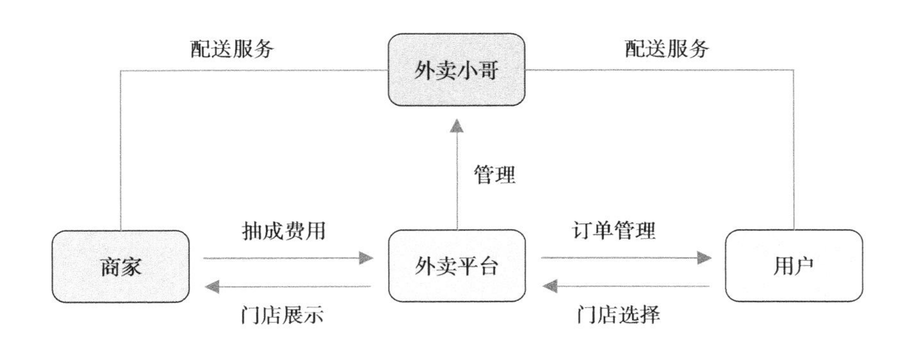

图 0-8　外卖的商业模式

资料来源:笔者整理。

目前,我国餐饮外卖 O2O 平台上的商家可以选择的配送模式主要有以下四种:

1. 商家自配送

商家外卖配送都是由商家自身人力资源进行运作管理和完成配送任务。在该种模式下,商家只是通过O2O平台发布商品信息,消费者可以通过平台浏览商品信息并支付购买,随后的物流环节由商家自己的配送团队负责,无须借助于平台的配送团队。

2. 第三方配送

该种模式也被称为第三方物流配送模式,是物流专业化的一种形式。当平台没有配送能力、缺少物流实体时,可将物流配送活动外包给专业的物流配送团队。第三方配送团队需对委托人/平台和接收方负责,在合同的约束下为双方提供便利。

3. 众包配送

众包配送是新兴的一种配送模式,其劳动力主要为社会闲散的运力资源。众包配送能充分缓解高峰时段的配送压力,提高配送效率,提升用户体验。消费者在餐饮外卖APP完成下单后,平台在众包配送系统中发布配送任务,配送员可自由选择接单,并在规定时间内将外卖送达目的地。与专业配送员不同,众包配送人员不属于平台的正式员工。

4. O2O平台配送

O2O平台配送是由O2O平台自建的物流配送团队完成配送活动的模式。配送员都是全职工作,并且平台会对他们进行专业培训,在配送过程中还会受到相应的监管。相较于第三方配送和众包配送,O2O平台配送的安全性和效率更高。

三、网络食品安全风险引发关注

网络食品作为一种新的消费形式,正在悄然改变着传统的食品生产组织形态和经营管理模式。互联网技术的发展为网络食品行业的成长提供了机遇,但因为网络本身存在的信息不对称、不固定性,以及虚拟性,网络食品行业也面临着较为严重的质量安全风险。随着网络食品市场的迅速扩大，消费者对于网络食品安全的关注度不断提高。根据最高人民法院发布的《网络购物合同纠纷案件特点和趋势（2017.1—2020.6）司法大数据专题报告》显示，在网络购物合同纠纷案件中，食品类纠纷占比达45.65%，30.78%的争议涉及食品安全问题。[①]

（一）消费者食品安全意识觉醒以及自媒体时代到来

食品安全始终是社会关注的热点问题。根据全国消协组织受理投诉情况统计，2023年上半年全国消协组织共受理消费者食品类投诉106429件，与2022年相比，食品类投诉量比重下降0.11个百分点。

"民以食为天，食以安为先"，食品安全问题不容忽视。近年来，食品安全监管部门在守护人民群众舌尖上的安全方面做了大量工作，但是网络食品安全问题（网购生鲜食品不新鲜、网购进口食品标签存在问题、销售临期食品等）仍然时有发生，引起了消费者的高度重视。

在此背景下，各级食品安全监管部门按照《中华人民共和国食品安全法》的要求，通过各种传播途径在全社会对消费者广泛宣传食品安全的法律法规、食品安全知识、食品安全维权方法等。受教育水平的提高也使得更多的消费者掌握了鉴别安全食品的科学方法，消费者更加了解选择安全卫生食品的重要性，参与食品安全社会治理的意识、动力、能力和水平都得到了提升。此外，随着自媒体的发展，消费者可以随时在网络上曝光自己遭遇的食品安全事件，各地监管部门也在网络平台建立了消费者参与食品安全社会治理的便捷渠道，消费者维权成本降低。利用网络，消费者也能够比较容易地寻求监管部门的帮助，以较少的时间和较低的费用进行维权。

---

① 人民资讯：《最高人民法院发布网购纠纷案件特点和趋势》，见 https://baijiahao.baidu.com/s? id=1685132939053411975&wfr=spider&for=pc。

(二)政府监管部门高度关注网络食品安全问题

我国已经逐步建立起较为完善的网络食品安全法律体系,强调网络食品交易第三方平台在食品安全监管中扮演的重要角色,如表0-5所示。为督促网络食品交易第三方平台履行社会责任和严格审核入网食品经营者,《中华人民共和国食品安全法》第一百三十一条规定"违反本法规定,网络食品交易第三方平台提供者未对入网食品经营者进行实名登记、审查许可证,或者未履行报告、停止提供网络交易平台服务等义务的,由县级以上人民政府食品安全监督管理部门责令改正,没收违法所得,并处五万元以上二十万元以下罚款,造成严重后果的,责令停业,直至由原发证部门吊销许可证;使消费者的合法权益受到损害的,应当与食品经营者承担连带责任",由此对第三方平台的监管提出了明确要求。

为依法查处网络食品安全违法行为,加强网络食品安全监督管理,保证食品安全,2016年通过的《网络食品安全违法行为查处办法》第十三条规定"网络食品交易第三方平台提供者和通过自建网站交易食品的生产经营者应当记录、保存食品交易信息,保存时间不得少于产品保质期满后6个月;没有明确保质期的,保存时间不得少于2年";第十四条规定"网络食品交易第三方平台提供者应当设置专门的网络食品安全管理机构或者指定专职食品安全管理人员,对平台上的食品经营行为及信息进行检查。网络食品交易第三方平台提供者发现存在食品安全违法行为的,应当及时制止,并向所在地县级食品药品监督管理部门报告"。

2018年出台的《中华人民共和国电子商务法》第三十八条规定"电子商务平台经营者若知道或者应当知道该平台内经营者销售的商品或者提供的服务不符合保障人身、财产安全的要求,或者有其他侵害消费者合法权益行为,未及时采取必要措施的,依法与该平台内经营者承担连带责任。对于关系消费者生命健康的商品或者服务,电子商务平台经营者对平台内经营者的资质资格未尽到审核义务，或者对消费者未尽到安全保障义务，造成消费者损害的，依法承担相应的责任”，从而对第三方平台和入网餐饮商户的行为进行规范。2021年发布的《网络餐饮服务食品安全监督管理办法》中第十二条规定“网络餐饮服务第三方平台提供者提供食品容器、餐具和包装材料的，所提供的食品容器、餐具和包装材料应当无毒、清洁”，第十四条规定“送餐人员应当保持个人卫生，使用安全、无害的配送容器，保持容器清洁，并定期进行清洗消毒。送餐人员应当核对配送食品，保证配送过程食品不受污染”，进一步督促网络餐饮平台送餐人员规范，并对网络平台责任进行落实、商家入驻资质以及各方责任与义务进行规定，有利于保障网络食品交易的安全性。

表0-5 网络食品服务安全监管法律体系

类别	名称
法律	《中华人民共和国食品安全法》
部门规章	《网络食品安全违法行为查处办法》
部门规章	《网络餐饮服务食品安全监督管理办法》
法律	《中华人民共和国电子商务法》
行政法规	《中华人民共和国食品安全法实施条例》
部门规章	《网络交易监督管理办法》

资料来源：笔者整理。

第三节 我国网络食品治理现状

一、网络食品安全治理体系日趋完善

进入新时代，人民日益增长的美好生活需要对加强食品安全工作提出了更高的要求，不断加强食品安全工作，保障人民群众“舌尖上的安全”是党和政府义不容辞的责任。习近平总书记强调，“食品安全关系中华民族未来，能

不能在食品安全上给老百姓一个满意的交代,是对我们执政能力的考验"①。2019年5月,中共中央和国务院颁布了《关于深化改革加强食品安全工作的意见》,意见中再次明确了"四个最严",即建立最严谨的标准,实施最严格的监管,实行最严厉的处罚,坚持最严肃的问责。通过建立健全食品安全治理体系和保障体系,提高了对食品新业态的监管能力,提升了食品质量安全保障水平,进一步增强了广大人民群众的获得感、幸福感和安全感。目前,我国对于网络食品质量安全的治理涵盖立法、监管等多个领域,逐步形成网格化治理格局,网络食品安全治理体系日趋完善。

(一)完善相关法律法规

我国不断推进网络食品立法工作,出台了一系列法律法规。2015年修订的《中华人民共和国食品安全法》详细规定了网络食品第三方交易平台的责任与义务,标志着网络食品交易行为正式被纳入法律调整范围。2016年发布的《网络食品安全违法行为查处办法》确定了一系列针对性、灵活性、操作性强的违法行为查处措施。2018年施行的《网络餐饮服务食品安全监督管理办法》对网络餐饮服务活动及主体责任作出了规定并明确了查处办法。2013年修正的《中华人民共和国消费者权益保护法》、2021年发布的《网络交易监督管理办法》等法律法规均涉及网络食品交易行为的管理。

不少地方政府也积极出台相关法律法规。2022年6月,重庆率先出台《重庆市市场监督管理局网络食品安全抽样检验工作规程》,该规程的出台充分发挥了职能部门法治引领和制度保障作用,对建立健全网络抽检工作制度,切实保障网络食品安全具有重要意义。② 2022年9月,南京市市场监管局制

① 中华人民共和国中央人民政府官网:《2015年国际食品安全会议在北京召开》,见 https://www.gov.cn/guowuyuan/2015-06/17/content_2880590.htm。

② 中国市场监管报:《重庆率先出台网络食品抽样检验工作规程》,见 https://www.samr.gov.cn/xw/df/202207/t20220701_348319.html。

定下发《南京市网络销售食品安全抽样检验工作指南(试行)》,规范抽检范围、设备设施、抽样、检验与结果报送、复检和异议、核查处置及信息发布、影像记录保存等环节,对抽样环节进行了细化,进一步加大对网络销售食品安全监管工作。① 相关法律法规的不断完善是我国创新网络食品质量安全治理机制的集中反映,为网络食品整治提供了坚实的法律制度保障。

(二)强化网络食品监管

为净化网络食品市场,给予消费者良好的购物体验,政府和第三方交易平台发挥了重要的作用。一方面,政府不断强化网络食品监管。近年来,全国公安机关认真贯彻习近平总书记关于食品安全工作“四个最严”的重要指示精神,按照公安部统一部署,紧盯群众反映强烈的食品安全突出问题,重拳打击“网红”假劣食品问题,及时消除了一大批食品安全隐患,有力地震慑了此类违法犯罪活动。2023 年,公安机关共破获食品安全犯罪案件 1.9 万起,抓获犯罪嫌疑人 2.8 万名。② 湖北省十堰市市场监督管理局定期每月进行网络食品专项抽检,并在监管局网站发布食品安全监督抽检信息公告,对抽检中发现的不合格产品,市场监督管理局按照《中华人民共和国食品安全法》的规定,督促生产经营者立即封存、下架和召回不合格产品,并对不合格产品的生产经营者进一步调查处理,查明生产不合格产品的批次、数量和原因,制定整改措施。③

另一方面,第三方交易平台也自觉承担监管责任。例如,饿了么平台设立 24 小时监督举报热线,联动升级商户认证体系,实行极速赔付机制。美团平

① 中国质量新闻网:《全国首个! 江苏南京出台网络销售食品抽检工作指南》,见 https://www.cqn.com.cn/zj/content/2022-09/21/content_8863094.htm。

② 中华人民共和国公安部:《亮剑违法犯罪　以高水平安全保障高质量发展》,见 https://www.mps.gov.cn/n2255079/n8310277/n8711411/n8711423/c9463029/content.html。

③ 中国质量新闻网:《湖北省十堰市市场监管局:1 批次红薯粉条和 1 批次猪肉干抽检不合格》,见 https://www.cqn.com.cn/ms/content/2022-09/09/content_8860051.htm。

台也严格监管入驻商家，设立食品安全卫生投诉通道。若商家存在食品安全隐患或拒绝承担责任，平台会立即将其纳入黑名单，并公布于官方网站。上海市市场监管局转变监管方式，并从长效监管、社会共治着手，联动网络餐饮服务第三方平台完善“互联网+餐饮”产业生态。目前，上海已建成1000家餐饮食品“互联网+明厨亮灶”示范店，将餐饮服务单位加工经营场所视频监控接入网络餐饮服务第三方平台，示范店覆盖了市民外卖点单量较多的餐饮店、咖啡店、甜品店等，提升了市民的获得感、安全感和满意度。①

二、网络食品安全治理技术不断创新

互联网本身作为一种基础技术，也为网络食品安全治理提供了更多可能。例如，杭州率先推出了首部地方网络交易管理法规，与电商平台合作建设数据互联互通平台，实现注册信息和食品经营许可信息在线对比，督促和指导企业落实主体责任。同时与电商平台共建关键词词库，通过光学字符识别（OCR）技术将图像中文字进行高精度、高效率的提取，实现网络食品管控，治理虚假宣传。②

食品追溯体系是一项依赖于物联网技术，通过对供应链上各环节信息的管理，实现食品正向追踪和逆向溯源的体系。我国政府积极探索食品追溯体系建设，取得了阶段性成果。2004年，“进京蔬菜产品质量追溯制度”试点项目经农业部批准后正式启动。6个河北试点基地使用统一包装和“产品信息标签码”，由北京市农业信息网中的“生产履历中心”有序完成信息录入及编码管理工作，实现进京蔬菜产品的全程监控。2022年4月，山东省市场监管局开发建设了全省食用农产品和食品信息化追溯平台（简称“山东食链”），实

① 中国食品安全网：《上海推进餐饮食品“互联网+明厨亮灶”工程》，见 https://www.cfsn.cn/front/web/site.shengnewshow? sjid=9&newsid=96006。

② 新华社：《网络食品严控下质量提升 大数据技术创新监管手段》，见 https://www.sohu.com/a/152915331_267106。

现食品安全信息化追溯,不断提升食品安全治理水平。2022 年 5 月,宁夏食品生产"一品一码"和食品销售"电子台账"追溯系统建设,重点围绕枸杞、乳制品、粮油等宁夏九大重点产业品种和外省输入型食品十大类 26 个品种建立食品安全信息化追溯体系,形成覆盖食品生产经营全过程的信息数据链,实现食品安全信息来源可溯、去向可查、问题可追、风险可控,有效保障人民群众"舌尖上的安全"。2021 年 3 月,浙江省市场监督管理局联合阿里云研发的"浙江省食品安全追溯闭环管理系统"(简称"浙食链")把全品类食品都送上"链",实现"厂厂(场场)阳光、批批检测,样样赋码、件件扫码,时时追溯、事事倒查",基本实现了食品安全"从农田(车间)到餐桌闭环管理、从餐桌到农田(车间)溯源倒查"。2023 年 8 月,上海市食品药品安全委员会出台《上海市推进食品安全信息追溯工作行动方案(2023—2025)》,切实提高上海建设市民满意的食品安全城市的工作成效,全面构建"从农田到餐桌"的食品安全信息追溯体系,提升食品安全精细化治理水平。计划于 2024 年将上海市食品安全信息追溯平台纳入"一网统管",追溯系统之间的信息互联互通进一步提升,基层市场监管所食品安全信息追溯数字化监管全面覆盖。① 值得一提的是,以上追溯系统通过对食品供应链和关键环节进行系统管理,形成线上线下全面管控,以追溯为手段,构建食品安全全链条社会共治管理模式。

三、网络食品安全风险依然存在

网络食品改变了传统食品的消费方式、交易机制和流通环节,在方便消费者的同时也增加了食品安全治理的风险。这种基于互联网技术衍生的经济新业态,受网络交易的虚拟性、隐蔽性、网络性和群体性等因素影响,交易和消费环节均面临着较大的安全风险隐患。目前,我国已经实施了一系列提升网络

---

① 上海市人民政府:《上海市食品药品安全委员会关于印发〈上海市推进食品安全信息追溯工作行动方案(2023—2025)〉的通知》,见 https://www.shanghai.gov.cn/gwk/search/content/2c984a728a15e02c018a16c1363f12d9。

食品安全的举措,但网络食品安全风险依然存在,治理工作任重道远。

(一)治理理念和手段相对滞后

治理理念和手段相对滞后,未能有效应对新兴网络食品行业的风险。在发展初期缺乏政策法规监管的背景下,网络食品行业中许多第三方平台运用价格优惠以及补贴手段抢占客户市场,降低商家准入门槛甚至帮助不合规的商家入驻平台经营。传统“命令—控制”型治理理念主要以各种惩罚手段为主,缺乏正向激励手段,被监管主体参与网络食品治理的意愿不足,平台与商家自律意识普遍淡薄。监管部门对社会监管力量的关注和运用程度不足,未能充分发挥社会组织、企业以及消费者对该行业的监管功能,尚未形成协同共治的格局。

(二)治理制度精细化程度不高

我国与网络食品安全有关的法规主要是针对网络餐饮平台的义务和违规处罚规定,未能制定细致的监管网络食品生产、存储、运输全过程的法规,难以全面系统地防控网络食品安全风险。网络外卖食品安全标准精准度不高,在一次性餐具、餐饮包装、配送箱、配送时长等方面的统一标准尚未建立,相关监管部门难以对其进行标准化监督。此外,政府监管机构执法模式不够先进,执法手段相对单一,网络食品监管部门缺乏正向激励手段,不可避免地对商家造成利益损失,影响了企业生产经营的积极性。

(三)治理主体作用发挥不充分

首先,政府监管部门在网络食品安全监管方面仍存在业务衔接不畅的现象,协同合作意愿不强,监管效果不佳。其次,第三方平台往往不能按规定履行法规赋予的对平台卖家的监管义务和责任。最后,社会组织参与不够,社会力量纳入监管主体中的机制不完善。消费者参与意识不强,积极性不高。消费者参与治理网络食品的渠道也不够畅通。

网络食品安全治理是一个系统工程,需要全社会参与共治,强化网络食品安全治理结构的开放性和主体的多元性,完善网络平台、入网商户、保险机构、消费者等社会性力量参与的体制机制。当前,我国网络食品安全社会共治机制存在着行业协会和社会组织体系不够完善、消费者维权意识薄弱、平台自我规制的动力和能力不足、市场力量参与治理机制不明确等诸多问题。

第四节　国内外研究现状

一、以政府治理为基础所形成的公共治理理论

"治理"一词的本意为管理、操纵和控制,一般与"统治"交叉运用,主要被用于政府公共行政管理活动中,一般场合下并不强调二者的本质区别。20 世纪 80 年代以来,西方社会学、政治学、经济学等相关学科领域的学者赋予"治理"新的内涵和外延。

(一)公共治理的概念

目前,学者们对公共管理领域内"治理"的阐释仍未统一。这既说明了治理理论对国家和社会诸领域的影响范围之广,也说明了应针对不同的研究目的精准定位,明确"治理"的概念内涵。

1989 年,世界银行在《南撒哈拉非洲:从危机走向可持续增长》报告中初步提出了与治理有关的观点,并且把它作为分析和解释这一地区经济成功的核心概念。1992 年,世界银行在《治理与发展》报告中更加系统地阐述了关于治理的概念,强调治理是建立在"发展的法律框架"和"培养能力"上的,包括实现法治、改进政府管理、提高政府效率等方面。①

---

① [美]詹姆斯·罗西瑙主编:《没有政府的治理》,张胜军、刘小林等译,江西人民出版社 2001 年版。

在国内,毛寿龙(1998)从对“治理”的翻译入手,分析其内涵,认为英文中的动词 govern 指的是政府对公共事务进行治理,介于负责统治的政治和负责具体事务的管理中,是新公共管理或新公共行政产生的一种标志。[①] 随着国内对治理研究的不断深入,有些学者提出了治理在我国的适用性问题,他们认为作为管理社会公共事务的一种方式,治理理论在我国的运用尚面临一定困难。

(二)协同共治理论

随着全球化和信息化时代的到来,政府治理公共事务的环境不断变化,公众诉求也日益复杂。政府、企业、社会组织、公众之间跨部门的互动实践在世界各国得到广泛应用,在此背景下,协同共治理论应运而生。

从历史发展的角度来看,协同共治的核心概念是协同与合作。在讨论商业组织所组成的战略联盟时,学者们经常使用到“协同”的概念,这说明“协同”这一概念最初指的是商业组织之间的协同。近年来,协同仍然是学术界的关注点,但讨论的内容已经发生了很大的改变:第一,协同的主体不再局限于商业组织,学者们开始更多地讨论政府不同部门之间、政府之间、非营利组织之间以及公共机构、企业与非营利组织之间的协同;第二,从最初关注协同给各参与主体带来的益处到分析如何实现协同优势,以及强调协同各方之间利益分配机制的重要性;第三,把协同看作加强公众与政府的互动、提高公众参与的手段;第四,协同不一定是基于自愿的,也可能是存在强制的协同。

在公共管理领域,与协同共治有关的概念已经深深嵌入主流研究领域中。这些概念包括公私伙伴关系、民营化、网络治理、协作性公共管理等。国外学者研究的重点主要集中在以下三个方面:分析协同共治的案例,并分析取得成功或失败的原因;分析协同共治过程的某一具体环节(比如各方

① 毛寿龙著:《西方政府的治道变革》,中国人民大学出版社 1998 年版。

协同的动因、信任的建立、领导力的影响、评估及苛责等);提出协同共治的理论研究框架。

除了从理论层面开展协同共治的研究以外,也有一些研究团体或学者尝试构建分析模型,主要包括跨部门协同分析模型、六维协同模型和 SFIC 模型(Siphon 疏导、Feedback 反应、Integrate 整合、Catalyze 驱动)。①② 上述 3 个模型都是基于对先前文献进行系统研究和综合分析构建的,其出发点都是归纳实现高效协同的影响要素。

近年来,国内学者主要研究协同共治的目的和执行过程。杨志军(2010)提出,协同共治的直接目的是提高社会公共事务的治理效能,最终目的是最大限度地维护和增进公共利益。③ 杨清华(2011)认为,协同共治是政府、民间组织以及个人等子系统以法律、货币、知识、伦理等各种控制为序参量,借助系统中社会诸要素或子系统间非线性的相互协调、资源整合、持续互动,产生局部或子系统所没有的新能量。④ 田培杰(2014)创新性地提出协同共治具备公共性、多元性、互动性、正式性、主导性、动态性六个特征。⑤

另一些国内学者从不同维度对协同共治的实施机制进行研究。第一,协同共治的学理性分析。陶勇(2019)将协同共治总结为政府与非政府机构之间互动的合作治理模式。⑥ 第二,社会组织在协同共治中的作用。李伟和方堃(2007)认为,社会中介组织在协同治理中具有参与功能、监督功能和中介

① Bryson J. M., Crosby B. C., Stone M. M., "The Design and Implementation of Cross-Sector Collaborations: Propositions from the Literature", *Public Administration Review*, Vol.66, 2006.

② Ansell C., Gash A., "Collaborative Governance in Theory and Practice", *Journal of Public Administration Research and Theory*, Vol.18, 2007.

③ 杨志军:《多中心协同治理模式研究:基于三项内容的考察》,《中共南京市委党校学报》2010 年第 6 期。

④ 杨清华:《协同治理与公民参与的逻辑同构与实现理路》,《北京工业大学学报(社会科学版)》2011 年第 4 期。

⑤ 田培杰:《协同治理概念考辨》,《上海大学学报(社会科学版)》2014 年第 1 期。

⑥ 陶勇:《协同治理推进数字政府建设——〈2018 年联合国电子政务调查报告〉解读之六》,《行政管理改革》2019 年第 6 期。

功能，基于我国社会中介组织的特殊性质，培育和完善我国的社会中介组织应当走“政府主导下的官民互动合作”的协同治理之路。[①] 王兰（2022）认为，系统协同论提供了耦合三方治理主体的公私协同共治思路，通过深化开放型共治组织架构、加强交互型共治规范建设以及落实制衡型共治权责配置等举措，有助于纾解既有的合作治理难题，并最终裨益于以共建共治共享为宗旨的我国互联网金融现代化建设。[②]

二、以传统企业治理为基础所形成的社会责任治理理论

自企业社会责任概念提出以来已过百年，企业治理的研究也不断发展。20 世纪 70 年代中期以后，企业治理的相关理论大量涌现。

从国家、社会与企业三者之间的相互关系及其历史演进的独特视角，可将企业治理模式划分为国家治理、市场治理和社会治理三种模式。

1. 国家治理模式

从国家的角度研究企业社会责任治理模式，往往要考虑到各国历史文化、政策环境等差异性，国内外相关研究可以大致分为自由发展派与政策介入派。自由发展派主张充分尊重企业履行社会责任的自主权，强调企业应遵守基本的底线责任。以美国为例，企业责任广泛关注社会利益诉求，主要采用民间募股的投资方式，以广泛的利益群体影响企业的投资决策。政策介入派强调必须将企业社会基本责任通过政策的形式予以固定，监督并鼓励企业进行社会责任投资。在欧洲，大部分国家明确要求社会责任机构投资者考虑企业在环境、伦理、社会等方面的社会表现。国内学者普遍认为，政府在推动企业履行社会责任方面有着积极作用。

---

① 李伟、方堃：《协同治理视野下社会中介组织的培育与完善》，《天府新论》2007 年第 2 期。

② 王兰：《论互联网金融的公私协同共治》，《厦门大学学报（哲学社会科学版）》2022 年第 73 期。

2. 社会治理模式

由于信息不对称及官僚主义，企业社会责任的国家治理模式带来了较高的治理成本，容易导致“天花板效应”。[①] 20 世纪 80 年代初，美国政府和英国政府进行了一系列被称为“新公民管理”或“重塑政府”的行政改革，主要包括压缩公共部门的规模，解除政府管制，国有企业私有化，经济贸易自由化，转变政府职能，权力下放或分散化等。阳镇等(2020)认为，数智化时代下，“智能机器人”已经是企业社会责任管理与实践的新主体，平台企业与人工智能企业成为企业社会责任实践的新载体。[②] 岳鹄等(2022)指出，政府应提高大型平台企业的税收补贴，适当把握小微平台企业的罚款力度，平台企业双方应致力于提高协同共治收益，以此实现互联网平台的企业社会责任协同治理，解决小微平台企业的责任问题并改善政府监管现状。[③]

3. 市场治理模式

市场治理模式研究大致可以概括为两个阶段：从生态义务观到利益相关者义务观；从利益相关者绩效观到可持续竞争力绩效观。基于以生态伦理为中心的伦理道德观，要求企业遵守基本的商业道德，并应采取措施消减其行为所带来的社会影响。[④] 可以看出这一时期的企业社会责任是来源于企业的内部伦理道德，是一种对于社会压力的回应，被称为“生态义务观”。

20 世纪 70 年代末，随着工业化进程的不断深入，环境污染、失业、社会动荡等诸多因素激烈地冲击着企业发展的内外部环境，社会利益诉求开始转向

① Baden D., Harwood I. A., Woodward D., “The Effect of Buyer Pressure on Suppliers to Demonstrate CSR: An Added Incentive or Counterproductive?”, *European Management Journal*, Vol.27, No. 6, 2008.

② 阳镇、尹西明、陈劲：《新冠肺炎疫情背景下平台企业社会责任治理创新》，《管理学报》2020 年第 17 期。

③ 岳鹄、刘汉文、衷华等：《基于演化博弈的小微平台社会责任问题协同治理研究》，《工业工程》2022 年第 25 期。

④ Bowen H. R., Gond, Jean-Pascal, Bowen P. G., “Social Responsibilities of the Businessman”, *American Catholic Sociological Review*, Vol.15, No.1, 2013.

企业。杨钧(2010)基于“综合性社会契约理论”,提出企业社会责任应包括通过契约关系约束对股东、员工等利益相关者的显性责任,以及无法通过契约约束或者约束成本过高的隐性责任。这种隐性责任对于企业生产活动具有负相关性,是企业不可推卸的义务,被称为“利益相关者义务观”。①

20世纪90年代前后,以“社会回应”概念的提出为标志,企业社会责任开始由义务观转向绩效观。随后,学术界主要从涉及股东、员工、社会等广泛利益相关群体的角度,关注责任投资的财务绩效与投资产出的社会绩效的关系,被称为“利益相关者绩效观”。20世纪末,关于企业社会责任的研究重心不再是财务绩效与社会绩效的关系,而是更加关注企业的长远绩效,被称为“可持续竞争力绩效观”。

三、以平台企业治理为基础所形成的网络式治理理论

当前,平台企业的快速发展正在给治理的体制、机制、手段、能力等多方面带来挑战。平台企业治理的研究内容一直在不断拓展,从主要以用户网络规模为治理对象的参与治理延伸到产品结构治理、平台技术治理、平台与用户关系治理等不同领域。

(一)平台企业的本质特征

有些学者基于产业组织经济学视角,认为平台企业就是一种虚拟或真实的交易场所,但是通过平台的交易可以促进参加交易的各方实现其产品的价值或增值(Wey,2010②;Hagiu,2014③;刘群英,2018④);有些学者基于技术创

---

① 杨钧:《企业社会责任评价模型——基于中国中小企业的实证分析》,《未来与发展》2010年第31期。

② Weyl E.G.,“A Price Theory of Multisided Platforms”,*American Economic Review*, Vol.100, 2010.

③ Andrei Hagiu:《制胜多边平台》,《董事会》2014年第2期。

④ 刘群英:《互联网平台经济发展中存在的问题及解决探讨》,《时代金融》2018年第33期。

新视角,认为平台企业突破了时间与空间的限制,打破了产业的体制约束,使资源流动更加市场化和效率化(Gawer,2014①);另一些学者基于战略管理视角,提出平台企业是协调安排不同利益群体,成功构建发展平台、承担治理功能并处于平台生态系统中心位置的组织(Thomas 等,2014②;Eckhardt 等,2018③;谢富胜等,2019④)。虽然学者们从不同视角界定了平台企业的本质特征,但均提到了三个主要特征:一是双边/多边市场,即两个或多个市场群体或利益相关群体参与(Gawer,2014)⑤;二是网络效应,即网络中的一边会因其他边的规模和特征而获益(Boudreau 和 Jeppesen,2015)⑥;三是开放性,即平台拥有支持不同市场群体交互的开放性系统(刘震和蔡之骥,2020)⑦。

(二)平台企业的运营策略

平台企业在盈利模式、销售商品、服务形态等方面均与传统企业有所不同,国内外学者在研究平台企业运作特征的时候,不仅探讨竞争和垄断的市场结构差异,还分析市场参与者的网络外部性带来的相互影响效应。

1. 定价策略

双边市场最典型的特征是双边客户对定价结构的敏感性,如何定价是影

① Gawer, A., Cusumano, M. A., "Industry Platforms and Ecosystem Innovation", *Journal of Product Innovation Management*, Vol.31, 2014.

② Thomas, L. D. W., Autio, E., Gann, D. M., "Architectural Leverage: Putting Platforms in Context", *Academy of Management Perspectives*, Vol.28, 2014.

③ Eckhardt.J.T., Ciuchta.M.P., Carpenter M., "Open Innovation, Information, and Entrepreneurship within Platform Ecosystems", *Strategic Entrepreneurship Journal*, Vol.12, 2018.

④ 谢富胜、吴越、王生升:《平台经济全球化的政治经济学分析》,《中国社会科学》2019 年第 12 期。

⑤ Gawer, A., Cusumano. M. A., "Industry Platforms and Ecosystem Innovation", *Journal of Product Innovation Management*, Vol.31, 2014.

⑥ Boudreau, K. J., Jeppesen, L. B., "Unpaid Crowd Complementors: The Platform Network Effect Mirage", *Strategic Management Journal*, Vol.36, 2015.

⑦ 刘震、蔡之骥:《政治经济学视角下互联网平台经济的金融化》,《政治经济学评论》2020 年第 11 期。

响他们参与到平台中来并达成交易的关键因素。尚雨和郭新茹(2009)提出,发展规模经济,形成差异化的市场,可减少平台企业之间价格竞争带来的影响。① 邱甲贤等(2016)研究不同组间、组内网络外部性给双边平台定价所带来的影响。② 曲振涛等(2010)认为,当买方的需求弹性较大时,平台对买方的定价会小于服务成本。③ 张旭梅等(2017)研究了电信双边平台的定价结果与网络外部性大小之间的关系。④ 邹佳和郭立宏(2017)在不同信息水平和市场结构下,对双边平台采取何种最优价格博弈时序问题进行了探讨。⑤ 刘旭旺等(2022)考虑了平台声誉及顾客在平台间的转移购买行为,基于期望效用理论和博弈论构建竞争平台双方的两阶段动态定价模型,考察声誉差异电商平台的定价策略选择,并探讨顾客转移对在线产品定价机制的影响。⑥

2. 交叉网络效应

双边市场存在交叉网络效应,这意味着一边用户的参与会影响另一边用户的加入。邦纳和卡兰顿(Bonner 和 Calantone,2005)验证了 B2B 平台的网络效应,发现卖方的参与会提高买方的参与度,并且促进采购的达成。⑦ 赖辛格(Reisinger,2004)分析了有关用户和广告商的竞争模型。研究发现,如果平台

---

① 尚雨、郭新茹:《基于双边市场理论的网络媒体平台竞争行为研究》,《中国流通经济》2009 年第 23 期。

② 邱甲贤、聂富强、童牧、胡根华:《第三方电子交易平台的双边市场特征——基于在线个人借贷市场的实证分析》,《管理科学学报》2016 年第 19 期。

③ 曲振涛、周正、周方召:《网络外部性下的电子商务平台竞争与规制——基于双边市场理论的研究》,《中国工业经济》2010 年第 4 期。

④ 张旭梅、官子力、范乔凌等:《考虑网络外部性的电信业产品服务供应链定价与协调策略》,《管理学报》2017 年第 14 期。

⑤ 邹佳、郭立宏:《基于不同用户信息水平的双边平台最优价格博弈时序研究》,《管理工程学报》2017 年第 31 期。

⑥ 刘旭旺、张倩男、齐微等:《考虑顾客转移购买行为的在线产品定价策略》,《系统管理学报》2022 年。

⑦ Bonner J. M., Roger J., "Calantone. Buyer Attentiveness in Buyer-Supplier Relationships", *Industrial Marketing Management*, Vol.34, No.1, 2005.

差异化程度较小,则需要刺激广告商之间产生竞争。[①]

3. **服务范围**

不少学者讨论到底是采用公共平台还是私有平台为客户提供服务。私有平台是指仅被一个企业拥有的平台,因此这类平台往往只对某个企业或合作伙伴提供服务。公共平台通常由多个企业或行业协会创立,独立于参与者企业,并对所有参与者企业开放。考夫曼和莫赫塔迪(Kauffman 和 Mohtadi,2002)指出,需要考虑企业规模的影响,大型企业更倾向于选择私有平台。[②]

4. **竞争策略**

胥莉等(2006)的研究表明,消费者多平台使用行为(多方持有)会影响厂商定价和兼容性选择策略。由于存在消费者的多方持有行为,厂商会提高定价,并且更偏向于选择不兼容策略。[③] 吕本富等(2022)在阿姆斯特朗(Armstrong)等理论模型基础上,构建并分析市场势力差异化情形下的平台排他性交易模型,旨在为双边平台排他性交易竞争效应提供合理的经济学解释以及反垄断政策依据。[④]

(三)平台企业的所有权结构

垂直一体化的所有权结构往往在 B2B 交易市场中体现。例如,一些独占平台为了吸引用户参与,采用股权出售的方式来吸引所服务客户行业的企业(如 sciquest.com、chemconnet 等平台)。卡科斯和卡莎马克斯(Kakos 和 Katsa-

① Reisinger M.,"Three Essays on Oligopoly: Product Bundling, Two-Sided Markets and Vertical Product Differentiation", Doctorate Dissertation, University of Munich, 2004.

② Kauffman R. J., Mohtadi H.,"Information Technology in B2B E-procurement: Open vs. Proprietary Systems", *Hawaii International Conference on System Sciences IEEE*, 2002.

③ 胥莉、陈宏民、潘小军:《消费者多方持有行为与厂商的兼容性选择:基于双边市场理论的探讨》,《世界经济》2006 年第 12 期。

④ 吕本富、韩晨阳、彭赓等:《市场势力、排他性交易与平台竞争》,《数学的实践与认识》2022 年第 52 期。

makas,2004)讨论了三种所有权如何最优配置的问题,包括独立中介拥有的所有权和卖方或销售方拥有的所有权,指出最优的所有权结构应是双边参与人中享有最大网络效应的一方拥有所有权。① 于左等(2022)通过构建理论模型讨论了数字平台纵向部分交叉所有权并购对竞争的影响,进一步对比数字平台纵向持股前后的市场均衡结果,得出上游数字平台持有下游数字平台部分所有权后,持股比例越高,对竞争的损害越大的结论。②

(四)平台企业治理的理论探索

早期互联网世界呈现出的平等、自由、无边界等特性使大多数学者对网络的应用与发展持有乐观的心态。然而,学者们逐渐认识到,在互联网经济快速发展的情况下,平台经济本身固有的虚拟性、开放性、复杂性等特征极大地增加了经济社会风险。瓦特等(Watt 等,2018)在发现不同平台企业的信任问题后(例如,在线零售缺少财务交易前买卖方对产品、服务质量的事前鉴定,住宿平台难以识别入驻商家质量,无法有效确保旅客和主人的人身和财产安全等),建议监管机构重点监管由信任机制引起的潜在危害。③

近年来,国内学者陆续提出基于我国国情的平台企业治理新观点。李强治等(2019)提出,平台企业在治理手段、治理时效、治理成本等方面比政府直接监管更具优势,建议构建以分层治理为主、穿透治理为辅的双重治理体系。④ 魏小雨(2019)提出,政府应针对其特点利用不同主体的优势创新治理模式、完成功能转型。⑤ 肖红军和阳镇(2019)从平台企业"作为独立运营主体

① Kakos Y., Katsamakas E., "Design and Ownership of Two-Sided Networks: Implications for Internet Platforms", *Journal of Management Information Systems*, Vol.25, No.2, 2008.

② 于左、王昊哲、陈听月:《数字平台纵向部分交叉所有权并购对竞争的影响——以腾讯收购虎牙、斗鱼部分所有权为例》,《当代经济科学》2023 年第 45 期。

③ Watt M., Wu H., "Trust Mechanisms and Online Platforms: A Regulatory Response", Doctorate Dissertation, Harvard University, 2018.

④ 李强治、刘光浩、王甜甜:《互联网平台治理模式研究》,《新经济导刊》2019 年第 2 期。

⑤ 魏小雨:《政府主体在互联网平台经济治理中的功能转型》,《电子政务》2019 年第 3 期。

的社会责任”、“作为商业运作平台的社会责任”和“作为社会资源配置平台的社会责任”三个层次，结合担责的“底线要求”、“合理期望”和“贡献优势”三个层级，系统界定了平台企业社会责任的内容边界。[①] 此外，数据要素和相关技术作为平台经济有别于传统经济特有的资源，是平台企业治理的关键领域。曲创和王夕琛（2021）研究发现，与传统行业相比，平台企业的垄断行为具有跨界滥用平台支配地位和滥用相对数据优势等新特征。[②] 李梅等（2021）通过访谈多位专家学者，发现加强和完善相关立法、优化要素资源配置、推动多方协作治理等措施是解决平台企业反垄断监管的有效手段。[③]

（五）平台企业治理的实践创新

近年来，全球主要经济体均加快了平台经济治理政策的改革步伐，尤其在反垄断方面作出了重大调整和创新。2018 年 4 月，脸书创始人扎克伯格（Zuckerberg）因用户隐私数据泄露以及虚假信息等问题受到了美国参众两院的质询。2020 年 10 月 6 日，美国众议院反垄断小组委员会发布题为《数字市场竞争调查》的报告，公布其对数字市场竞争状况长达 16 个月的审查结果，特别提出了苹果、亚马逊、谷歌和脸书四家平台企业的市场支配地位及其商业行为所带来的影响和挑战。

在欧洲，平台企业迅速发展引发的一系列社会问题充斥网络，迫使欧洲国家不断强化平台企业监管责任。2020 年 12 月 15 日，欧盟委员会发布了专门针对数字平台进行监管的《数字服务法案》和《数字市场法案》，2022 年 11 月 1 日，《数字市场法》正式生效，《数字服务法》也于 11 月 16 日生效。以严格限制具有持久市场地位的超大型数字平台可能实施的不公平竞争。德国是全球

① 肖红军、阳镇：《新中国 70 年企业与社会关系演变：进程、逻辑与前景》，《改革》2019 年第 6 期。

② 曲创、王夕琛：《互联网平台垄断行为的特征、成因与监管策略》，《改革》2021 年第 5 期。

③ 李梅、孙冠豪、袁志刚等：《公平与创新：平台经济反垄断的学术焦点》，《探索与争鸣》2021 年第 2 期。

数字市场反垄断立法的领先国家。2017 年 3 月通过的《反对限制竞争法》第九修正案就高度重视了多边市场和网络中的竞争问题。2021 年 1 月,德国联邦议会又正式通过了《反对限制竞争法》第十修正案,该修正案是世界主要国家中首部系统针对数字化挑战而进行全面修订的反垄断法,对数字市场反垄断监管进行了大量创新。2023 年 11 月 7 日,《反对限制竞争法》第十一修正案正式生效。第十一修正案进一步扩大了德国联邦卡特尔局的职权范围,允许其在行业调查后,要求相关企业采取补救措施,以解决竞争失序问题,无须事先证明其违反了竞争法。修正案新增第 32G 条,以加强对欧盟《数字市场法》(DMA)的执行。

2020 年 5 月 27 日,日本通过了《提升特定数字平台的透明度和公平性的法案》,该法案是基于 2019 年日本公平交易委员会对网络交易平台和应用商店平台内经营者、APP 开发者开展的一项实况调查。调查显示,头部平台企业普遍存在“未提前通知即变更服务条款”或“未说明理由即拒绝交易”等行为,针对经营者、开发者的投诉处理机制不完善等问题,甚至存在通过变更服务条款提高平台收费、强制使用平台新服务和自我优待等行为。面对平台企业各种不公平行为,平台内经营者、开发者并不具备谈判能力。日本于 2020 年 6 月 3 日颁布了《特定电子平台透明性及公正性促进法》,并于 2021 年 2 月 1 日正式实施。在电子商务逐渐兴起的背景下,数字平台在网络交易中的重要性愈加凸显,日本公正交易委员会和总务省于 2019 年展开了对数字平台的实践调研,总结出数字平台的可能存在“损害平台内经营者的利益”“不当竞争”“不公正、不透明”等一系列问题。该法案通过要求电子平台主动承担义务的方式来达到规制目标的目的。对于被纳入该法规制对象的特定电子平台,需要在承担主动申报、公开交易条件等信息、完善企业内部程序和体系的义务的同时,按年向经济产业省提交运营情况报告,经济产业省在履行受理、评估程序后会对其结果进行公示。

2020 年 4 月 20 日,澳大利亚政府要求澳大利亚竞争和消费者委员会

（ACCC）制定一套强制性行为守则，以解决澳大利亚新闻媒体企业与谷歌、脸书等数字平台之间议价能力不平衡的问题。7 月 31 日，澳大利亚竞争和消费委员会公布了《新闻媒体和数字平台强制议价准则》草案。2021 年 2 月 25 日，澳大利亚议会正式通过以上准则，作为对《2010 年竞争与消费者法》的修订。

党的十八大以来，我国坚持发展与规范并重，把握平台经济发展规律，不断完善平台企业治理体系。关于平台企业治理的立法情况，我国通过 2006 年颁布的《信息网络传播权保护条例》、2007 年颁布的《中华人民共和国反垄断法》（2022 年修订）以及 2009 年颁布的《中华人民共和国侵权责任法》的规定，基本建立起了以避风港原则为基本指导的法律、行政法规以及司法解释三个不同层面的规则体系。2016 年通过的《中华人民共和国网络安全法》第四十七条规定“网络运营者应当加强对其用户发布的信息的管理，发现法律、行政法规禁止发布或者传输的信息的，应当立即停止传输该信息，采取消除等处置措施，防止信息扩散，保存有关记录，并向有关主管部门报告”。2018 年颁布的《中华人民共和国电子商务法》第四十五条规定“电子商务平台经营者知道或者应当知道平台内经营者侵犯知识产权的，应当采取删除、屏蔽、断开链接、终止交易和服务等必要措施；未采取必要措施的，与侵权人承担连带责任”。2019 年，我国修订了《中华人民共和国反不正当竞争法》，修订中的一大亮点，就是增加了互联网不正当竞争条款。2021 年，《中华人民共和国数据安全法》《关键信息基础设施安全保护条例》《中华人民共和国个人信息保护法》等多部重磅法律条例陆续颁布，开启平台企业治理的新篇章，推动社会治理从现实世界向网络空间进一步覆盖。

在已出台的平台企业治理的部门规章中，也有相应的规定要求平台建立检查监控制度、信息安全管理制度等。例如，《网络交易监督管理办法》第二十九条规定：“网络交易平台经营者应当对平台经营者及其发布的商品或者服务信息建立检查监控制度。”《互联网新闻信息服务管理规定》第十二条规定：“互联网新闻信息服务提供者应当健全信息发布审核、公共信息巡查、应急处置等信息安全管理制度,具有安全可控的技术保障措施。"2020 年 12 月,市场监管总局联合商务部组织召开规范社区团购秩序行政指导会,提出"九不得"新规,规范社区团购经营行为。2021 年 2 月,国务院反垄断委员会制定发布《国务院反垄断委员会关于平台经济领域的反垄断指南》,强调《中华人民共和国反垄断法》及配套法规规章适用于所有行业,对各类市场主体一视同仁、平等对待,旨在预防和制止平台经济领域垄断行为,促进平台经济规范有序创新健康发展。

四、食品安全风险治理

随着食品生产和管理的全球化,新型生产技术层出不穷,食品安全风险因素也日益复杂,食品安全责任的划分和相应的治理也越来越复杂。因此,食品安全的有效治理越来越依赖政府、企业、社会组织等主体之间的合作。

(一)食品安全风险产生的原因

有些学者对于食品安全风险产生的原因进行了详细的分析。张红霞(2020)认为,食品安全事件涉及的风险因素复杂多样,总体上呈现人源性风险因素突出的态势,例如"添加剂的超量超范围使用"、"假冒伪劣"和"微生物污染"。[①] 倪国华(2020)认为,限制媒体报道会助长企业的投机行为及监管者的地方保护行为,从而累积食品安全风险。[②] 张丽(2020)研究了食品供应链特征及其基于供应链视角的食品安全关键环节风险形成机制,并提出了强化食品安全风险管理对策。[③] 陈庭强等(2020)从政府监管部门、食品生产企业、

---

① 张红霞:《我国食品安全风险因素识别与分布特征——基于 9314 起食品安全事件的实证分析》,《当代经济管理》2021 年第 43 期。

② 倪国华:《媒体监督的制度要件价值及作用机制研究——基于食品安全事件的案例分析》,《北京工商大学学报(社会科学版)》2020 年第 35 期。

③ 张丽:《供应链视角下的后疫情时期食品安全风险管理》,《食品与器械》2020 年第 36 期。

消费者和新闻媒体等利益主体的异质性利益诉求方面探讨了食品安全风险的形成机制。①

而更多的学者认为食品安全风险问题产生的根源是信息不对称。在食品供应链体系中，食品生产者掌握食品质量等关键信息，处于信息垄断的优势地位。消费者无法准确获知食品质量信息，处于信息劣势地位。这种信息不对称可能会导致食品市场调节失灵，产生严重的“柠檬市场”现象，破坏食品市场的稳定。

（二）食品安全风险治理的理论研究

关于食品安全风险治理的理论研究大致可以分为治理内容研究、治理方式研究和治理主体研究。

在治理内容方面，主要涉及食品生产、食品供应链、食品标准等。潘晓晓等（2018）认为，通过大数据挖掘严控食品安全标准阈值有助于实现食品安全管理的健康发展。② 唐秀丽等（2019）提出，精准食品安全标准是食品抽检工作的理论基础，是食品检验检测的重要依据，是保证食品安全监管工作顺利进行的重要保障。③

在治理方式方面，主要涉及社会共治和整体治理。王建华等（2016）指出，市场与社会力量在食品安全风险治理中的作用备受关注，科学构建政府、市场、社会等多元主体相互协调的社会共治模式，已成为防范食品安全风险的必然选择。④ 黄音和黄淑敏（2019）认为，“社会共治”是主要的治理创新手段

---

① 陈庭强、曹东生、王冀宁：《多元利益诉求下食品安全风险形成及扩散研究》，《中国调味品》2020 年第 45 期。

② 潘晓晓、王冀宁、陈庭强等：《基于大数据挖掘的食品安全管理研究》，《中国调味品》2018 年第 43 期。

③ 唐秀丽、阎霞：《食品安全标准现状及其对食品监管工作的影响》，《中国调味品》2019 年第 44 期。

④ 王建华、葛佳烨、朱湄：《食品安全风险社会共治的现实困境及其治理逻辑》，《社会科学研究》2016 年第 6 期。

之一。通过提取大数据的特征维度和食品安全社会共治的逻辑维度，运用耦合性分析，创建食品安全社会共治多主体、多中心治理创新平台，借助大数据技术激发多主体参与食品安全社会共治的积极性，提高食品安全治理的成效。[①] 侯博和吴林海(2022)认为，社会共治是食品安全风险治理的最佳选择之一，治理主体的多元性、治理结构的网络化、治理效能的多赢性以及治理策略的多样性是其典型特征。[②]

在治理主体方面，治理主体主要涉及政府、公众和企业等。王秋石和时洪洋(2015)对食品安全治理改革的障碍与路径进行研究后发现，依靠强化政府规制的对抗式治理不能从根本上解决问题，需要建立多元主体的合作式治理体系。[③] 牛亮云和吴林海(2017)分析了引导公众参与食品安全监管的必要性，并认为公众参与可以降低政府面临的政治风险和社会风险。[④] 郭添荣等(2022)构建了食品安全风险预警指标体系，利用层次分析法，为政府监管部门对食品安全潜在风险的识别与靶向定位提供科学决策和客观依据。[⑤]

(三)食品安全风险治理的实践考察

关于食品安全风险治理的实践考察主要涉及食品安全治理的国内外体制机制、法律法规等内容。

美国国会于1906年通过了关于食品安全的第一部全国性法律《纯净食品和药品法》，奠定了美国现代食品、药品法的基础。1938年通过了《联邦食

---

① 黄音、黄淑敏：《大数据驱动下食品安全社会共治的耦合机制分析》，《学习与实践》2019年第7期。

② 侯博、吴林海：《食品安全风险社会共治：生成逻辑与实现路径》，《南昌大学学报(人文社会科学版)》2022年第53期。

③ 王秋石、时洪洋：《食品安全治理改革的障碍与路径探析》，《当代财经》2015年第8期。

④ 牛亮云、吴林海：《食品安全监管的公众参与与社会共治》，《甘肃社会科学》2017年第6期。

⑤ 郭添荣、韩世鹤、罗季阳等：《风险治理视阈下食品安全风险预警指标体系的构建》，《食品安全质量检测学报》2022年第13期。

品、药品和化妆品法案》,该法案在前者的基础上扩大了对化妆品和医疗设备的控制。《联邦食品、药品和化装品法案》经过多次修改后,已成为世界同类法中最全面的一部法律。2011 年 1 月,时任美国总统奥巴马总统签署了《FDA 食品安全现代化法》,其成为美国第 111 届国会第 353 号法律(Public Law No:111-353),并付诸实施。该法案对 1938 年通过的《联邦食品、药品及化妆品法》进行了大规模修订,可以说是美国食品安全监管体系 70 多年来改革力度最大的一次调整和变革,标志着美国的食品安全监管体系从过去单纯依靠检验为主过渡到以预防为主。2022 年 11 月,美国食品和药物管理局(FDA)发布了一项关于食品可追溯性的最终规则,旨在促进更快地识别和快速从市场上清除可能受污染的食品,从而减少食源性疾病和/或死亡。最终规则的核心是要求在整车运输(FTL)上制造、加工、包装或保存食品的人员保留记录,包括与关键跟踪事件(CTE)相关的关键数据元素(KDE)。

日本于 1947 年制定了《食品卫生法》,这是日本食品安全监管的主要法律依据,并根据实践需要不断进行修订。2003 年发布实施了《食品安全基本法》,并在该法律中规定了基于科学的风险评估以及食品安全的可追溯性等问题。

欧盟于 1997 年出台了《食品安全绿皮书》,该绿皮书旨在保障食品安全和卫生以及消费者利益,并开展了公众对于食品立法的讨论。2000 年欧盟发布的《食品安全白皮书》确立了食品安全法规体系的基本原则与基本框架,成为欧盟食品安全法律体系的核心和基础。2002 年制定了《基本食品法》,成为欧盟食品安全监管的基本法。

我国也在不断探索食品安全治理的制度。1953 年,卫生部颁布了新中国成立后第一个食品卫生法规《清凉饮食物管理暂行办法》,较好地扭转了当时因饮食不卫生而引起的食物中毒问题。1982 年通过了《中华人民共和国食品卫生法(试行)》,食品法制体系不断改进。20 世纪 90 年代后,相继颁布了

《中华人民共和国产品质量法》《中华人民共和国食品卫生法》等法律法规。2006 年 4 月,出台了《中华人民共和国农产品质量安全法》,填补了《中华人民共和国食品卫生法》和《中华人民共和国产品质量法》的相关法律空白。2009 年 2 月,颁布了《中华人民共和国食品安全法》。党的十八大以来,党中央、国务院更是高度重视食品安全工作,把食品安全放到民生问题和政治问题的高度。2015 年 4 月修订的《中华人民共和国食品安全法》实现了由食品安全监管向食品安全风险治理的巨大转变,被称为“历史上最严”的食品法律。2018 年 12 月再次修订《中华人民共和国食品安全法》,把改革成果通过完善法律的形式固化下来。2019 年 3 月新修订了《中华人民共和国食品安全法实施条例》,2021 年 4 月,《中华人民共和国食品安全法》第二次修正,我国食品法律法规体系进一步完善。

(四)网络食品安全风险治理

随着互联网经济的快速发展,网络成为食品交易的主要渠道。与传统食品实体行业相比,网络食品交易具有更低的门槛和更灵活的经营方式,与之相伴的是出现新的食品安全风险。因此,学者们对网络食品安全风险治理问题进行了开拓式的探索。

为了解网络食品领域的研究热点,本书采用词频统计方法对该领域的相关文献关键词进行分析。其中,在中国知网(CNKI)数据库中,检索方式采取关键词检索,检索条件设定为“网络食品”,检索时间为 2001—2022 年,文献类型限定为期刊,在人工剔除新闻、会议、报刊等无关文献后,共收集到 193 篇样本文献数据。在科技文献(WOS)数据库中,构建“TS=(online food) AND TS=(governance) AND DT=(Article) AND LA=(English)”检索式,样本文献检索时间限定为 2001—2022 年,在软件剔除重复文献后,共计获得 48 篇样本文献数据。表 0-6 呈现了中英文文献中词频排序前十的关键词,可以获得有关网络食品安全风险治理的主要研究热点。

表 0-6　中英文关键词词频

中文关键词	频数/次	英文关键词	频数/次
网络食品	115	governance	101
食品安全	26	management	50
食品安全监管	21	information	36
食品质量安全	8	knowledge	27
食药监	7	knowledge	27
网购食品	7	behavior	27
安全监管	6	waste	18
质量安全	5	performance	18
监督抽样	4	perceptions	18
食品经营者	4	intention	18

资料来源:笔者整理。

结合文献计量分析结果,可以发现当前有两类研究热点领域。热点 1 集中在网络食品治理理论和治理机制研究领域;热点 2 集中在网络食品交易第三方平台治理研究领域。

热点 1:网络食品治理理论和治理机制研究。

学者们最初关注网络食品治理理论和机制构建。曹裕等(2021)研究了政府对网络食品安全实施直接监管下的最优监管策略,以及在网络平台参与监管时政府的最优间接监管策略,考虑了网络平台与食品企业合谋对监管效率的影响。① 韦彬和林丽玲(2020)认为,我国网络食品安全监管潜存着政策执行碎片化、监管主体碎片化、监管理念碎片化、责任机制碎片化、信息数据碎片化等现象。② 因此,有必要创新网络食品安全监管的整体性治理路径:重构政策执行网络,提升政策执行的有效性;搭建参与网络,实现多主体共同参与;回应

① 曹裕、王显博、万光羽:《平台参与下网络食品安全政府监管策略研究》,《运筹与管理》2021 年第 30 期。

② 韦彬、林丽玲:《网络食品安全监管:碎片化样态、多维诱因和整体性治理》,《中国行政管理》2020 年第 12 期。

公众诉求,树立整体性监管理念;重塑权责体系,建构整体性责任机制;依托信息技术,实现智慧化监管。

热点2:网络食品交易第三方平台治理研究。

“互联网+”的蓬勃发展带动网络食品交易第三方平台迅速扩张。费威等(2017)通过对我国网络订餐行业现状的分析,探析网络订餐平台在初建发展期和成熟发展期的平台规模与其食品安全监管努力的关系和影响因素,并提出政府部门在网络订餐平台不同时期的发展阶段,应根据平台规模及其食品安全监管努力关系的变化,部署实施相应的食品安全监管措施的政策建议。[①]吕永卫和霍丽娜(2018)构建了网络餐饮商家及平台的演化博弈模型,分析发现二者策略选择主要依赖于政府的监管策略。认为以政府为主导,带动社会各方力量参与网络餐饮业食品安全社会共治,既能分担政府监管成本,又能保障网络餐饮业食品安全性。[②] 尹相荣等(2020)在回顾网络食品安全监管领域已有研究的基础上,从市场失灵、政府失灵、交易成本等理论的视角审视了网络平台交易情境下的食品安全问题,提炼出协同监管和信息共享两个核心要点。并提出了以信息共享为关键、实现政府干预和市场机制有机结合的新型食品安全监管模式,并阐述了该监管模式的发起、分工和保障三个方面的主要内容,为开展高效率、可持续的网络食品安全监管工作提供了参考。[③] 陈琪(2022)从法理上分析了网络食品交易第三方平台法律责任扩张与限缩的立法选择,从监管部门、网络食品交易第三方平台、消费者三个层面提出制度完善的建议,从而在促进网购食品交易繁荣发展、激发第三方平台活力的同时,

---

① 费威、翟越、时亚星:《网络订餐平台规模与其食品安全监管努力关系分析》,《商业研究》2017年第8期。

② 吕永卫、霍丽娜:《网络餐饮业食品安全社会共治的演化博弈分析》,《系统科学学报》2018年第26期。

③ 尹相荣、洪岚、王珍:《网络平台交易情境下的食品安全监管——基于协同监管和信息共享的新型模式》,《当代经济管理》2020年第42期。

明晰第三方平台的法律责任，最大限度保障网络消费者生命健康权。①

“互联网+食品”的新业态在为消费者提供便利的同时，其产生的食品安全问题引起社会广泛关注，网络食品治理问题已经成为学术界和产业界共同关注的热点问题。网络食品交易具有互联网交易的线上虚拟性与经营主体的跨区域性特征，集聚了“线上+线下”两种食品安全风险，导致网络食品安全事件频发。这既增加了网络食品安全隐患，也给政府现有监管法制、体制和模式带来极大的挑战。基于此，本书将以整体性治理理论作为理论基础，努力突破经济学、管理学、社会学和心理学的学科界限，采用调查统计、案例分析、实证研究等多种理论工具，剖析网络食品市场基本特征，厘清网络食品交易风险产生的原因及风险治理面临的挑战，结合国外网络食品交易风险治理的启示，最终从构建网络食品交易风险协调共治的理论框架、研究网络食品风险政府治理体系、创新风险内部自治制、重构社会力量参与网络食品风险治理体系四个层面，提出构建具有中国特色的网络食品交易风险社会共治体系的路径，并进一步研究网络食品社会共治的政策工具创新和选择，以期为提升我国网络食品安全治理能力提供决策借鉴。

① 陈琪：《网络食品交易第三方平台法律责任探究》，《新疆社会科学》2022 年第 2 期。

第一章　网络食品市场的基本特征

网络食品市场主要由第三方平台、消费者、商家和配送方构成。商家通过入驻第三方平台销售网络食品，消费者根据平台上的图文展示、视频解说来购买网络食品，配送方将网络食品由生产或仓储地运送给消费者，消费者可以通过平台进行物流跟踪和订单管理。平台企业是网络食品平台经济的主体，其通过满足双边或多边不同市场的需求，促进双边或多边用户的交互作用和交易，构造出独特的商业生态系统，如图 1-1 所示。

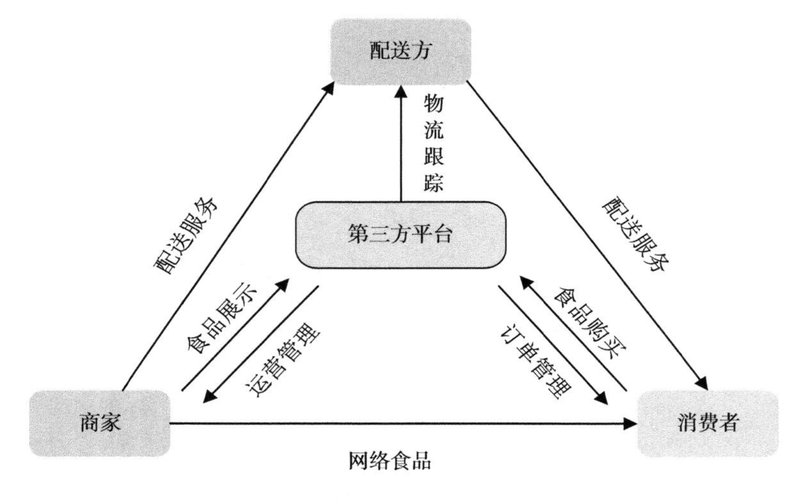

图 1-1　网络食品市场生态系统

第一节　网络食品市场的平台特征

第三方平台是构成网络食品市场的核心要素，一边连接着食品生产经营者，另一边连接着食品消费者，从而将商家与消费者联系在一起，促成双方交易。第三方平台对于入网食品经营者的依法管理、有效管理是食品在互联网销售和监管的重要环节。本节从网络外部性、收费规则、用户归属特征三个方面来阐释网络食品市场的平台特征。

一、网络外部性

外部性是经济学的一个重要概念，最早是由马歇尔（Marshall）在其经典著作《经济学原理》一书中提出的，主要是指在社会经济活动中，一个经济主体（国家、企业或个人）的行为直接影响到另一个经济主体，却没有给予相应支付或得到相应补偿。市场中经济主体之间的经济行为一般是相互影响和相互制约的，而且能够通过供需关系和市场价格的变化来发生作用。当存在无法通过市场反映出来的影响时，市场就存在着外部性。

根据不同的标准，外部性可以进一步划分为技术外部性与货币外部性、生产外部性与消费外部性、公共外部性与私人外部性等。各类外部性都可能会表现为正外部性或负外部性，正外部性是指生产和消费给他人带来收益而受益者不必为此支付的现象；负外部性是指生产和消费给他人带来损失而损失者得不到补偿的现象，此时一般无法通过市场机制自发的调节作用来达到社会资源的有效配置。解决外部性的基本思路是让外部性内部化，即通过制度安排（税收或补贴）等方式，使得经济主体活动所产生的社会收益或社会成本，转化为私有收益或成本。

网络外部性是外部性在网络经济领域的表现，由罗尔夫斯（Rohlfs，1974）

于 1974 年提出,他认为消费者的个人需求是相互依存的。① 当一种产品消费者的价值随着其他使用者数量的增加而增加时,该产品存在网络外部性,网络外部性是需求方规模经济的源泉。随后,卡茨和夏皮罗(Katz 和 Shapiro,1985)进一步提出了更为正式的定义,网络外部性是指随着使用同一产品或服务的用户数量的变化,每个用户从消费此产品或服务中所获得的效用会产生变化。②

网络外部性可进一步分为直接网络外部性和间接网络外部性。直接网络外部性是指产品价值与使用相同或兼容产品的消费者数量相关,通过使用这样的产品而获得的附加值。直接网络外部性体现在技术性上,网络中使用者的相互影响是外在于市场机制的。每加入一位新用户都会增加网络对原有用户的价值,原有用户的存在也增加了网络的价值,但他们之间并没有因此发生支付行为。间接网络外部性是指随着某产品使用者的增加,因其互补品增多或价格降低而产生的价值变化,即一类用户的数量(或他们的活动范围)间接地影响另一类用户。间接网络外部性通常存在于互补产品网络中,也可能是一种市场调节效应,互补产品(零件、服务、软件等)越容易获得,(兼容)市场的范围越大。

网络食品市场的网络外部性是指通过第三方网络交易获取食品的人数/销量等会影响消费者获得的效用,进而改变网络食品的市场需求/供给曲线。网络食品市场的直接网络外部性体现为获取某种网络食品的效用与获取同样网络食品的用户数量成正比,由网络需求侧引起。例如,当消费者在网上购买食品时,更多的销量会促使供货方提供更新鲜、更丰富、价格更优的食品。而网络食品市场的间接网络外部性体现为当某种网络食品的销量越多时,会

① Rohlfs J.,"A Theory of Interdependent Demand for a Communication Service",*The Bell Journal of Economics and Management Science*,Vol.5,No.1,1974.

② Katz M. L.,Shapiro C.,"Network Externalities,Competition,and Compatibility",*American Economic Review*,Vol.75,No.3,1985.

出现定价低、数量多、易获取的互补产品，从而间接地提高该网络食品的价值。例如，当消费者在网上购买难以直接食用的食品（坚果、椰子等），辅助工具的售卖会提高消费者的购买欲望；生鲜电商需求的不断增加，也会促使冷链物流配送服务加速发展。

此外，网络食品市场还存在交叉外部性，即除了消费者对消费者或商家对商家的影响外，还存在商家对消费者或消费者对商家的交叉影响。在以平台为核心的网络食品市场中，售卖食品的商家入驻平台既能吸引更多的消费者流量，又能提高平台人气，给其他商家带来潜在的利益。网络平台对于购售食品的商家和消费者的价值不仅取决于平台本身提供的性能，也会随着平台的扩大和双方参与主体数量的参加而不断增加。网络食品平台聚集产生的网络外部经济效应，具体体现在消费流、信息流和基础设施三个层面。

从消费流来看，当网络平台上卖家数量较少时，所销售的食品种类和数量有限，整个平台对消费者的效用较低，无法充分满足消费者的食品需求；而当商家聚集时，平台销售的食品种类和数量都会增加，差异化的发展也会吸引更多的消费者，进而吸引更多商家入驻，整个网络食品平台的价值就会更大。消费者数据的积累，也会对行业内的企业产生巨大的价值，通过对消费者饮食习惯和食品购买行为的挖掘与分析，能够提升所供应食品或服务的质量，提高消费者的线上采购体验。同时，网络食品市场的发展突破了地理位置的限制，极大地改变了消费者的消费习惯。例如，消费者在选择外卖平台时，会优先考虑覆盖商家较多的平台；在选购所需食品时，也会偏向于综合性的大型线上商超。

从信息流来看，由于网络食品销售的开放性，食品展示体系清晰地体现了食品相关的参数信息和食品的细节，消费者在购物时可以轻松地实现“货比三家”。例如，消费者在购买休闲食品时，可在淘宝、天猫超市、京东超市等综合性电商平台中进行挑选；在购买时蔬生鲜时，可在喵鲜生、易果生鲜、盒马鲜生等电商平台中进行挑选。同时，商家获取竞争对手商品品类、价格等信息的成本也大大降低。传统的价格垄断或价格歧视的作用逐渐无法发挥,消费者的消费感受可以通过评价体系得到迅速反馈,既为其他消费者提供参考,也促使平台与商家更加注重产品质量。

从基础设施来看,网络食品市场促进了相关支持性行业的迅速发展。首先是支付渠道的发展。作为网络食品市场中非常重要的支付方式,支付宝的普及程度越来越高,功能也愈加丰富。除了基本的电商平台的支付功能,支付宝还设有单独的购物娱乐模块,与各大餐饮店铺、商超签订合约,为网络食品市场提供线上交易平台。其次是物流体系的发展。由于网络销售产品需要物流配送服务的支撑,网络食品市场规模的快速扩张也推动了物流服务体系的快速发展,而高效快速的物流服务网络又会进一步促进网络食品交易的繁荣发展。最后是商家服务市场的发展。网络食品店铺同样需要关注装修与货品陈列问题,网络食品市场的营销与引流也需要专业的指导,因而随着网络食品市场的不断发展,商家服务的需求将越来越大,专业化的管理与运营也将成为必然。

二、收费规则

支付结算有狭义和广义之分。狭义的支付结算是指单位、个人在社会经济活动中使用票据(包括支票、本票、汇票)、银行卡和汇兑、托收承付、委托收款等结算方式进行货币给付及其资金清算的行为,其主要功能是完成资金从一方当事人向另一方当事人的转移。广义的支付结算包括现金结算和银行转账结算。如今支付方式分为三类:传统支付、电子支付、网络支付。

传统支付方式为现金结算、票据支付。现金结算指在商品交易、劳务供应等经济往来中直接使用现金进行应收应付款结算的行为,在我国主要适用于现金结算起点金额以下的零星小额收付。票据支付的结算方式包括支票、银行汇票、银行本票、汇兑。

电子支付方式有电子联行、电子汇兑、中国现代化支付。全国电子联行系统是指运用现代化计算机网络及卫星通信技术处理全国联行汇划清算业务的系统,它的基本任务是在全国范围内实现有电子联行行号的行同异地资金划拨的账务往来处理,监督资金流动。具体地说,就是处理各个银行间及各自系统内不同行处的资金汇划业务。电子汇兑是汇款人委托银行将其款项支付给异地收款人的结算方式。我国现代化支付系统主要提供商业银行之间跨行的支付清算服务,是为商业银行之间、商业银行与中国人民银行之间的支付业务提供最终资金清算的系统,是连接国内外银行重要的桥梁。

网络支付方式有支付网关和电子货币。支付网关是银行金融网络系统和 Internet 网络之间的接口,是由指派的第三方处理商家支付信息和顾客的支付指令。从技术角度上说,支付网关是指商户(电商网站)用于接收顾客的线上付款的一种软件。支付网关的运转流程从用户发出订单开始,经过商家接收订单、发送运输,商业客户向支付网关发出“付款通知”,支付网关向销售商发出交易成功的“转账通知”和银行结算票据等,销售商确认信息正确,最后达成交易。电子货币是可以在互联网上或通过其他电子通信方式进行支付的手段。这种货币没有物理形态,为持有者的金融信用。主要有两种:一种是基于互联网环境使用的且将代表货币价值的二进制数据保管在微机终端硬盘内的电子现金;另一种是将货币价值保存在 IC 卡内并可脱离银行支付系统流通的电子钱包。其中电子钱包是电子购物活动中常用的支付工具。在电子钱包内存放的电子货币,有电子现金、电子零钱、电子信用卡等。电子钱包有两种概念:一种是纯粹的软件,例如微信、支付宝等。主要用于网上消费、账户管理,这类软件通常与银行账户或银行卡账户是连接在一起的。另一种是小额支付的智能储值卡,持卡人预先在卡中存入一定的金额,交易时直接从储值账户中扣除交易金额。

传统店铺的收费方式以现金结算、票据支付为主。现金结算是匿名进行的,卖方不需要了解买方的真实身份,一般用于小额交易;票据收费用于解决收费时的异地问题,可将票据转化为现金,便于携带且可用于大额收费。不同于传统的收费方法,平台收费往往采用注册费、交易费等形式。其中,注册费是指平台针对某段时间提供的服务,向用户收取一定额度的固定费用。平台对于入驻用户仅收取注册费的收费方式也称为“一价政策”,当平台企业无法根据双边用户交易的次数进行收费时通常会采用此类方式。例如,传统的电视媒体平台,由于很难统计观看广告的人次,一般会根据时段收取一定的固定费用。交易费是指平台针对每一次通过平台发生的交易,收取一定的费用。此类收费方式通常用于交易次数或额度可以清晰统计的情况,如视频的播放量或商品的交易额等。

目前,平台除了单独收取注册费或交易费外,也会选择对入驻用户先收取注册费,在后续交易过程中继续收取交易费的方式,该类收费方式被称为两步制收费,应用也比较普遍。

三、用户归属特征

网络双边市场是存在两个互相提供网络收益的独立用户群体的经济网络,交叉网络外部性是双边市场的核心特征,即一边用户数量的变化会影响另一边用户的收益。①② 平台的交易规模将由买卖双方的价格结构而非价格水平决定。③ 双边市场并非新生事物,许多传统产业(媒体、中介业、支付卡系统等)都是典型的双边市场。信息通信技术的广泛应用催生了多种新型的双边市场形式,如 B2B、B2C 和 C2C 的电商平台。目前,网络食品市场已经形成了多种类型的电商平台,如图 1-2 所示。

---

① Armstrong M.,“Competition in Two-Sided Markets”,*the Rand Journal of Economics*,Vol.37,No.3,2006.

② Wright J.,“One-sided Logic in Two-Sided Markets”,*Review of Network Economics*,Vol.3,No.1,2010.

③ Rochet J. C., Tirole J.,“Platform Competition in Two-Sided Markets”,*Journal of the European Economic Association*,Vol. 1,No.4,2003.

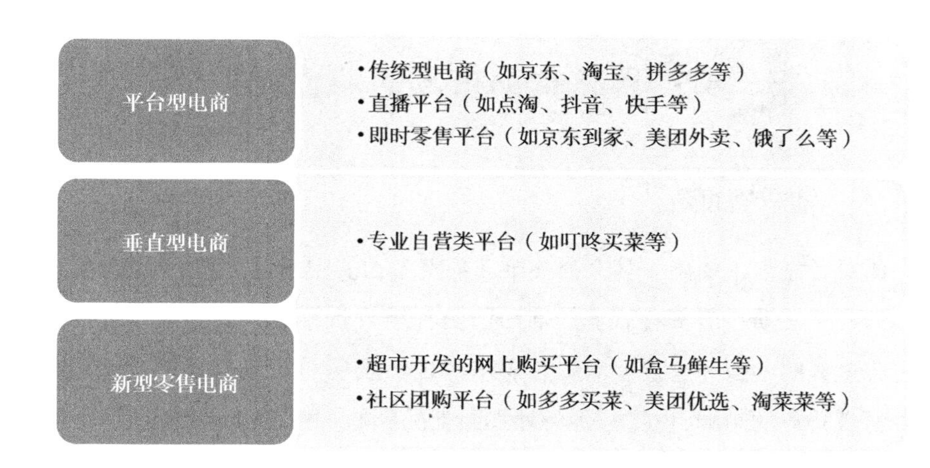

图 1-2　网络食品市场电商平台类型

资料来源:笔者整理。

用户需求的强依赖性导致用户规模成为平台竞争的焦点,用户归属是双边市场中影响平台竞争的重要因素。用户归属一般可以分为三类:(1)单归属,用户仅在一个平台注册交易;(2)多归属,用户在两个或多个平台注册交易;(3)部分多归属,部分用户在单个平台注册交易,部分用户在两个及多个平台注册交易。

网络食品交易平台需要综合考虑定价战略和运营战略。定价战略主要包括定价水平和定价结构,定价水平指从网络食品市场双边收取的总费用,定价结构指总费用在双边的具体分配。运营战略主要包括进入阶段和日常运营阶段,在进入阶段,平台可用定价、投资,甚至免费的方式吸引双边用户;在日常运营阶段,平台通常通过提高差异化程度吸引用户,运用排他性契约来引导用户单归属于平台。同时,平台往往更倾向于降低用户的多归属意愿。因为单归属能够促使网络食品商家从不同类型的平台聚集,帮助平台快速扩大网络食品商家的规模。网络食品服务的差异性、消费者的异质性,以及单归属会削减商家和消费者的选择权等,都会给商家收益、平台利润和消费者福利带来一定的负面影响。

第二节　网络食品市场的消费者特征

一、需求特征

消费者需求主要指一种会强烈推动消费者去实现自己的目的和满足自身需要的心理活动。消费者需求是推动消费者进行各类消费行为的内在原因，是购买过程的动因和起点。消费者需求的现实表现通常较为复杂，既受到消费者自身特点的影响，也受到各种外部因素的影响。

（一）消费者需求的特性

1. 多样性

由于职业、个性特点和生活方式的差异，消费者会产生不同的观念和标准，对网络食品的需求也千差万别。消费者既要求食品质量好，又希望尽快获取食品，对网络平台的售后服务有一定的标准，同时又要求经济实惠等。消费需求的多样性在一定程度上决定了网络食品市场的差异性，这也是商家进行网络食品市场细分的基础。

2. 发展性

一般来说，消费者在较低层次的需求得到满足之后，会向较高层次逐渐演进，从简单需要发展为复杂需要，从注重数量的满足发展为追求质量和数量全面发展。同时，新的技术、产品、观念和社会风尚，必然也会引起消费需求的新发展。例如，起初的网络食品消费集中于日常零食。但随着网络食品市场的扩大，出现了"新食尚"，消费者开始追求更高端、更具吸引力的网红零食。在最初购买时，消费者只是期待食品品类更齐全，之后逐渐会期待质量更高的食品（如鲜活的水产品、绿色有机的农产品等）。

3. 可诱导性

网络食品消费需求的产生和发展除了个人生理和心理因素之外，外界的刺激也是较大的诱因。社会政治经济制度的变革、生活或工作环境的变迁、收入水平的改变、时尚潮流的变化、大众传媒的影响、道德风尚的倡导和亲朋好友的劝说等，都可能引发网络食品消费需求的变化和转移。网络消费的可诱导性提供了网络食品市场的潜力和机会，商家可以通过多种途径来引导建立新的消费结构。

（二）消费者需求的特征变化

1. 广泛化与高度化

随着环境的变化和基本条件的满足，人们开始有了追求更高层次生活的愿望和能力，对网络食品的品质要求也从“刚需”转为“改善”。同时，由于技术水平的不断提高，不同网络食品的质量和性能等物质指标差异程度逐渐变小，认知和情感在购买决策中的权重越来越大。

2. 健康化与绿色化

随着生活水平的提升和饮食观念的调整，消费者更加注重生活质量，对网络食品安全和品质的关注程度不断提高。同时，关注焦点从食品质量逐步转向长远的社会大环境，消费者的环境保护和节约资源等绿色消费意识不断增强。

3. 复合化与关联化

消费者之间的相互影响和作用不断加强，逐步形成由相关网络食品或销售服务组成的各类生态圈，进而形成复杂的需求生态体系。如何营造良好的生态环境，已经成为网络食品市场经营的重要任务。

（三）消费者行为偏好

1. 消费习惯

随着无线网络的全覆盖和智能终端设备的普及，人们呈现出几乎时刻“在线”的状态。中国互联网络信息中心（CNNIC）报告显示，截至2023年12

月，我国互联网普及率达77.5%。网购行为不单纯只是满足生活所需进行的消费，更体现出社交价值。在没有显著购买需求的情形下，消费者也会利用“碎片化”的时间浏览访问网络平台，并且转化为实际购买行动。

2. 消费渠道

目前，国内外的绝大多数食品都能在电商平台中获取，便携的移动设备更可为消费者提供食品浏览、交易平台。中国互联网络信息中心数据显示，截至2023年9月，我国APP在架数量达261万款、小程序超700万个。截至2023年12月，我国网络支付用户规模达9.54亿人，前三季度，网络支付业务数达11077亿笔，交易金额达2728万亿元。目前，各大电商平台都在加大对移动端消费者的引导，移动端销售占比持续攀升。

3. 消费决策

社交媒体评价分享的影响力正在不断增强，人们越来越多地借助微博、微信等社交媒体传播、分享、讨论和评价信息，消费者的网络空间距离被大大拉近，消费决策也更多地受到社交网络的影响。艾媒数据中心调查显示，2019年用户进行网购的主要原因除了电商平台和品牌本身的促销外，“网红”“明星”带货以及社交圈的影响占比高达28.4%，社交媒体对消费者的网络购物决策有着不可低估的影响力。①

4. 消费追求

网络食品的品质成为消费选择的重要标准。基础生活类逐渐从基本够用向高质量追求转移，价格尽管仍然重要，但不再是消费者考虑的唯一标准，“品位”和“品质”成为商家获得竞争优势的关键。

5. 消费体验

消费升级、网购环境的改善以及虚拟现实技术（Virtual Reality，VR）、增强现实技术（Augmented Reality，AR）等在电商领域的广泛应用，提升了消费者的

---

① 艾媒咨询：《2019中国网购市场发展规模与用户行为分析》，见https://xueqiu.com/9582690951/135696068。

网络购物体验。线上线下融合的新零售模式可以让消费者近距离感受到食品质量,既保证了网络购物的便利性,又弥补了无法直接触及的缺陷,大大增加了购物的愉悦体验。

二、购买动机

消费心理学认为,消费者会在一定的环境刺激下产生内在需要,进而形成购买动机,再由购买动机激发消费者的购买行为,如图 1-3 所示。购买动机是驱使消费者购买网络食品的内心欲望,是引起购买行为的原因和动力。网络食品的购买动机来自消费者对食品的内在需要和外部因素(如网络的全面、物流的快捷等)刺激的共同作用。前者是产生购买食品动机的根本原因,只有当消费者有食品需要时,才能产生购买动机;后者主要受到社会环境、群体和产品或服务刺激等方面的影响。购买动机的基本类型通常可以分为生理性动机和心理性动机,但在实际的购买行为中,生理性动机和心理性动机往往交织在一起。

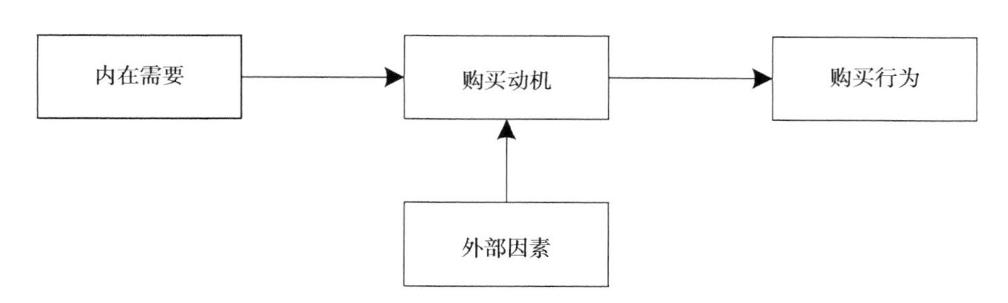

图 1-3　消费者需要、动机与行为之间的关系

资料来源:笔者整理。

(一)生理性动机

生理性动机是指由先天生理性因素所引起的,为满足、维持或延续和发展生命等需要而产生的购买动机。常见的生理性动机有求实、求新、求廉和便利的动机。

1. 求实动机

求实动机表现为关注网络食品或销售服务的实际使用价值。在网购时，消费者注重网络食品或销售服务的实际效用和功能质量，而对食品的外观、造型和包装等不是特别重视。消费者在网购基本的生活食品时，求实动机比较突出；而在购买享受型的网红食品时，求实动机不太突出。

2. 求新动机

求新动机表现为注重网络食品或销售服务的新颖性和时尚性。此类消费者比较重视网络食品的外观、造型、式样、色彩和包装，容易受到广告宣传、潮流导向和社会环境的影响，比较容易接受新思想，更愿意追求新的生活方式。

3. 求廉动机

求廉动机表现为注重网络食品或销售服务的价格，期待能够以较低廉的价格获取同样的物质利益。此类消费者对外观造型不在意，但受促销活动和价格折扣的影响较大。一般而言，此类动机的形成与消费者的收入或经济负担有关，同时也会受到对网络食品或销售服务的认知和价值观的影响。

4. 便利动机

消费者的便利动机表现为注重购买和维护使用的便利性。在购买重复率较高的网络食品时，消费者会把便利性作为重要的考量因素，同时也会重视售后服务的便利性。

（二）心理性动机

心理性动机主要是指由后天社会性或精神需要所引起的，为维持社会生活、进行社会活动，以及在社会实践中实现自身价值等而产生的购买动机。心理性动机主要有求美、求名、好胜、显耀、从众、理智、情感和惠顾动机。

1. 求美动机

求美动机表现为注重网络食品的欣赏价值和艺术价值。此类消费者比较重视网络食品对人的精神生活的陶冶作用,追求网络食品的美感带来的心理享受,受网络食品的造型、款式和艺术欣赏价值的影响比较大,而对网络食品本身实用性的要求不高。

2. 求名动机

具有求名动机的消费者会更在意周围人的评价,倾向于高档或有象征意义的产品和服务,追求新潮,容易受到环境的影响。与此类动机相似的还有好胜动机、显耀动机和从众动机,其中好胜动机以争强好胜或与他人攀比为目的,显耀动机以显示身份地位或财富势力为主要目的,从众动机则以大众认可为目的。

3. 理智动机

理智动机建立在消费者对于网络食品或销售服务的客观认识基础上,此类购买动机的形成具有一定的客观性和周密性,主要受控于理智判断,较少受到外界氛围的影响。具有理智动机的消费者通常会对多个网络平台的食品或销售服务进行比较和分析,形成综合判断后再作出购买决策。

4. 情感动机

情感动机主要是由于人的情绪和感受所引起的购买动机。这类购买动机还可以进一步分为两种形态,一种是个人情绪引起的购买动机,既可能由喜欢、快乐或好奇等积极情绪引起,也可能由烦闷、伤心或难过等消极情绪引起;另一种是社会情感(道德感、群体感等)引起的购买动机。

5. 惠顾动机

惠顾动机是指对特定的网站、商家或产品产生特殊的信任与偏好后,重复性、习惯性地前往访问并购买的一种动机。惠顾动机最初的产生可能是由于搜索引擎的便利或站点内容的吸引,或者是由于某一商家具有一定的地位和权威性,或者是因为产品质量在消费者心目中树立的可靠信誉。

三、影响因素

（一）消费者需求的主要影响因素

网络食品的需求一般会受到多种因素的影响，主要有自身价格、消费者偏好和预期、消费者收入水平以及相关产品价格等。

1. 自身价格

网络食品的价格对其需求有着显著的影响。一般来说，价格越低，需求量越大；而价格越高，需求量越小。网络食品企业可采取适当的促销活动，以吸引消费者并提高需求量。

2. 消费者偏好与预期

在网络食品市场中，消费者偏好是影响需求的重要因素之一。消费者对于食品的口感、风味、健康等方面有不同的偏好，这些偏好会直接影响他们的购买决策。例如，一些消费者更偏爱天然有机食品，而另一些消费者则更注重价格和便利性。因此，网络食品企业应该根据消费者的偏好，提供符合他们需求的产品，以提高他们的购买欲望和忠诚度。目前，休闲食品向营养健康方向发展，许多低脂低卡的零食品牌在网络食品市场受到消费者的青睐。

3. 消费者收入水平

消费者的收入水平是影响网络食品市场需求的重要因素。一般来说，消费者的收入水平越高，他们对高品质、高价格的食品需求越大；反之，收入水平较低的消费者更注重价格和便利性。因此，网络食品企业应该根据不同收入水平的消费者需求，提供不同价格和品质的产品，以满足他们的需求并提高购买欲望。

4. 相关产品价格

相关产品主要指替代品和互补品，前者是指两种网络食品之间能够相互替代以满足消费者的某种需求，后者则是指两种网络食品必须相互配合才能满足消费者的需求。当替代品的价格提高时,网络食品自身的需求一般会增加,而当互补品的价格提高时,网络食品自身需求一般会降低。

(二)消费者购买动机的主要影响因素

消费者购买动机主要与网络食品的属性相关,包括品牌、品质、外观、广告和质保等。

1. 品牌

网络食品市场中的品牌知名度是影响消费者购买决策的重要因素之一。随着品牌知名度的提高,消费者对该品牌的信任度和忠诚度也会增加,从而提高市场占有率和销售额。此外,品牌知名度还可以帮助企业提高产品的溢价能力,降低价格敏感度,从而提高产品的利润率。因此,网络食品企业应该通过品牌建设和营销活动,提高品牌知名度和美誉度。

2. 品质

在网络食品市场中,消费者对产品质量的要求越来越高,产品质量成为影响消费者购买决策的重要因素之一。消费者一般会根据产品的口感、风味、营养成分等方面进行评价,而对于质量不合格的产品则会避免购买。

3. 外观

在选择购买产品时,消费者往往会受到产品外观的吸引。一个吸引人的包装和外观设计可以让消费者更容易地发现和选择该产品。此外,产品外观还可以传达产品的品牌形象和特点,从而吸引消费者。

4. 广告

通过广告,企业可以向消费者传达产品的特点、优势和品牌形象。广告可以采用多种形式,如电视广告、网络广告、杂志广告等。不同形式的广告对消费者的影响也不同。例如,电视广告可以通过视觉和声音,更直观地展示产品的特点和形象,而网络广告则可以更准确地定位目标消费群体,并提供更多的互动和参与方式。因此,网络食品企业应该根据产品的特点和目标消费群体,选择合适的广告形式和媒体，以提高广告的效果和影响力。

5. 质保

对于网络食品的质量保障，通常体现为售后服务和退货退款是否能让消费者放心，是促成消费者购买动机的重要因素之一。

（三）网络食品安全风险意识的影响因素

网络食品安全事件的发生不仅影响消费者的身体健康，也会给消费者的心理带来冲击。风险感知水平、年龄、受教育程度以及家庭生命周期等因素均会影响消费者的网络食品购买决策。

1. 风险感知水平

消费者对网购食品感知风险的程度越高，对风险的规避意识就会越强烈。在购买网络食品时，消费者对网络食品安全的相关信息以及原材料、质量和产地等会更加在意，对购买平台和商家信息也会比较重视。

2. 年龄

不同年龄阶段的消费者对网络食品安全风险意识会呈现出较为显著的差异。一般来说，年龄较大的消费者在网购食品时较为理性，对食品安全状况的要求也会更高。

3. 受教育程度

受教育水平越高的消费者对网络食品安全的意识更强，在购买网络食品时较为理性，不容易盲目追随潮流产品。消费者往往会通过自己的求证，确认安全性后再购买，且对网络食品品牌的忠诚度和重复购买率较高。

4. 家庭生命周期

青年单身期、家庭形成期的年轻人更关注网络食品风味，价格敏感度较低。在家庭成长期，子女出生直至上大学前，家庭对网络食品安全的关注程度会达到顶峰。当家庭进入成熟期，消费者会对安全和健康有更多的关注度，同时价格敏感度也会增加。

第三节　网络食品市场的卖方特征

网络食品商家和实体商店都属于零售业态。当食品在第三方平台进行交易时，消费者挑选和比较商品、网上支付、物流配送及售后服务等都以网络为媒介完成。因此，网络食品商家有着不同于线下实体店的特征，具体体现在经营模式、定价策略和质量控制三个方面。

一、经营模式

电商平台作为价值共创载体，通过与消费者、商家、外部资源和社会技术系统产生紧密联结。考虑到经营领域、客户群体、盈利方式的差异性，电商平台有着多种多样的经营模式。

（一）平台型电商

平台型电商是为产品的销售方（可能是制造商、批发商或零售商）和购买方（可能是企业或消费者）建立的网络购物平台，主要目的在于为双方提供安全和便捷的交易环境。

1. 综合型电商平台

综合型电商平台通过第三方商家入驻的方式销售网络食品。商家负责售后服务，第三方物流或平台物流负责物流配送，其配送区域广，商品配送时间长。综合型平台电商最突出的优势在于具有庞大的用户基数，享有流量优势，具有规模经营、品牌效应特征，且品类丰富、经营范围大。

综合型电商平台一般会有较多品类，满足消费者一站式购物的需求，提供更多的选择性，且用户基数较大。丰富多样的商品以及各种促销激励，能够引导消费者在一个平台上完成所有商品的购买。典型的综合型电商平台包括淘宝（包括天猫）、京东和拼多多等。

2. 直播平台

主播在平台上通过实时直播形式销售产品，可同时售卖多个店铺或同一店铺的产品。主播通过直播现场与消费者进行场景互动、即时信息传递；消费者通过直播真实地感知产品大小、口味、种植生产环境等，直播现场的氛围感能够提高消费者的消费意愿。典型的直播平台包括抖音、点淘、快手等。

3. 即时零售平台

即时零售平台通过商家入驻平台的方式销售产品，平台提供多样化的本地生活服务，由骑手提供送货上门服务，配送范围有限，配送时间为 1 小时左右，店铺负责产品售后服务。典型的即时零售平台包括饿了么、京东到家、美团外卖等。

（二）垂直型电商

垂直型电商主要指销售方建立独立专属的网站平台来销售产品。平台自身是销售方，故对所销售的产品负有直接责任。目前，垂直型电商平台有食品企业自建的平台，如中粮我买网、蒙牛网上商城等；跨界垂直电商平台，如顺丰优选、中通优选等；垂直类美食互动社区，如 cookpad、豆果网等。

垂直电商一般会有自身侧重的细分目标市场，其优势在于产品的精细化、服务的专业化以及社会化营销等方面，能够提供更加符合细分目标市场的食品，满足某一领域消费者的特定习惯。因此更容易获得目标消费者的信任，从而加深产品的印象和口碑传播，形成独特的品牌价值。此类电商非常关注用户的转化率、留存率和黏性，通过每个环节的不断优化，带来更好的用户体验和最大的效益。

（三）新型零售电商

1. “线上+线下”新零售模式

在该模式下，线下商超开发线上 APP 或小程序，消费者可在线上渠道选购产品，商品种类、质量和价格与线下商超同步。消费者可以从网络平台找到自己喜欢的商品，然后再到线下实体店去感受和体验商品。如果商品符合自己的预期，消费者可以直接在线下门店购买，购买后选择商家送货上门。典型的新零售电商包括盒马鲜生、超级物种和欧尚等。

2. 社区团购生鲜平台

社区团购是在新零售“线上+线下”模式的探索中形成的社区零售模式，社区团购典型的运营模式特点是在社区居民中招募团长，团长负责平台商品在社区居民中的推广与销售工作，平台在次日指定时间送货至社区自提点，到货后社区团长通过微信群通知消费者在社区自提点取货。典型的社区团购生鲜平台包括多多买菜、美团优选和淘菜菜等。

二、定价策略

研究表明，传统经济下的边际成本等于边际收益的定价方式不再适用于网络食品。因此，需要建立更适合的定价模型，制定更合理的定价策略。目前，网络食品市场常见的定价策略主要有折扣定价和心理定价两类。

（一）折扣定价

折扣定价是指对于网络食品的基本价格作出一定的折扣，通过直接或间接地降低价格来进一步争取消费者，扩大网络食品的销量。比较常见的折扣形式有针对网络食品数量、功能和考虑季节性的直接折扣，也有回扣和津贴等间接折扣形式。

1. 数量折扣

数量折扣指根据购买网络食品的数量或金额多少，分别给予不同的折扣，是最为常见的定价策略之一。一般来说，购买的数量或金额越多，折扣越大，其目的是鼓励消费者增加单次的购买量，或者集中购买单一商家的网络食品。

数量折扣可以分为一次性数量折扣和累计数量折扣两种。一次性数量折扣规定，如果消费者一次性购买限定品类网络食品的数量或金额达到一定要求，将可以得到折扣优惠。其主要目的在于鼓励消费者增加单次购买数量或金额，促进网络食品的多销和快销。累计数量折扣规定，如果消费者在一定时间段内，购买的网络食品达到一定的数量或金额，则按照其总量给予一定折扣。其主要目的在于鼓励消费者经常性地购买单一商家的网络食品，与食品商家建立长期订购的强关系。

2. 功能折扣

功能折扣是指销售方为执行销售、储存和记账等功能的渠道成员提供的价格减让。生产企业可以根据中间商在网络食品分销过程中所承担的功能、责任和风险，对不同的中间商给予不同的折扣。折扣比例一般会根据中间商在整个食品供应链中的地位和重要性，以及所承担的功能和风险等因素进行调整，最终形成购销和批零的差价。功能折扣的目的在于鼓励中间商增加食品的订货批量，增加销售努力，同时也对其经营的费用进行一定的分摊和补偿，促进长期稳定良好的合作关系的建立。

此外，不少网络食品商家推出拼团购买的活动，鼓励消费者拼团购买以获得相应的折扣。同时，吸引消费者成为推广大使的方式也越来越常见，鼓励消费者分发食品购买链接，凡是通过该链接交易成功，链接拥有者就可以获得一定比例的佣金。

3. 季节折扣

季节折扣一般用于调节生产连续但消费具有季节性的网络食品的供需矛盾。通常商家会在淡季提供一定的折扣优惠，以吸引消费者购买，维持食品全年相对稳定地生产。与此同时，季节折扣的应用随着网络食品类别的不同也会有所差异。在食品领域，特别是生鲜农产品及相关初级加工产品，由于其本身的成熟期存在较强的季节性，销售窗口期有一定限制，通常会随着上市周期的时间变化，呈现不同的折扣定价。

季节折扣比例的确定一般需要考虑成本、存储和运输等多种因素。整体而言，季节折扣能够在一定程度上减轻库存，加速网络食品的流通，发挥生产端和销售端的潜力，避免季节性供给或需求所带来的市场风险。

4. 回扣和津贴

回扣和津贴都是间接的折扣方式，两者都是在消费者按正常价格购买网络食品之后进行一定的返还，吸引消费者进行持续性或重复性的购买。前者一般是按照一定的比例直接返还部分货款给消费者，后者则通常是以特定的形式予以价格或其他补贴。

比如，常见的以旧换新，即能够用旧产品抵扣一定的价值，或是凭旧产品的使用包装或者记录，能够享受一定的优惠，就是一种津贴的形式。各大网络平台也都有使用此类折扣，比如京东的京豆、淘宝的淘金币、美团外卖的米粒和津贴等。间接折扣方式的使用，能够一定程度上提升消费者的忠诚度，强化网络商家与消费者之间的黏性。

（二）心理定价

心理定价策略指商家在根据成本、需求或竞争导向制定基础价格之后，考虑消费者的心理特征，对价格进行进一步的修正。常见的心理定价策略有尾数定价、声望定价和招徕定价等。

1. 尾数定价

尾数定价是指在给网络食品定价时，不取整数而取尾数，能够使消费者在购买时心理上产生产品比较便宜的感觉。同时，尾数定价策略也存在着一定的暗示效应，即让消费者觉得网络食品的价格是经过认真核算而制定的，提高价格可信度高。

尾数定价策略的使用非常普遍，线上和线下都被广泛采用。常见的尾数定价策略可以分为两类。一类是以“9”结尾的定价，目的在于给消费者带来价格较低的感知。另一类是根据销售区域的风俗习惯和传统文化，考虑消费者的偏爱或忌讳确定价格的尾数，比如有些地域的消费者喜欢“6”和“8”，忌讳“4”，有些喜欢“7”，忌讳“3”和“5”等。

2. 声望定价

声望定价策略也被称为价值定价策略,是指基于消费者对网络食品品牌或食品本身的信任心理,将有声望的食品价格定得较高的策略。

与尾数定价策略考虑的消费者心理不同,声望定价策略侧重于消费者的高价显示心理,即存在部分消费者由于相关群体、身份地位等外部刺激而愿意花较高的价格购买某些网络食品。同时,因认知的差异,当消费者对于某类网络食品的认可度较高时,也会愿意在高价下进行购买。比如草鸡蛋、有机蔬菜食品等。

3. 招徕定价

招徕定价策略指商家对某些网络食品定低价,目的在于利用低价吸引消费者前来购买某些网络食品的同时也购买其他食品,进而提高整体销售额。此类定价策略以往在线下超市中使用非常普遍,现在在各电商平台上也十分常见,这种低价食品通常被称为“爆款”产品。

使用招徕定价策略首先要确定特价食品,既需要对消费者有一定的吸引力,又不能因大量特价给商家造成实质性的损失。其次是供应数量要充足,尽可能使较多的消费者能够成功购买,以免造成虚假宣传的形象。最后也需要考虑如何让被吸引而来的消费者在购买特价商品之外,增加其他网络食品的购买,从而提高整体销售额和利润。

三、质量控制

质量控制是为了使产品或服务能够达到质量要求而采取的技术和管理方面的措施与活动,其目的在于保证食品质量的安全可靠。随着网络食品市场的不断扩大,网络食品质量安全也成为网络监管的重要地带。

(一)网络食品供应链的结构

与传统食品供应链不同,网络食品供应链有其独特之处。有效进行质量控制的前提是必须厘清网络食品供应链的结构，包括原材料供应商、食品加工商、食品零售商、网络平台、物流服务商、消费者、金融机构和第三方监督机构。

1. 原材料供应商

主要包括初级农产品和食品加工过程中其他原材料的供应商。初级农产品包括种植业、畜牧业和渔业等未经加工的产品，是后续食用农产品和加工食品的源头，也是质量控制的基础。

2. 食品加工商

食品加工商是指从事食品生产、加工和制造的企业或个体经营者，包括生产加工各类食品、调味品和饮料等的企业和个体经营者。食品加工商负责生产和加工食品，并保证其质量和安全性。

3. 食品零售商

网络食品零售商是在网络上销售食品的商家，主要通过第三方交易平台开设虚拟店铺，提供种类丰富多样的食品供消费者选购。在网络食品市场中，网络食品零售商可能是食品加工商，也可能是食品批发商或网络平台。

4. 网络平台

网络平台是商家和消费者之间的桥梁，根据平台类型的不同，可以分为直营型和平台型，前者是所销售产品的拥有者，对产品质量承担着直接责任；后者则主要是提供信息交流的平台，承担更多的监督责任。

5. 物流服务商

网络食品市场中的物流服务商主要负责食品的仓储、运输和配送等环节。他们通过建立专业的物流网络和配送系统，保证了网络食品的快速和安全配送。物流服务商的作用在于为网络食品零售商提供可靠的物流服务，同时提升了消费者的购物体验和满意度。物流服务商的服务质量和效率对于网络食品市场的发展和壮大具有重要的推动作用。

6. 消费者

消费者作为网络食品市场的购买者，根据自身的需求和偏好，通过网络平台上所展示的相关信息进行了解、判断，并作出购买决策。

7. 金融机构

金融机构在网络食品市场中扮演了资金流传输的重要角色。尽管它们并不直接影响网络食品的质量，但是可能会与网络食品市场中的任何一个环节中的参与者产生交互活动。此外，金融机构的政策也可能会影响参与者的决策，进而产生间接的影响。例如，金融机构可能会提供贷款和其他金融产品，以帮助网络食品市场中的参与者改善他们的业务，这将进一步促进网络食品市场的发展。

8. 第三方监督机构

在网络食品供应链中，为了控制风险，网络平台会委托第三方监督机构对交易进行担保。同时，也存在一些第三方机构（如中国消费者协会等），会对网络交易进行监督，接受来自消费者的投诉。

（二）网络食品供应链的质量控制措施

与传统的食品供应链相比，网络食品供应链少了分销的层级，使得原材料供应商、食品加工商和食品零售商的界限不再那么分明。食品原料的供应商错综复杂，市场主体之间关于食品质量的信息不对称性变得突出，食品需要经过采购、贮存、物流配送等环节，其中生鲜产品更是需要单独存放在具有一定温度控制的仓库，保障全程冷链。信息不对称、流通环节多、储存要求高以及食品特性使网络食品质量控制变得更难。因此，对于网络食品质量控制，需要对食品生产的全流程进行把控，严格落实商家的主体责任，明确质量是生产经营的生命线。

1. 提高原材料质量

食品原材料作为后续加工的基础，其质量是所有产品的保证。因此，需要充分培养原材料生产者的责任心，提升安全意识，提高生产水平，切实承担主体责任。同时，需要加强对初级农产品的检验检疫。2022 年 7 月，我国农业农村部已提出将“农业植物检疫证书核发”“农业植物产地检疫合格证签发”“从国外引进农业种子、苗木检疫审批”三个事项纳入行政许可事项清单，实行农业植物检疫单证全国统一编号、全程在线签发，严格监督食品原材料的种植和生产过程。此外，应进一步提升专业化和科学化生产。例如，可以组织有机农业的种植培训，夯实优质农产品的基础。

2. 加强食品加工过程控制

食品加工过程的每一环节都需要进行严格的控制。要提升客户意识，不仅需要关注直接购买的消费者，也需要关注内部相互提供服务的各部门，每个环节都要提高交付标准。关注过程，不断改进过程中各项工作的质量，应用科学技术有效组织关键变量的确定与精准测量，向行业标杆看齐。加强员工授权，吸收一线工作者参与改进过程，建立团队并坚持持续改进，不断探索运营过程中可能存在的质量问题，并进行优化和改善。

3. 严格食品安全检测

检测是质量控制必不可少的手段。除了生产加工阶段的检查以外，食品销售环节的检查也十分重要，这一环节直接与消费者联系，是保障质量安全的重要防线。应当适时加大检查力度，深入各销售网点，组织有效的抽查。同时，重视消费者评价，建立科学有效的反馈机制，并与监督检查机制有效结合。

4. 强化网络平台作用

网络平台是网络食品供应链中的核心成员之一，其运行与监督机制对网络食品的质量有着直接的影响。作为信息交流的重要环境，需要加强对商家准入自治的审核，必须禁止无证经营和食品来源不清的商家在平台上进行销售，并建立完善的运营管理机制，对存在质量问题的商家进行实质性的处理。同时，平台应充分利用数据获取的便利性，利用大数据智能分析工具与手段，做好监督管理工作。

第四节　网络食品市场的配送方特征

配送企业对网络食品进行拣选、加工、包装等，按用户订货要求在配送中心或其他物流节点进行货物配备，并以最合理的方式送交消费者，具体有自建物流、第三方物流、社区配送等模式。配送直接面向消费者，是网络食品流通的末端环节，配送速度、配送硬件条件、配送员服务态度等会直接影响消费者的消费体验和满意度。

一、配送方式

（一）自建物流模式

自建物流模式是指自营型的企业或集团通过独立组建物流服务中心从而实现物品供应。能够采用自建物流模式的企业大多为大型制造企业或资金实力较为雄厚的电子商务公司，前者由于在长期的传统业务中已建立起一定规模的营销网络和物流配送体系，只需进行改进和完善就可以满足电子商务的物流配送要求；后者通常是由于第三方物流公司无法满足顾客服务要求和成本控制目标，进而自行建立满足业务需求的高效物流系统，并同时向其他需求方提供物流服务，从而实现规模效益。

自建物流模式有许多优点，具体表现为：

(1)掌握控制权。自建物流可以充分运用企业各项资源，掌控包括网络食品采购、制造和销售等在内的各个环节的运作，迅速应对物流活动中存在的问题。

(2)控制交易成本。一方面，可以在改造网络食品的经营结构和机制的基础上盘活原有物流资源，促进资金流转，创造利润空间；另一方面，自建物流使得企业在运输、仓储和配送食品等环节拥有充分的自主权，避免支付第三方物流的各类交易费用。

(3)提升品牌价值。自建物流使得企业对网络食品的营销活动和服务拥有更多自主权,与消费者的接触范围更为广泛,增加用户体验优势,也能够获取最新的消费者食品需求与网络食品市场的发展动态。同时,由于所有环节都有企业内部控制,商业信息的保密性可以得到很好的保证。

(4)形成竞争优势。自建物流能够督促企业不断探索和开发物流中的食品储存技术,提升自身物流实力,促进物流行业发展。当企业拥有高水平的物流管理体系之后,物流管理也会成为企业重要的竞争优势。

自建物流模式也存在一些缺点,具体表现为:

(1)投资负担增加。自建物流所需建设的食品仓储和运输等设备及人力资源需要投入大量的资金,势必会影响企业对其他环节的资金投入。同时,物流部门通常在最初并非企业的核心部门,因而其成长可能需要管理人员花费更多的时间和精力,管理难度大大增加。

(2)专业化程度低。尤其是对于规模和投入相对有限的企业,承担物流工作的主要是企业的后勤部门,配送的产品数量和范围有限,缺乏良好的食品储存和运输环境,较难形成规模效应,因而可能导致配送成本较高,配送效率与专业化程度也将受到一定限制。

(3)资金回报周期长。自建物流体系以及后期的运营管理涉及选址、仓储、设备及人员队伍建设等,需要有充足的资金作为保障。与此同时,运输配送作为运营中的一个环节,特别是作为内部环节时,其成本较难以进行准确的核算,因而效益评估通常也较难。

(二)第三方物流模式

第三方物流(Third-Party logistics,3PL)也被称为合约物流,主要是指一个具有实质性资产的企业为其他公司提供运输、仓储和存货管理等服务,解决目前网络食品保质期短、难储存、运输成本高等难题。第三方物流一般通过契约形式规范物流服务经营者与消费者之间的关系。物流服务经营者根据契约规定,提供所需的物流服务并管理相关过程,明确各自的权责。

物流服务是第三方物流经营者的核心业务,从物流设计、操作过程、技术工具、设施设备到管理均需达到专业水平。另外,还根据企业需要,提供相应的个性化服务。针对网络食品的物流服务不仅需要达到上述要求,还得保证食品的质量安全、运输过程中的储存环境和方式,平衡网络食品淡旺季期间的资源分配问题等。典型的食品第三方物流有顺丰冷运、京东冷链等。

第三方物流服务有许多优点,具体表现为:

(1)有利于培育核心竞争力。企业资源都是有限的,无法做到面面俱到。因此,将网络食品的物流等辅助业务外包给专业的物流公司,集中资源于主营核心业务,能够更好地保证核心业务的发展。

(2)降低资产投入。相比较于自建物流在仓储和运输建设时投入的大量资金,使用第三方物流能够降低资产的投入,同时也减少了运营过程中的资金占用,对于现金流较为紧张的中小企业而言尤为重要。

(3)提升物流服务专业度。相较于自建物流,第三方物流的专业度更高,能够全方位提升物流服务质量与专业度,保证网络食品的质量和安全,给予消费者更好的物流服务体验。同时,专业的物流服务供应商能够提供时效、价格等多维度差异化的服务,更好地满足消费者个性化的需求。

第三方物流服务也存在一些缺点,具体表现为:

(1)缺乏直接控制。由于第三方物流模式是委托外包,企业对该项职能并没有直接的控制。若第三方物流服务过程出现供货的不准确或不及时等问题,企业无法第一时间得知并进行处理,只能依赖于第三方物流服务供应商的管理。

(2)不利于客户关系的长期维系。当物流服务出现问题时,消费者依旧会将责任归属于企业,尤其是网络食品由于物流引起损坏等问题时,若企业仅归责于第三方物流,可能会引起消费者的不满,进而影响客户关系。

(3)存在连带经营风险。由于第三方物流是一种长期合作的关系,若第三方物流自身经营不善,企业运营也会受到影响,一旦解除合作关系、短时间内更换合作方会产生较高的成本。

(三)社区配送模式

社区配送模式是指消费者在网络平台上下单后,配送方以社区为单位集中配送网络食品的一种新物流模式。该配送模式将分散的物流网络集中化,能够节约时间与人力成本,是当前新兴的有效应对"最后一公里"难题的模式。

社区配送模式主要有两种形式:一种是配送至社区自提点,消费者自提;另一种是由团长配送到家。通常,社区配送首先要建立一个微信群或者一个小程序给消费者提供食品下单的渠道,在消费者下单后,要根据消费者订单将食品统一配送到社区。此外,社区配送企业需要在社区建好自提点,便于消费者自提食品,如果消费者需要配送到家,就把食品统一配送到团长手中,由团长送货上门,通常也会集中于小区内部的某个位置。

社区配送有许多优点,具体表现为:

(1)取货方便安全。消费者可以在自己方便的时间去小区内部的快递柜或附近的超市和便利店方便地取货,有利于节约时间成本。通过快递柜或智能取货箱等建立专门的提货点的自提模式,还能够很好地保证产品的完好和安全,降低快递被偷盗和丢失的风险。

(2)配送效率高。社区配送降低了对实时配送的时效性要求,配送员不再需要根据每一单进行实时配送,而是能够集中配送同一个区域、同一个时间段的所有网络食品,配送效率大幅度提高。

社区配送也存在一些缺点,具体表现为:

(1)业务拓展需要多方合作。企业与便民商店合作时,商店的选择和考察将花费较多的时间和资金,且质量无法完全保证。而快递柜的应用需要与社区或小区物业展开合作,也需要一定的交易成本,覆盖率的增加需要大量资金的支持。在缺乏沟通的情况下,很有可能出现网络食品腐烂、丢失等情况。

(2)缺乏专业化管理。团长或合作的便民商店并非专业物流服务运营商,也缺少专业的人力和物力对网络食品进行分拣和保管,容易发生网络食品丢失或误领、保存环境不合格导致产品损坏等负面情况,服务质量较难得到保障。

二、配送要求

网络食品不同于普通产品,其品质的优劣与存放的方式及时间长短有着密切关系。一般来说,存放时间越长的网络食品,其新鲜程度和品质就会越差,也更有可能出现变质的情况。同时,部分品类的网络食品在存储和运输过程中需要进行温度的控制,对包装也有一定要求,否则会更容易变质或损坏。因此,网络食品运输和配送的特殊性,对配送时间和配送条件要求较高。

(一)网络食品配送的安全保障

1. 存放要求

存放要求包括日常贮存和配送过程中的相关要求。日常贮存时,应分区、分架、分类、离墙、离地存放网络食品。不同类型的网络食品应分隔或分离贮存。在散装网络食品贮存位置,应标明网络食品的名称、生产日期或者生产批号、保质期等内容,宜使用密闭容器贮存。

有明确的保存条件和保质期的应按照保存条件和保质期贮存。保存条件、保质期不明确的及开封的,应根据网络食品品种、加工制作方式、包装形式等有针对性地确定适宜的保存条件和保质期,并应建立严格的记录制度来保证不存放和食用超期食品或原料,防止网络食品腐败变质。

2018年6月，国家市场监管总局发布的《餐饮服务食品安全操作规范》规定各类食品原料所需的冷藏冷冻的保存温度，如表1-1所示。

表1-1　食品原料建议存储温度

种类		环境温度	涉及产品范围
蔬菜类	根茎菜类	0—5℃	蒜薹、大蒜、长柱山药、土豆、辣根、芜菁、胡萝卜、萝卜、竹笋、芦笋、芹菜
		10—15℃	扁块山药、生姜、甘薯、芋头
	叶菜类	0—3℃	结球生菜、直立生菜、紫叶生菜、油菜、奶白菜、菠菜(尖叶型)、茼蒿、小青葱、韭菜、甘蓝、抱子甘蓝、菊苣、乌塌菜、小白菜、芥蓝、菜心、大白菜、羽衣甘蓝、莴笋、欧芹、茭白、牛皮菜
	瓜菜类	5—10℃	佛手瓜和丝瓜
		10—15℃	黄瓜、南瓜、冬瓜、冬西葫芦(笋瓜)、矮生西葫芦、苦瓜
	茄果类	0—5℃	红熟番茄和甜玉米
		9—13℃	茄子、绿熟番茄、青椒
	食用菌类	0—3℃	白灵菇、金针菇、平菇、香菇、双孢菇
		11—13℃	草菇
	菜用豆类	0—3℃	甜豆、荷兰豆、豌豆
		6—12℃	四棱豆、扁豆、芸豆、豇豆、豆角、毛豆荚、菜豆
水果类	核果类	0—3℃	杨梅、枣、李、杏、樱桃、桃
		5—10℃	橄榄、芒果(催熟果)
		13—15℃	芒果(生果实)
	仁果类	0—4℃	苹果、梨、山楂
	浆果类	0—3℃	葡萄、猕猴桃、石榴、蓝莓、柿子、草莓
	柑橘类	5—10℃	柚类、宽皮柑橘类、甜橙类
		12—15℃	柠檬
	瓜类	0—10℃	西瓜、哈密瓜、甜瓜和香瓜
	热带、亚热带水果	4—8℃	椰子、龙眼、荔枝
		11—16℃	红毛丹、菠萝(绿色果)、番荔枝、木菠萝、香蕉

续表

<table>
<tr><th colspan="2">种类</th><th>环境温度</th><th>涉及产品范围</th></tr>
<tr><td rowspan="2">畜禽肉类</td><td>畜禽肉（冷藏）</td><td>-1—4℃</td><td>猪、牛、羊和鸡、鸭、鹅等肉制品</td></tr>
<tr><td>畜禽肉（冷冻）</td><td>-12℃以下</td><td>猪、牛、羊和鸡、鸭、鹅等肉制品</td></tr>
<tr><td rowspan="4">水产品</td><td>水产品（冷藏）</td><td>0—4℃</td><td>罐装冷藏蟹肉、鲜海水鱼</td></tr>
<tr><td>水产品（冷冻）</td><td>-15℃以下</td><td>冻扇贝、冻裹面包屑虾、冻虾、冻裹面包屑鱼、冻鱼、冷冻鱼糜、冷冻银鱼</td></tr>
<tr><td>水产品（冷冻）</td><td>-18℃以下</td><td>冻罗非鱼片、冻烤鳗、养殖红鳍东方鲀</td></tr>
<tr><td>水产品（冷冻生食）</td><td>-35℃以下</td><td>养殖红鳍东方鲀</td></tr>
</table>

资料来源:《餐饮服务食品安全操作规范》。

对于需要冷冻(藏)的网络食品,应减少网络食品的温度变化。在放置时,不宜堆积和挤压食品。同时,应遵循“先进先出先用”的原则,使用食品原料、食品添加剂、食品相关产品,并及时清理腐败变质等感官性状异常、超过保质期等的食品。

2. 备货要求

发货前应进行基本的外观查验和温度查验。预包装网络食品的包装完整、清洁、无破损,标识与内容物一致。冷冻的网络食品不存在解冻后再次冷冻的情形。所有产品应具有正常的感官性状,网络食品的标签标识符合相关要求,并且在保质期内。《餐饮服务食品安全操作规范》规定,查验温度时,应尽可能减少网络食品的温度变化。冷藏的网络食品表面温度与标签标识的温度要求不得超过3℃,冷冻的网络食品表面温度不应高于-9℃。

运输前对运输车辆或容器进行清洁,防止网络食品受到污染。运输过程中,做好防尘、防水,食品与非食品、不同类型的食品原料(如动物性食品、植物性食品和水产品等)应分隔,网络食品包装完整、清洁,防止食品受到污染。

运输网络食品的温度、湿度应符合相关食品安全要求。不应将网络食品与有毒有害物品混装运输，运输网络食品和运输有毒有害物品的车辆不得混用。应尽量使用专用的密闭容器和车辆配送食品，容器的内部结构需便于清洁。

3. 运输要求

中央厨房的食品配送应有包装或使用密闭容器盛放。容器材料应符合食品安全国家标准或有关规定。包装或容器上应标注中央厨房的名称、地址、许可证号、联系方式，以及网络食品的名称、加工制作时间、保存条件、保存期限、加工制作要求等。高危易腐食品应采用冷冻（藏）方式配送。

集体用餐配送单位的网络食品配送方面，网络食品应使用密闭容器盛放。容器材料应符合食品安全国家标准或有关规定。容器上应标注食用时限和食用方法。从烧熟至食用的间隔时间（食用时限）应符合以下要求：一般为烧熟后 2 小时，网络食品的中心温度保持在 60℃以上（热藏）的，其食用时限为烧熟后 4 小时；烧熟后按照高危易腐食品冷却要求，将网络食品的中心温度降至 8℃并冷藏保存的，其食用时限为烧熟后 24 小时。供餐前应按要求对网络食品进行再加热。

餐饮外卖方面，送餐人员应保持个人卫生。外卖箱（包）应保持清洁，并定期消毒。使用符合食品安全规定的容器、包装材料盛放网络食品，避免网络食品受到污染。配送高危易腐食品应冷藏配送，并与热食类食品分开存放。从烧熟至食用的间隔时间（食用时限）应符合以下要求：一般为烧熟后 2 小时，网络食品的中心温度保持在 60℃以上（热藏）的，其食用时限为烧熟后 4 小时。应对食品盛放容器或者包装进行封签，并在食品盛放容器或者包装上，标注网络食品加工制作时间和食用时限，提醒消费者收到后尽快食用。使用一次性容器、餐饮具的，应选用符合食品安全要求的材料制成的容器、餐饮具，采用可降解材料制成的容器、餐饮具。

4. 记录保存要求

所有进货查验记录和相关凭证的保存期限应不少于产品保质期满后 6 个

月;对于没有明确保质期的产品,其保存期限不得少于2年。其他各项记录保存期限宜为2年。网络餐饮服务第三方平台提供者和自建网站餐饮服务提供者应如实记录网络订餐的订单信息,包括网络食品的名称、下单时间、送餐人员、送达时间以及收货地址,信息保存时间应不少于6个月。特定餐饮服务提供者应制定文件管理要求,对文件进行有效管理,确保所使用的文件均为有效版本。

(二)消费者的配送要求特征

在网络食品市场中,消费者的冲动性、及时性和高频次等购买特征也对配送提出了新要求。

1. 配送时效性强

消费者对于及时性的要求不断提升,加之部分网络食品的特殊属性,如生鲜产品的易腐性、外卖产品的即时消费要求等,因此配送的时效性要求也越来越高。同时,若消费者有指定的配送时间要求,需要合理安排配货与配送时间,以便消费者能够在便利的时间收到优质的网络食品。

2. 配送频率较高

由于食品消费的日常性、新鲜度和保质期的限制等,消费者在购买时通常会以满足短期的需求为主,因而单次购买的数量相对比较少,同时购买频率一般会比较高。因此,在物流备货与配送的流程中,需要结合配送特点进行设计。

3. 配送点较分散

网络食品的消费群体大都生活在城市的各个区域,地理位置较为分散,配送难度较高。在配送集散点、配送路线以及整体物流配送系统方面,需要进行科学合理的规划,在满足消费者配送需求的同时,尽可能提高物流配送效率。

三、配送流程

物流配送是一种商品流通方式,当定位于为电子商务的客户提供服务时,应根据电子商务的特点，对整个物流配送体系实行统一的信息管理和调度。按照用户的订货要求，在物流基地进行理货工作，并将配好的网络食品送交收货人。物流仓储配送服务已经成为电子商务中最为核心的行业环节之一，能够提供一个全面完善的物流仓储配送解决方案也成为很多电子商务营运商必须关注的问题。

物流配送一般包含以下流程要素，如图 1-4 所示。

图 1-4　物流配送流程要素

资料来源：笔者整理。

（一）环节备货

备货是物流服务的基础工作，主要包括统筹网络食品的货源、订货、收货及相关的质量检测与交接等。备货是初期较为重要的工作，如果能够集中用户的需求，进行一定规模的备货，将能够有效节约成本，而当备货成本过高时，配送的效益会大大降低。

1. 订货

订货环节是配送中心运作周期的开始。一般来说，配送中心需要定期关注网络食品现有库存的情况，按需进行提前订货。通常，配送中心在每次收到网络食品的订单之后，需要查询匹配食品的现有库存，若有现货，则转入分拣流程；若无现货或者数量不充足，则需作缺货处理，并尽快发出订货申请。

2. 收货

收货环节主要包括接收与验收入库。当供应商根据网络食品的订单要求组织供货并送达时，配送中心需要安排工作人员接货，接货时需要对网络食品进行检验,主要包括与食品的数量和质量相关的检验。若验收无误,则进行入库处理,按照仓储的要求,存放于指定的位置。若存在与合同要求不符的情况,则将问题详细记录待后续处理,并视具体情况确定是全部拒收还是部分拒收。

(二)储存

物流配送中的储存主要包括储备和暂存两种形态。

1. 储备

储备是按照一定时期的经营要求存储各类网络食品,保证所需的配送资源。储备的数量一般较大,结构也比较完善,通常会根据货源、到货情况与配送需求制订储备计划的结构与数量,有时也会单独设立相关仓库进行储备工作。

2. 暂存

暂存是指在具体进行配送之前,按照配送和拣货的要求,在场地中准备少量的网络食品。该部分暂存数量对工作的方便程度影响较大,但是对储存的总效益没有影响,因而一般数量上不严格控制。同时,在分拣和配货之后、货物装载之前,也会存在一定时间的暂存,主要用于调节网络食品配货与送货的时间节奏。

在网络食品的储存过程中,还需要注意到相关的储存条件与要求,避免发生变质问题。因此,在储存中,需要合理应用保鲜和养护的科学方法,如冷藏储存和臭氧杀菌等方法。同时,在存放时间和地点上,要考虑到之后的出库环节,安全经济地做好储存管理工作。

(三)配货

配货是支持送货的准备性工作,高效的配货可以有效提高送货服务水平,是决定整个物流配送服务系统水平的关键环节之一。网络食品的配货通常是指分拣与配货，随着线上线下的融合零售，当前也会包含一定的加工环节。

1. 分拣与配货

工作人员根据订单信息明确所需要的网络食品和配送时间，再根据网络食品的储存位置，或由该网络食品的相关负责人员进行分拣后集中至服务台，或由专门的拣货工作人员在不同的区域按照要求挑选出所需网络食品，再次核对订单信息与网络食品无误后，完成包装，放置于暂存区等待装车配送。

2. 配送加工

配送加工这一环节暂不具有普遍性，主要取决于所提供的服务选项与用户的要求，当前主要适用于线上线下融合的新零售平台以及大型超市等。通常主要包括两方面的内容：一是初级网络食品的加工，即对生鲜产品的初加工，比如清洁、拆分和包装等工序；二是网络制成品加工，即西式糕点、中式面点、半成品配菜和熟食等的加工。

（四）配送

网络食品的配送一般包括配装、运输与送达三项活动。配送可能会采用自备的车辆作业，也可能会联合其他配送服务提供者共同运营，或直接进行外包。根据网络食品不同的配送需求，应作出不同的配送安排，有时是按照固定时间和线路为固定用户进行送货，也有不受时间和路线限制，进行机动灵活的配送。

1. 配装

当单个用户所需的网络食品配送量无法达到车辆的有效运载负荷时，为了充分利用载货车厢的容积，提高运输效率，通常会将可以在同一条路线上进行配送的其他与食品无害的货物组合装配在同一运送车辆上。有效的配装不仅能够降低送货成本，还可以大大提高送货水平。

2. 运输

网络食品的配送运输属于运输中末端或支端运输，呈现距离较短和规模较小等特点，一般采用小型运输工具。同时，区别于干线运输的运输线唯一，配送运输通常面临复杂的城市交通道路以及众多的配送用户，因而网络食品配装与运输路线的综合决策是配送的重点与难点。

3. 送达

运输至目的地并非配送服务的终点，与用户之间的交接也是配送中非常重要的部分，若最后交付网络食品时出现不协调，整个配送服务的评价将受到极大的影响。因而能够以用户认可的方式在指定的时间或地点完成网络食品的最终交付，也是配送服务人员需要高度重视的问题。

第二章　网络食品安全风险治理面临的挑战

党的十八大以来，按照习近平总书记关于食品安全工作“四个最严”要求，我国全面实施食品安全战略，食品安全工作不断改善，食品安全呈现出总体稳定、逐步向好的基本态势。在传统食品交易的基础上，网络食品交易进一步融合了虚拟性、跨区域性、多元主体性、信息不对称等特征，带来了更为复杂的食品安全隐患，网络食品交易风险治理面临着全新的挑战。

第一节　信息不对称问题

信息不对称是指信息在相互对应的经济个体之间是不均匀、不对称的分布状态，即有些人对于某些事情掌握的信息比其他人多。[①] 互联网作为网络食品交易的平台，是一个虚拟的网络空间，买卖双方在互不谋面的情况下进行交易，两者间存在着信任危机，信息不对称的存在加大了搜寻成本与不必要的损失。首先，网络食品本身具有信息不对称，商家对产品和价格拥有信息优势，因此有可能会隐藏信息甚至发布虚假信息，导致彼此间信息不对称；其次，

① 谢爱平、付萍：《基于网络零售市场中信息不对称问题的博弈分析》，《软件工程师》2014年第17期。

信息和实物相分离导致信息不对称，买方只能通过图片和文字描述及用户评论来了解商品而无法真正接触商品本身，加剧了交易双方由于诚信问题而产生的信息不对称；最后，较低的市场进入成本导致网络食品质量良莠不齐。因此，信息不对称的存在可能引发投机的商家产生逆向选择行为和道德风险行为，促使部分商家故意隐匿商品的质量或者价格方面的信息。

一、逆向选择行为

逆向选择问题最先由经济学家阿克洛夫（Akerlof）在美国旧车市场模型的研究中提出，当市场交易的一方能够利用多于另一方的信息使自己受益而对方受损时，信息劣势方便难以顺利地作出买卖决策，于是价格便随之扭曲，并失去了平衡供求、促成交易的作用，进而导致市场效率的降低。[①] 在某些市场交易中，买方拥有比卖方更少的信息，这使双方处于不平等地位。在这种信息不对称的情况下，卖方可能会隐藏身份和产品信息，使买方难以准确作出购买决策。

在传统食品市场交易中，消费者通常可以实际观察和触碰食品，但网络食品市场是相对虚拟的，消费者与食品供应商存在地理空间上的差距，消费者无法实际感受到食品的质量。虽然网络给了消费者信息搜索和获取的机会，但其中可能存在真假难辨等问题，这导致消费者无法真实全面地了解食品信息。因此，网络食品市场交易的信息不对称问题更加严重。[②] 消费者很难在网络平台上及时、有效地获取完整的食品质量信息。在利益动机的驱使下，部分商家倾向于将劣质食品隐匿于网络市场进行交易。此时，相较于劣质食品，优质食品便处于劣势地位，会被逐渐淘汰出市场。

网络食品市场容易发生逆向选择，主要有以下原因：

---

① George A., Akerlof, "The Market for 'Lemons': Quality Uncertainty and the Market Mechanism", *The Quarterly Journal of Economics*, Vol.84, No.3, 1970.

② 王建华、钟丹丽、孙俊：《基于优质商家申报制度的互联网食品安全治理研究》，《宏观质量研究》2020年第8期。

（1）网络食品质量安全难以检验和鉴定。网络食品通常被呈现在由文字、图片和视频所组成的网络上，食品被美化的程度和可能性较大，销售页面显示的大多为经过图片修改技术处理、突出食品“色香味”的照片，消费者因无法实际观察和触摸而难辨其真假。

（2）网络食品质量评价可靠性低。消费者可以依靠一些线上评价来了解网络食品信息，但线上评价的主观性和个性化程度较高。受网络“水军”队伍的影响，虚假评价呈现在消费者面前，网络食品信息的可靠性和可参考性进一步降低，一些外卖和社交平台甚至采用免单、赠送等方式来雇人“刷好评”。

（3）网络食品的商家和供应商身份不易识别。网络食品商家可以快速建立起网络商店，但也可以很快消失，这导致网络食品商家的身份透明程度低、不利于建立消费者信任。根据相关媒体报道，很多销售特产的网上店铺和外卖平台的商家存在无证经营、黑作坊等网络食品安全问题，一些销售的产品甚至根本没有食品经营许可证。①

二、卖家道德风险

道德风险最初是海上保险合同研究里提出的一个概念。② 1963 年，经济学家阿罗（Arrow）把这个概念引入经济学研究领域，指出道德风险是个体行为由于受到保险的保障而发生变化的倾向，并不暗示欺诈或不道德行为。③当交易的一方因另一方无法注意其行为而怀有推卸责任的动机时，便会造成道德风险。④

---

① 胡鹏雪：《平台承担网购食品安全责任，加强监管和准入门槛》，见 https://new.qq.com/omn/20210330/20210330A031RS00.html。

② 车亮亮：《道德风险真的与道德无关吗——基于法伦理学视角的认知》，《北方法学》2017 年第 11 期。

③ Arrow K. J.，“Uncertainty and the Welfare Economics of Medical Care”，*The American Economic Review*，Vol.53，No.5，1963.

④ 郭志达、姚尧：《基于前景理论的政府投资代建项目道德风险防范研究》，《项目管理技术》2014 年第 12 期。

网络食品市场中的道德风险是指在双方交易后，发生的违背契约精神或者契约条款行为。一方面，网络食品具有的一些特征使买方无法准确衡量食品质量，因此卖方可能为了自身利益容易作出以次充好、虚假宣传等行为。例如，一些生鲜电商可能会将一部分蔬菜、水果、肉制品伪装成进口高质量食品，还可能卖给消费者并不新鲜或缺斤少两的食品，而这些都是消费者难以了解和把握的；餐饮外卖可能使用过期的食材和质量低下的调味品（如地沟油等），还有受年轻人欢迎的奶茶外卖商家会利用腐烂的水果和脏乱差的用具制作饮品；此外，微商容易对消费者进行虚假宣传，他们可能会夸大或谎称一些食品的功能作用。另一方面，卖家随意将自己的产品挂在网上销售，无法通过正当有效的方式保证其质量安全。

第二节　治理责任的界定问题

网络食品安全监管要求各个监管主体树立整体协作的理念，以凝聚监管力量，形成监管合力，提高监管效率。因此，构建清晰的治理责任边界对于监管责任的落实至关重要。

一、平台承担的治理责任

全国人大常委会法制工作委员会民法室编著的《消费者权益保护法立法背景与观点全集》对第三方平台的角色作出界定：第三方平台直接参与了网络食品交易活动，是销售方或出卖方；在网络食品交易中的地位类似于柜台的出租者；在网络食品交易中起到了中介的作用。[1] 网络食品交易中第三方平台作为买卖双方交易的媒介，独立于买家和卖家之外，以保障消费者合理权益为原则，管控并监督网络食品经营者在第三方平台中的经营行为。

① 人大常委会法制工作委员会民法室著：《消费者权益保护法立法背景与观点全集》，法律出版社2013年版。

随着网络食品交易的发展,应通过法律逐步完善第三方平台在交易中所应承担的责任与义务。《中华人民共和国食品安全法》首次规定网络食品交易第三方平台提供者的法律责任与义务,以及违反规定所应承担的行政责任与民事责任。《网络食品安全违法行为查处办法》进一步强化和细化了第三方平台的相关义务,并对第三方平台的行政处罚给予相关法律规定。随后,《中华人民共和国电子商务法》《最高人民法院关于审理食品安全民事纠纷案件适用法律若干问题的解释》《网络食品安全违法行为查处办法》等法律法规进一步明确网络食品交易第三方平台的责任与义务。

目前,第三方平台在责任落实上有以下几个方面有待改善:

(1)资质审查。为确保网络食品交易的规范性和安全性,切实保障消费者的真实权益,第三方网络平台运行的基本前提是要保证进入该平台的商户信息真实合法,平台有责任也有义务要求商户实名登记并对其进行经营许可证审查。部分第三方平台在运营过程中,对于入网资格的审查并未做到严格履行。这些平台可能出于降低成本、追求运营效率或是其他各种因素的考量,放松对入驻经营者的审查工作。他们往往只是简单地核实一些基本的资料,而没有对商家的经营能力、卫生状况、食品安全管理等方面进行深入细致的考察和评估。这种审查不严的做法直接导致了网络餐饮经营者质量的参差不齐,一些不具备经营资格、卫生条件差,甚至存在食品安全隐患的商家也能轻易地混入网络平台,对消费者的健康和权益构成了严重威胁。对于消费者而言,这种现象无疑增加了他们选择网络餐饮的难度和风险。由于第三方平台审查不严,消费者往往无法从平台上获取准确的商家信息,难以辨别商家的真伪和优劣。消费者很容易遇到食品安全问题,比如食品过期、卫生不达标,甚至是使用非法添加剂等情况。而对于那些真正具备经营资格的商家来说,他们也可能因为不正当竞争而遭受损失。由于审查不严,一些不良商家可能通过不正当手段获取更多的曝光机会和订单量,导致优质商家在竞争中处于劣势地位。这不仅损害了优质商家的利益,也影响了整个网络食品行业的声誉和健康发展。

（2）监督管理。平台监管过程中最棘手的问题之一就是商家无证经营。关于入网食品生产经营者，《北京市网络食品经营监督管理办法（暂行）》规定“未取得食品经营许可的个人，不得通过互联网销售自制食品”，这一规定对于遏制无证经营行为、提升网络食品安全水平具有重要作用。然而，在实际执行过程中，由于网络交易的匿名性、跨地域性等特点，商家无证经营的情况仍然时有发生。关于平台的监管责任，国家食品药品监督管理总局出台的《网络食品安全违法行为查处办法》规定“网络食品交易第三方平台提供者应当对入网食品生产经营者食品生产经营许可证、入网食品添加剂生产企业生产许可证等材料进行审查，如实记录并及时更新”。这一规定进一步强化了第三方平台在监管中的责任和义务，第三方平台应一一核查平台上入网经营者登记证件的真实性，防止不法商家“钻空子”，引发监管疏忽和食品安全丑闻。

（3）开放数据。第三方平台履行审查监督义务时，需要获取经营者的入网信息、证件信息、违法行为信息，同时对比政府的相关监管数据。一旦无法有效实现共享证照等信息，第三方平台比对审查任务就难以切实进行。我国各地对小微卖家的营业许可证存在或多或少的差异，这也给第三方平台的审查造成了一定的困扰。例如，我国开始启用《食品经营许可证》和新版《食品生产许可证》之后，《食品经营许可证》由原先的《食品流通许可证》和《餐饮服务许可证》合并而成，实行“一地一证”原则；而新版《食品生产许可证》实行“一企一证”原则。《食品经营许可证》启用后，《食品流通许可证》和《餐饮服务许可证》将同时停止发放，尽管存在有效期未届满的问题，但旧版食品、食品添加剂生产许可证，原食品流通、餐饮服务许可证仍继续有效。在新旧证共同有效的过渡时期，第三方平台若获取不到监管部门的证照数据，就无法准确进行核对审查。而第三方平台想要履行发现商家严重违法行为并停止向其提供服务的义务，同样需要有关部门提供的严重违法行为相关信息，仅凭平台自身的力量很难完成。政府作为平台获取监管信息的数据接口，可向平台开放相关的监管数据作为协助监管治理的工具，只有有效开放相应的数据信息库，才能真正确保第三方平台责任与义务的落实。

二、卖家承担的治理责任

网络食品交易涉及生产、运输、储存、营销、售卖等多个环节，机构查处不到位，导致经营者往往受到自身利益驱使，诱发食品安全风险事件。因此，《中华人民共和国侵权责任法》《中华人民共和国消费者权益保护法》和《中华人民共和国食品安全法》等法律规定均明确要求，电商平台经营者在其对消费者的损害具有过错的情况下应承担侵权责任。在《中华人民共和国反不正当竞争法》中也强调了电商卖家的相关责任，如要求“经营者不得采用财物或者其他手段进行贿赂以销售或者购买商品”“经营者不得编造、传播虚假信息或者误导性信息，损害竞争对手的商业信誉、商品声誉”等。2021 年出台的《网络交易监督管理办法》则进一步完善细化了监管规则，严格压实网络经营者的主体责任，督促其切实规范经营行为、强化内部治理。

目前，针对电商平台经营者的相关法律体系仍有待完善，具体体现在以下两个方面：

(1)法律法规方面。网络食品市场的食品供应链比较复杂，包括生产、加工、运输、销售等多个环节，涉及地域较广，其中任何一个环节的问题都可能导致产品质量问题。目前，法律未对各部门、各单位、各环节的责任作出明确规定，对不履行职责的行为难以追究严格的法律责任。网络食品市场的监管不到位，使得产品质量难以得到有效保障。政府应对各链条、各环节反映的突出问题作出相应的制度规定，堵塞漏洞、建章立制，对不履行行业治理义务也规定相应的责任和处罚。

(2)消费者权益保障方面。网络食品市场的交易主要是线上完成，消费者与商家之间的交流也非常有限，因此消费者在维护自身权益时面临较大的难度。消费者可能会遇到很多问题，例如食品质量、标签信息不清楚，配送延误等,而由于交流渠道有限,消费者往往难以得到及时的解决方案。在这种情况下,消费者可能会选择放弃维权,从而导致自身权益受到损害。电商平台应该建立完善的消费者保护机制,提供多种维权渠道,为消费者提供更加便捷和高效的解决方案。同时,政府应该制定更为严格的法规和规范,确保网络食品消费者权益得到切实保障。监管机构应该建立完善的投诉反馈渠道,以便消费者及时反映问题并得到解决。

三、政府承担的治理责任

在网络食品治理中,政府的责任最为重要。首先,政府应该加强对网络食品市场的监管,建立健全监管机制,提高监管力度和效果,及时发现和处理网络食品安全问题,确保网络食品的安全和质量。其次,政府应该加强食品安全法律法规的制定和修订、制定更加严格的监管政策和标准、建立健全网络食品安全标准体系、统一食品安全标准和检测方法、规范网络食品企业的生产和销售行为,从而确保网络食品市场的安全和稳定发展。最后,政府还应该通过媒体宣传、公开课程等形式,对消费者进行安全教育和知识普及,提高消费者的食品安全意识和素质,引导消费者选择正规、可信赖的网络食品经营场所进行购买。

(1)监管压力有待疏解

根据中商产业研究院发布的《2022 年中国外卖行业市场前景及投资研究预测报告》及国家信息中心发布的《中国共享经济发展报告(2023)》,2022 年我国外卖餐饮市场规模达到 9411.3 亿元,2022 年在线外卖收入占全国餐饮业收入比重约为 25.4%,同比提高 4.0 个百分点。截至 2023 年 12 月,我国网上外卖用户规模达 5.45 亿人,较 2022 年 12 月增加 2338 万亿人,占网民整体的 49.9%。中国贸促会研究院发布的《2022 年中国电子商务发展趋势报告:电子商务在经济高质量发展中的重要作用》及艾瑞咨询发布的《2023 年中国直播电商行业研究报告》显示,截至 2023 年 6 月,我国电商直播用户规模为

5.3 亿人，较 2020 年 3 月增长 2.65 亿人，网络购物用户规模的比例达到 59.5%。2021—2023 年，选择在抖音和快手观看直播电商的人次及其购买转化率均呈稳步增长趋势，2023 年两大内容平台直播电商观看人次达 5635.3 亿，购买转化率达 4.8%；截至 2022 年 3 月，淘宝直播累计观看人次已经超过 500 亿。[①] 网络直播营销的覆盖行业正从快消、美妆、农产品等特定品类，向住宿、外卖等产品和服务延伸。随着互联网行业的高速发展，食品网购平台、外卖平台、食品网购消费群体、食品网络经营群体的数量近几年急剧上升。面对这种现实，原有的监管方式、监管要求和监管目标已经远远超出一线执法人员的工作负荷，难以适应新条件下食品监管的要求。

（2）法律制定的滞后性问题有待解决

网络食品交易是互联网技术衍生下与食品行业相结合的产物，立法程序较为繁杂，耗时长，争论点多，从而导致法律的滞后性凸显。以外卖行业为例，我国的外卖监管体系比较完善，也确立了以平台责任为抓手的监管原则，但在标准体系、监管、认证、追溯、信用体系及检验监测体系等层面仍相对滞后。面对快速迭代的网络经营业态，监管技术方面急需跟上形势。由于外卖交易在网络环境中进行，来源广泛、真伪难辨的海量信息使得执法技术难度大，网络经营主体逃避监管的问题也有待制定相关法律规定来对其进行有效治理。

《网络食品安全违法行为查处办法》对经营者在网络主页面公示营业执照、食品生产经营许可证、餐饮服务食品安全监督量化分级管理信息等内容提出了具有一定针对性和操作性的管理办法。但是条款内仅对食品生产经营许可证、餐饮服务食品安全监督量化分级管理信息有所要求，并未提及从业人员健康证的信息。同时，《中华人民共和国食品安全法》《网络交易监督管理办法》《食品经营许可管理办法》和一些地方网络食品交易监督管理条例，针对的是实体经营，缺少针对外卖、微商、直播带货等新兴网络食品交易的法律。

① 新华网：《中国电商直播用户规模超四点六亿——跨境电商，助推稳外贸促消费》，见 http://www.news.cn/fortune/2022-11/24/c_1129154687.htm。

此外,现有法律仅明确了第三方网络平台的职责,并没有强调配送运输等中间环节的监管,未实现网络食品交易全程监管。

(3)通过社会共治加强监管

网络食品安全监管所涉及的主体不仅包括政府,还包含企业、协会、媒体、公众、第三方机构等民间力量。目前,我国采用以政府为主要监管主体的市场监管模式,而其他监管力量则相对薄弱。

就政府内部而言,网络食品的监管权也被分散在各个地方政府及职能部门,极易出现部门间职能交叉等问题。就政府外部而言,企业、协会、媒体、公众、第三方机构等监管主体虽表现出强烈的临时性监管意愿,但是由于各监管主体缺乏网络食品安全监管的合法性基础,市场参与制度与公众参与制度尚未完全建立,互为关联的横向网状监管结构的缺失,导致各个主体难以参与到网络食品安全监管中,这是监管主体层面出现碎片化表征的一个重要原因。

以外卖行业为例,现在外卖食品安全治理遵循"中央宏观指导,地方综合执法"与"综合协调+专业监管+基层执法"相结合的政府监管体制,然而这样的监管体制存在一定弊端:首先,外卖食品安全在实际监管中并非由一个部门高度集中监管,这是由于组建市场监督管理总局后将网络订餐食品安全监管的加工环节、流通环节、餐饮环节的政府监管职能集中到市场监督管理局,但是农产品种植养殖与生产初级加工环节仍由农业农村部负责监管,同时网络订餐食品安全监管在一定范围内也受到其他部门的监管。其次,各个监管部门之间的协调综合能力与实际监管需求存在差距。艾媒咨询数据显示,截至2023年12月,我国网上外卖用户规模达5亿多人,较2022年12月增长2338万人,占网民整体的49.9%。目前外卖包装污染治理工作的重中之重是相关主管部门如何制定外卖行业包装减量的阶段性和长期目标,如何明确商务部等有关部门的职责分工,加强部门间共治工作,以及如何完善相关政策法规,明确外卖包装治理的责任主体,划定各主体的责任内容。此外,在现行的网络订餐食品安全监管体制下,基层执法部门的行政级别较低,在资源配置中处于劣势，监管力量薄弱，而作为网络订餐食品安全监管最基层的市场监督部门，难以进行全面有效监管。面对此类情况，不少地方政府也在积极寻找解决良策。例如，浙江作为互联网大省以及平台经济大省，借助数字化手段，打造数字化外卖监管系统“浙江外卖在线”实现多跨协同，整合市场监管、公安、人力社保、卫生健康等多个部门的职能，推动政府侧、社会侧、企业侧和个人侧的高效协同来加强网络餐饮监管。

第三章 网络食品安全风险协同共治的理论框架

网络食品安全问题形成的原因较为复杂,涉及多方的利益。在此背景下,仅依靠政府单方力量对网络食品安全进行监管和治理,很难达到良好的效果。面对网络食品市场主体多、信息不对称性强、信息传播速度快等特点,不同社会主体可以基于各自的信息优势和利益偏好,充分发挥参与治理的主观能动性,促使行政权力主导的监管模式向社会多元主体共同治理的模式转变。社会共治作为当前食品安全有效的治理手段,正在逐步显现出强大的治理能力。本章旨在厘清政府、平台生态系统和社会力量三类主体的治理功能,阐释网络食品交易风险协同治理的理论框架,提出网络食品安全社会共治的设计机制和保障体系。

第一节 社会共治的基本内涵

社会共治范式最先是由库曼(Kooiman)在《作为治理的统治》一书中提出,他将治理划分为自我治理(self-governance)、科层治理(hierarchical governance)、共治(co-governance)三类。库曼并没有对“共治”给出正式的定义,但他认为“共治”是不同的群体在平等基础上的合作,包括各种形式的联合、网络化模式以及公私伙伴关系，表现为互动式治理、共同管理、网络化治理、多元主体协同等特征。① 米勒（Mueller，1981）强调，社会共治需从原本的政府单一管理转变为政府、非政府机构、市场与社会个人等主体共同合作，通过合理利用资源，共同协调社会经济与文化环境、不同子系统或组织之间的利益冲突等来实现最终目标，达到社会利益最大化。② 王名和李健（2014）将社会共治定义为，多元社会主体在社会权力的基础上共同治理公共事务，通过协商民主等手段发起集体行动以实现共同利益的过程。③

在我国，社会共治的相关概念在 2014 年的政府工作报告中首次出现，强调通过使用国家法律等多种方式，实行多元主体上下互动、共同治理，进而增进公共利益。解决治理主体之间、各子系统之间和自组织之间的矛盾是社会共治的关键，而主体的多元性、子系统和自组织的复杂性要求社会共治需政府发挥主导作用，其他主体在政府的动员下，通过协商、沟通等机制合法参与治理并达成一致，缓解政府在治理基层、解决社会问题中遇到的难题。2019 年 12 月 1 日，我国正式实施了最新修订的《中华人民共和国药品管理法》，在总则部分，明确提出了我国药品安全的社会共治制度。药品安全社会共治标志着我国已经突破了以许可、检查、处罚为主要政策工具的线性监管模式，体现了我国药品安全治理观念和意识的重大突破。在其他领域，如环境治理方面，王志鑫（2022）提出受管制型环境治理模式影响，当前由政府主导的电子废弃物回收治理机制在实践运行中面临诸多挑战（如治理结构的异化、风险信息交互的滞涩、治理规则能力限制与有效监管缺失、利益分配

---

① Marion Nestle, *Food Politics: How the Food Industry Influences Nutrition and Health*, The University Californian Press, 2002.

② Mueller R. K., "Changes in the Wind in Corperate Governance", *Journal of Business Strategy*, Vol.1, No.4, 1981.

③ 王名、李健：《社会共治制度初探》，《行政论坛》2014 年第 21 期。

与责任承担失衡等)。[①] 因此,建议将现有电子废弃物回收治理模式向社会共治方向转变,通过构建社会共治模式、健全规范体系与监管体系、建立信息交互机制与风险决策机制、完善治理责任体系、确立回收体系等方式,建构电子废弃物回收社会共治的制度保障体系,实现电子废弃物的回收善治。

随着政府对社会力量认识的深化,政府对社会力量的重视从工具性理念提升为政策关键信念——社会力量是食品安全治理的主体之一,其参与监管并非只是改善绩效的一时之策,而是实现国家治理体系和治理能力现代化的应有之义。这一信念被凝练为社会共治,成为食品安全治理的重要原则。早在2015年我国修订的《中华人民共和国食品安全法》就确立了食品安全实现社会共治的原则,2017年国务院出台的《"十三五"国家食品安全规划》中进一步明确指出要加快形成企业自律、政府监管、社会协同、公众参与的食品安全社会共治格局。[②] 网络食品的生产和销售往往涉及不同地区、不同行业和不同部门,这种跨部门、跨行业、跨地区的跨界特点给网络食品安全带来了新的挑战。社会共治作为当前食品安全最有效的治理手段,在网络新业态下降低食品交易风险和维护食品交易安全方面依然显现出强大的治理能力。网络食品交易的社会共治延续了传统食品安全社会共治的逻辑框架,但是在治理主体及其协同性方面又有新的变化,如图3-1所示。

一、治理主体的多元化

社会共治的本质是政府与社会相结合的、上下相结合的治理模式。治理主体的确认与职能划分,关系到社会共治制度的构建及其实效,关系到不同社会阶层和群体真实意志的充分表达,反映出一个国家治理的能力和水平,也是

① 王志鑫:《电子废弃物回收治理的现实困境与制度应因——基于社会共治视角的分析》,《中国科技论坛》2022年第8期。

② 龚刚强:《食品安全社会共治的治理结构与法制保障体系的完善》,《中国特色社会主义研究》2017年第2期。

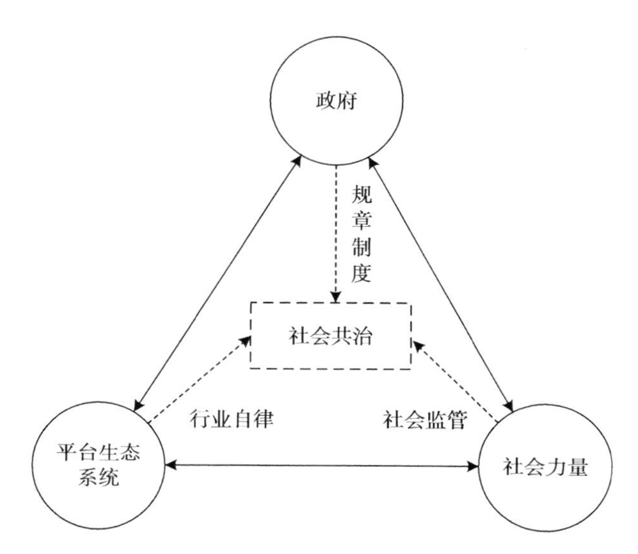

图 3-1　网络食品交易的社会共治基本框架

资料来源：Wu L., Liu P., Lv Y., Chen X., Tsai F. S., "Social Co-governance for Food Safety Risks", *Sustainability*, Vol.10, No.11, 2018。

社会文明程度的重要标志。[①] 网络食品交易领域的社会共治主要涉及政府、平台生态系统、社会力量三类主体。

一是政府。各级政府部门通过相关宏观框架和参与者行为准则的制定，为其他主体搭建有效的沟通桥梁和行动指南，同时借助经济、法律、政策等手段为其他主体提供各种各样的便利条件。食品安全社会共治强调政府在治理结构中的角色是规则制定者和过程协调者。目前，我国的网络食品安全治理模式正在发生转变，从政府监管模式转向主体广泛、决策民主和运作透明的社会共同治理模式。因此，只有转变政府职能，培育各类社会主体积极参与食品安全的治理，才能真正实现我国食品安全的社会共治。

二是平台生态系统。网络食品交易主要依托于基于电子商务发展的平台生态系统，因而涉及核心平台企业（如饿了么、美团、淘宝、京东）、食品供应和

---

① 王名、李健：《社会共治制度初探》，《行政论坛》2014 年第 21 期。

销售企业(如各大商超、餐饮商家、食品零售商)以及相应的各类食品行业协会(如中国食品工业协会、各地区食品行业协会)等所组成的网络食品供应端,是政府和社会力量主要监管的对象。与传统食品交易相比,网络食品交易的主要监管对象不仅包括食品销售企业,还包括平台生态系统中的众多成员,平台生态系统的范围和关系更加广泛。此外,平台生态系统还具有自治功能,核心平台企业可以通过数据监管和风险管理等方式发挥自治功能。

三是社会力量。网络食品交易领域的社会力量主要涉及第三方检测机构、消费者和社交媒体。第三方检测机构作为食品安全领域传统的社会力量,通过接受来自政府、平台生态系统内部成员以及其他势力的委托,以检验和认证手段直接介入食品安全保障工作当中,其主要职责包括制定食品行业标准、评估食品企业信用情况、促进食品经营者自律、引导安全食品消费、负责不安全食品检验检测、提供食品安全风险预警、发挥认证功能等。[①] 消费者是网络食品安全的直接利益相关者,随着互联网和信息技术的飞速发展,广大消费者在揭露网络食品交易风险、保障网络食品交易安全方面越来越活跃。同时,社交媒体在网络食品安全监督领域也发挥着越来越重要的作用。

二、各子系统的协同性

在网络食品交易风险协同共治体系中,政府是掌舵者,发挥着对平台生态系统的监管作用和对社会力量的保障作用。政府规制是对市场失灵的矫正,其代表的是公权力。[②] 产权理论认为,公共产权能克服私人交易中无休止的讨价还价,降低交易成本。政府对公共资本具有绝对的调动能力,在应对公共危机时具有强制号召力,因此政府对食品安全的治理责无旁贷。从社会共治的角度,可以将政府管理分为两类:一类是政府直接管理,其管理机制是制定

① 蒋慧:《论我国食品安全监管的症结和出路》,《法律科学(西北政法大学学报)》2011 年第 29 期。

② 陈彦丽:《食品安全社会共治机制研究》,《学术交流》2014 年第 9 期。

和执行食品安全法规和标准，明确各治理主体（如平台生态系统中的核心平台企业）的地位和职责分工，相应的制度包括制定法规和标准、市场准入控制、企业内部控制要求、监督检查、事故处置、追究法律责任等；另一类是政府对社会共治的培育，其主要机制是通过提供信息和落实法律责任，引导多元主体参与治理，对各治理主体作用的发挥提供基础服务和保证，充分发挥各类社会主体对食品生产经营者的监督作用，相应的制度保障包括食品安全风险监测、风险评估、风险交流、信息公开和法律责任实施制度等。

在协同共治体系中，平台生态系统中的企业是责任者，应主动进行监督，包括横向监督、内部监督和纵向监督。[①] 食品企业是食品安全的责任主体，包括食品生产企业以及食品供应链上的其他企业。生产经营者中的横向监督是行业内的监督，主要是行业其他企业的监督及行业协会的监督。对于个别企业的问题，基于竞争的动机，会存在一定的同行业监督，监督机制主要是向媒体曝光或向监管部门举报，然而对于行业共性的问题，同行业的企业往往倾向于共同隐瞒（所谓的行业潜规则），解决这一问题的主要途径是建立行业自律机制，其制度保障是行业自治规范，以及建立对行业协会的激励和约束制度。生产经营者中的内部监督是企业内部人员的监督，内部人员最了解所在企业的食品安全问题，如果其监督作用能够有效发挥，将极大提高食品安全治理效果。企业内部人员可以通过企业内部的食品安全控制机制进行监督，也可以向外部的媒体曝光或监管部门、安全机关等举报。对于前一种监督，其制度保障是建立企业内部食品安全管理人员制度；对于后一种监督，其制度保障是有奖举报制度。生产经营者中的纵向监督是产业链上下游企业之间的监督，主要包括经营者（销售者）对生产者的监督和销售平台对销售者的监督，其监督机制也是市场机制，即通过将劣质食品排除在经营之外而实现对违法者的监督。由于核心平台企业掌握了入网食品经营者的经营信息和消费者的反馈信

---

① 龚刚强：《食品安全社会共治的治理结构与法制保障体系的完善》，《中国特色社会主义研究》2017 年第 2 期。

息，并直接促成了网络食品交易，因而有责任也有能力承担食品安全监管职责。虽然核心平台企业与销售者之间也存在着信息不对称和交易成本问题，但是相对于消费者来说要低得多，而且其在交易关系中居于强势地位，有较大的话语权和控制力，具备对经营者进行监督的力量。① 核心平台企业应当善用其监督检查的权力，指导和督促入网食品经营者做好食品安全风险的自我规制，并利用自身掌握的数据优势，与政府部门、社会组织开展食品安全的合作治理。这种监督机制所需的制度保障主要是通过法律规定其监督义务（查验、检验等）以及失职的法律责任（行政责任、刑事责任和连带民事责任）。

在协同共治体系中，第三方检测机构和社交媒体等社会力量应成为监督者。第三方检测机构可以受生产经营者、监管部门或者其他社会主体委托，对相关食品是否符合食品安全标准进行检验、出具检验报告；认证机构可以受生产经营者委托，对相关食品或其生产经营过程是否符合食品安全标准或其他技术标准进行认证，颁发认证证书，准许使用认证标志。② 第三方检测机构是专业知识、技术、人才以及特殊资源的汇聚，能够利用其客观、专业、高效、灵活等特点，弥补政府食品安全治理资源的不足，提高食品安全治理的效率，对食品生产经营者的机会主义行为进行监督，矫正食品安全信息不对称，助力消费者“用脚投票”。③ 在多元治理结构中，政府与第三方检测机构不是支配和控制关系，而是平等的合作伙伴关系。检测机构、认证机构可以为消费者提供信息，降低信息成本，其对生产经营者的监督机制在于信任机制，即所提供的信息能够让消费者信任。这种信任机制的制度保障是法律规定其尽职尽责义务以及失职的法律责任（行政责任、刑事责任和连带民事责任）。社交媒体应在网络食品安全治理中发挥好监督者的作用：一方面，监督食品生产者、经营者

---

① 程信和、董晓佳：《网络餐饮平台法律监管的困境及其治理》，《华南师范大学学报（社会科学版）》2017 年第 3 期。

② 龚刚强：《食品安全社会共治的治理结构与法制保障体系的完善》，《中国特色社会主义研究》2017 年第 2 期。

③ 田星亮：《论网络化治理的主体及其相互关系》，《学术界》2011 年第 2 期。

的行为,并把信息通报给消费者;另一方面,监督政府、第三方检测机构的行为,并利用舆论的作用来施加影响。社交媒体的有效监督,可以增加网络食品生产经营的透明度,保证网络食品安全问题早发现、早解决,减少信息不对称,促进网络食品质量安全的提高。其监督机制主要是公共舆论,相应的制度保障是网络食品安全信息交流、信息公开法律制度及举报等法律制度。

三、政府与自组织的互动

自组织是指资源使用者或地方社群基于关系和信任自愿结合,为管理集体行动自定规章制度、自主治理和自主监督的活动(奥斯特罗姆,1990①、1992②;罗家德、李智超,2012③)。与直接控制准入和监管不同,政府支持是指政府机构将决策权和制度制定权传递给资源使用者,其自身只作为促进者为资源使用者提供帮助,从而保障个体激励与集体利益相匹配(格拉夫顿和罗兰茨,1996④;格拉夫顿,2000⑤)。实现网络食品交易风险协同共治中政府与自组织的良性互动需要建立起完备的法律保障制度、合理的激励约束机制以及食品安全风险交流机制。⑥

完备的法律制度是政府与自组织良性互动的外在保障。⑦ 法经济学把法律作为经济增长的内生变量,认为法律是经济增长的内在决定性因素,与经济

① Ostrom, E., *Governing the Commons: The Evolution of Institutions for Collective Action*, New York: Cambridge University Press, 1990.

② Ostrom, E., *Crafting Institutions for Self-Governing Irrigation Systems*, San Francisco: ICS Press, 1992.

③ 罗家德、李智超:《乡村社区自组织治理的信任机制初探——以一个村民经济合作组织为例》,《管理世界》2012年第10期。

④ Grafton, R.Q., Rowlands, D., "Development Impeding Institutions: The Political Economy of Haiti", *Canadian Journal of Development Studies*, Vol.17, 1996.

⑤ Grafton, R.Q., "Governance of the Commons: A Role for the State?", *Land Economics*, Vol.76, 2000.

⑥ 谢康、刘意、肖静华等:《政府支持型自组织构建——基于深圳食品安全社会共治的案例研究》,《管理世界》2017年第8期。

⑦ 陈彦丽:《食品安全社会共治机制研究》,《学术交流》2014年第9期。

增长密不可分。食品安全治理属于公共经济范畴,同样受法律制度的制约和推动。食品安全社会共治实际上是各治理主体间契约的结合,各治理主体投入不同的要素,获得不同的利益。作为通用契约的法律制度,对各治理主体的职能和职责、权利和义务进行合理配置,保障在追求自身利益最大化的过程中实现公共利益最大化。食品安全社会共治法律制度应包括两个层面:明确各治理主体法律地位的治理主体法规,协调各治理主体行为关系的治理行为法规。治理主体法规确定了各治理主体的权力边界,能有效克服随意性。治理行为法规确定了各治理主体的行为边界,包括食品安全经营管理制度、食品安全标准制度、食品安全赔偿制度、食品安全风险管理制度、食品安全诉讼制度,以及食品安全犯罪的刑事追究等。法律制度既是多元主体参与食品安全治理的动力和基础条件,又是必要的约束,在立法、执法、司法与相关制度合理配合的情况下,为食品安全社会共治中各子系统的协同性提供外在保障。

合理的激励约束机制是政府与自组织良性互动实效的保障。针对市场、社会主体参与食品安全风险社会共治有效性不足的问题,激励约束机制的建立能以各主体个体利益的满足推进公共利益的实现,从而推动市场和社会参与的积极性。[①] 在市场层面,要采取严惩重典的方式,增强法律的威慑性,加大对不法食品生产企业和个人的惩治力度,使其不敢违法、不愿违法。推行更加严格的食品生产企业市场准入制度,加强对食品企业的监管,规范其生产经营行为,通过食品市场秩序的整顿,促使食品行业良好市场机制的形成。针对核心平台企业的激励约束机制将极大地影响其在食品安全治理中发挥的作用,促使其更好地承担食品安全监管的职责。在社会层面,要对新闻媒体报道的正确性和客观性加以规范,对规范程度低、信誉差的行业协会要坚决取缔,充分重视培育理性的社会公众有序参与社会共治。在监督约束的同时,要建立相应的激励机制。对于市场主体,可通过政策优惠、技术支持、税收减免、资

① 王建华、葛佳烨、朱湄:《食品安全风险社会共治的现实困境及其治理逻辑》,《社会科学研究》2016年第6期。

金补贴等手段对食品生产经营企业进行正向激励，鼓励其建立健全相应的食品安全标准、程序和规范，进行安全化生产。对于社会主体，要完善社会公众参与食品安全风险治理的有奖举报制度，提高有奖举报力度，使社会公众的维权收益高于维权成本，激发公众的监督举报热情。

信息的公开与共享是政府与自组织良性互动的前提。近年来，我国开展了多种形式的风险交流活动。一种形式是以卫生部例行新闻发布会、公开征求意见、投诉举报电话、官网和微博等方式，实现食品安全风险的认知宣传；另一种形式是以食品安全专家参与电视节目的方式，对政府出台的食品安全问题的新政策、新举措进行科学解读，并就热点问题举办主题开放日活动。然而，食品安全风险交流依然没能摆脱“单向传播”的局面。① 建立畅通的食品安全信息系统，可以消减食品安全治理过程中的不确定性，减少信息不对称，减弱市场失灵，减轻消费者地位的劣势，减少各子系统间的摩擦，为各子系统的协同性提供保障，发挥消费者选择机制，迫使食品供给者提供安全食品。目前我国食品安全治理信息系统还未完全建立。例如，未形成全程可追溯体系，平台生态系统未实现食品安全管理信息资源共享，食品安全认证、检测、检疫等权威性不能有效保证，食品安全事故处理忽视公众参与。② 应建立一个畅通的食品安全信息系统，既保障人们在食品的种植、生产、加工、流通等领域有效获取相关信息，减少食品市场的信息不对称，借助消费者的“用脚投票”机制，有效阻吓企业放弃潜在的不法行为，同时又实现食品安全治理信息资源的共享，为食品安全社会共治提供统一的信息平台。③ 在食品安全风险交流中应建立起公众参与机制，让公众参与食品安全风险交流的对话，引导公众对风险的合理知觉，促进公众对政府部门的信任，通过形成“共识”促进“共治”。

① 王怡、宋宗宇：《社会共治视角下食品安全风险交流机制研究》，《华南农业大学学报（社会科学版）》2015年第14期。

② 陈彦丽：《食品安全社会共治机制研究》，《学术交流》2014年第9期。

③ 吴元元：《信息基础、声誉机制与执法优化——食品安全治理的新视野》，《中国社会科学》2012年第6期。

四、共同规则的基础性

在某种程度上说,协同治理过程也就是各种行为体都认可的行动规则的制定过程。在协同治理过程中,信任与合作是良好治理的基础,共同规则决定着治理成果的好坏,也影响着平衡治理结构的形成。研究表明,只有吸纳众多主体参与到食品安全共治中来,才能实现社会共治主体的社会性与广泛性。而要吸纳社会多方力量参与食品安全共治,其前提条件就是确立多方参与主体的法律地位与法律权限。从我国现行法律法规的相关规定来看,尚没有法律法规针对参与主体予以依法确权。由此可见,社会主体参与食品安全共治的依据不足,其所实施的共治行为于法无据。① 此外,食品安全社会共治从表达转向实践,除了在法律层面进行相应的规定外,更需要从制度层面构建起社会主体参与社会共治的路径,而目前的制度安排尚未形成,共同规则尚不明确。

在规则制定的过程中,各个组织之间的竞争与协作是促成规则最后形成的关键。政府在共同规则的制定过程中需要转换治理改革的思路,构建新型服务型政府,拓宽公众参与食品安全治理渠道、调动各方积极性实现信息共享。政府应从“治权”入手,来解决“民”的问题。② 一方面,社会需要一个强有力的政府把多个社会主体统一起来,以便采取有利于共同利益的集体行动;另一方面,又需要最大限度激发社会活力。由政府带动,随着体系的建设和完善,开始更多地发挥社会动员、引导参与的功能,私人部门和社会公众将承担更主要的推动和实施角色,最终多元社会主体之间按照公共规范“自发性”建构起一种公共服务、责任再生产的制度机制。

平台生态系统中的食品供销企业和核心平台企业应加强自我“监控”,主动积极加入共同规则的制定过程中。仅靠外力而没有内力,法治就不可能真

---

① 高凛:《我国食品安全社会共治的困境与对策》,《法学论坛》2019 年第 34 期。

② 王名、李健:《社会共治制度初探》,《行政论坛》2014 年第 21 期。

正根植于社会并产生实效。因此，强调外部监管的重要性不意味着可以忽视食品经营者内部质量管理体系。如果说监管部门是食品安全的监督者，那么食品经营者才是食品安全品质的真正打造者。但网络食品交易中的食品经营者规模差异明显、范围广大、关系复杂，平台生态系统中的企业应发挥自治作用，由食品经营者自主参与建设食品安全行业标准体系，实现食品安全法治与自治的结合。平台生态系统的核心平台企业掌握了入网食品经营者的经营信息和消费者的反馈信息，并直接促成了网络餐饮交易，因而有责任也有能力承担食品安全监管职责。①《网络食品安全违法行为查处办法》规定，网络食品交易第三方平台提供者应当设置专门的网络食品安全管理机构或者指定专职食品安全管理人员，对平台上的食品经营行为及信息进行检查。在网络食品交易中，核心平台企业上每天发生着大量的交易信息，数量巨大，相关监管部门很难完全掌握，核心平台企业所收集的经营者信息应及时有效地反馈到相关的市场监督管理部门，形成及时有效的联动机制，搭建起政企之间的“数据桥梁”，在共同规则的制定中积极发挥作用。

对社会力量中的第三方检测机构来说，要真正参与到食品安全风险防控中。在共同规则的制定中发挥作用，首先需要提升自己在社会中的公信力，有序参与食品安全风险治理。此外，要通过信息公开平台进行充分的交流和沟通，以信息增权的方式改善自身弱势地位。注重与政府、市场之间的监督与合作，以理性的参与方式，通过正确的渠道加强对政府治理和市场治理的监督与约束。社交媒体对于食品安全中的消费者、企业、政府而言均具有多元化作用，在这样的情况下，媒体作为运用传媒手段沟通各主体之间的桥梁，就能体现出其传播价值，促使食品安全问题的解决。当然，在现阶段也需要媒体行业加强自身管理，明确自身在食品安全治理中的作用，成为与外界沟通顺畅的媒介与纽带，在共同规则的制定中发挥积极作用。

---

① 梁晨：《网络餐饮食品安全风险规制的理念塑造与制度完善》，《中国市场监管研究》2019年第11期。

第二节　社会共治的主体类型及职能界定

社会共治强调由单一的政府监管转向多元的社会共同治理。多元主体包括以各级政府为代表的公共部门、以核心平台企业为代表的平台生态系统、以第三方检测机构为代表的社会力量,以及直接参与治理的公众。在各主体的协作下,以政府为主导,在一定的制度和规范下,通过合作和协商达成一致,实现利益最大化,形成自上而下的行政主导和自下而上的多方参与共治。

一、政府

目前,我国食品安全政府监管部门主要包括国家市场监督管理总局、农业农村部、国家卫生健康委及相关部委,其中国家市场监督管理总局主要负责食品生产、流通与消费环节的监督;农业农村部主要负责食品农产品生产环节的安全监督;国家卫生健康委主要负责食品安全风险评估与标准制定;相关部委主要负责食品相关产品、进出口食品监管。

从单一的政府监管走向政府与社会共治监管模式,政府的行为模式必然会发生变化。除了传统的政府监管行为外,至少还应包括如下其他行为:一是行政委托、授权。在传统监管模式中,政府监管力量相对不足。为了减轻监管压力,提高监管效率,可以通过行政委托购买服务的方式,或者授权其他社会主体承担一定的监管职能。二是行政指导。充分发挥食品监管的职能作用,利用掌握的信息,通过行政指导行为,采用提示、引导等方式,主动服务于经营者以及消费者,帮助经营者有序进入或退出市场,引导消费者形成科学合理的消费习惯与消费行为。在日常市场监督管理工作中,通过教育、沟通、建议、提示、规劝等行政指导方式,规劝经营者依法经营,指导其建立健全相关管理制度、规范经营行为。三是行政奖励、补贴。食品安全治理问题具有一定的“负外部性”,政府有必要通过行政奖励、补贴行为,规范引导其他社会主体尤其是消费者以及经营者参与到食品安全社会共治的体系中来。

二、平台生态系统

网络食品平台生态系统是网络食品交易的核心，由网络食品平台企业和平台企业的利益相关者构成。网络食品平台企业包括饿了么、美团、淘宝、京东等，网络食品平台企业的利益相关者包括平台管理者、供应商、线上零售商、传统食品企业、线下分销商、物流公司、平台运营维护人员、消费者、快递员、政府部门、媒体、环保组织、废弃品回收企业等。平台生态系统是网络食品供应端，是政府和社会力量主要监管的对象。

企业及各种市场主体企业在创造利润的同时，也应主动承担起对劳动者、环境、社区等利益相关方的责任，积极协同政府和社会组织提供社会公共产品和服务。食品安全法明确规定，企业是承担食品安全的第一责任人。近年来，国内外一些知名大企业食品安全事件屡屡曝光。2022 年 7 月，英国利兹市的食品安全检查员在一家名为 Chicken Hut 的快餐店内发现其餐具盒和工作台面上存在老鼠粪便，并且烟头被扔进了洗手盆。此后，欧洲外卖平台 Just Eat 确认该快餐店正在从其网站和送餐应用程序中删除。① 事实上，网络食品的交易和供应过程，连接了许多交易主体，包括原料供应商、生产制造商、储运经营者、经销商等，以及包装材料、添加剂、加工设备等供应者。网络食品质量的高低是供应链上所有关联厂商的产品质量水平的递加效应，与供应链上厂商交易主体数量和每家厂商的产品质量水平有关。因此，增加食品供应链的透明度，是企业在保证自身安全生产的同时需要考虑的另一个问题。

行业协会在治理体系中发挥行业自律作用，对本行业企业的经营行为起着协调作用，对本行业的产品和服务、经营手段等发挥监督作用。行业协会通

---

① LeadsLive，“Boss of rat-infested Leeds takeaway hits back at ‘unfair’ zero star rating and says he ‘panicked’ at inspection”，https://www.leeds-live.co.uk/best-in-leeds/restaurants-bars/boss-rat-infested-leeds-takeaway-24831755.

过规定内部的规范对行业协会内部已经达成共识的成员进行统一约束，从而维持市场秩序。行业协会对内部成员的矫正可以采取从同行压力、信息发布、内部惩罚直至向公权力机关举报等一系列逐次升级的惩戒措施，手段多样且富有弹性。某些规制手段具有外部规制无法取代的独特功能，不但处罚成本更低，而且处罚效果也更好。通过组织体来防止成员个体的机会主义行为，比通过法律机制来达到同样的目的要更为有效。行业协会对成员企业的信息披露，不但可以增加协会的社会公信力，更能帮助消费者有效甄别具体责任者的身份，避免消费者采取集体惩罚的严重后果。我国食品行业协会在信息披露方面比较侧重于与政府管理部门之间的沟通。行业协会通过论坛、自办刊物、行业调研等多种方式，可以近距离获取成员企业产品信息，在出现产品质量安全事件后，行业协会能够先知先觉，借助专业化手段第一时间对产品质量进行鉴定（或者协助政府部门鉴定），明确事故产生的原因并评估其可能产生的损害后果。行业协会的信息优势，可以大大降低规制所需的信息成本。

网络食品交易平台的监管义务主要包括事前对入网经营者进行资质审查、事中履行报告管理义务。前者主要包括资质证照登记审查；后者主要指发现违法行为应当及时制止并立即报告监管部门，发现严重违法行为应当立即停止提供网络交易平台服务。网络食品交易第三方平台在进行事前监管时，主要是进行资质证照方面的审核登记工作。根据现有法律规定，第三方平台在审查许可证方面主要是要做到两点，其一，对依法应当取得许可证的入网经营者严格审查，这类入网经营者在审查核准后才能上线经营；其二，对某些依法不需要取得许可证的个人小微卖家，审查重点要放在卖家主体的个人身份信息上面。食品安全监管本应由行政部门进行，而现在法律要求第三方平台要进行辅助监管。网络食品交易第三方平台的事中监管主要是指要对入网经营者的违法行为进行监控。平台发现入网经营者作出违反食品安全法相关规定的行为时，应当及时制止，并向所在地的食品安全行政部门报告，如果发现入网经营者有严重违法行为的，平台还需要停止向其提供服务。

以大数据支持食品安全监管信息平台构建，让第三方平台成为数据、信息收集与监测的辅助力量，实现信息存储、共享、公开的常态化和动态化，以期实现信用监管。监管部门获得网络食品生产经营者的安全信息成本高，监管效率难以提高。而对于网络餐饮服务而言，网络餐饮服务第三方平台掌握着入驻商家经营信息、食品经营许可信息、消费者评价信息等，其中很多信息是政府监管部门所没有的。如果将其中有价值的食品安全信息与政府进行信息共享，可以减少政府与企业间的信息不对称问题，增加监管透明度。此外，如果线上食品一旦出现食品安全问题，充分的信息共享可以迅速实现网络食品安全问题的溯源，极大地增加食品安全追溯的宽度、深度和精确度。2019 年，中共中央、国务院在《关于深化改革加强食品安全工作的意见》中提出要推进"互联网+食品"监管。建立基于大数据分析的食品安全信息平台，推进大数据、云计算、物联网、人工智能、区块链等技术在食品安全监管领域的应用，实施智慧监管，逐步实现食品安全违法犯罪线索网上排查汇聚和案件网上移送、网上受理、网上监督，提升监管工作信息化水平。

三、社会力量

社会力量是指能够参与、作用于社会发展的基本单元，包括自然人、法人、个人以及各种行业协会、工青妇组织等，是除国家机关以外的各种社会组织、各界别民众的力量。与网络食品交易风险社会共治相关的社会力量包括食品行业协会、消费者和社交媒体等。

社会共治的开展需要各方对资源进行整合和统筹，调动社会各界的力量以及多元主体，使其共同参与到社会共治中。基于监管理念的革新，食品安全治理成为社会各界的共同课题，推动形成社会共治、打造监管合力也逐渐成为基本共识。食品安全治理模式需要吸收除政府监管部门之外的其他社会力量，新闻媒体、消费者、社会组织等社会主体可以在治理模式中各尽其责，共同构成了食品安全治理责任体系的丰富内涵。

消费者是保障食品安全的中坚力量。这主要是因为消费者作为重要的市场力量,有能力通过自身的选择行为影响市场,进而影响企业的生产行为。尤其是有组织的消费者,其力量将更为强大。由于消费者数量庞大,并且能够在一定程度上观察到食品的安全信息,因此消费者的意见表达有着巨大的力量。有奖举报是对消费者表达意见实行监督的一种激励,其实质是一种信息交易。从法律实施的角度来看,由于信息不对称,食品企业违法成本低,政府存在执法成本和执法能力等多方面的约束。因此,鼓励消费者参与监督可以增加潜在违法者的防御成本,同时提高政府的执法能力。一般而言,网络食品消费者可以向网络食品平台、相关政府部门及社会组织反映食品安全问题,也可以通过网络社交媒体和新闻媒体曝光食品安全事件。其中,举报是投诉系统中的一种强烈的表达方式。它着眼于食品安全,强调的是对食品安全违法行为的披露。消费者通过向政府,或者媒体等第三方监管力量举报,可以借助行政治理和舆论压力,迫使食品企业安全生产。鉴于消费者举报的重要作用,政府除了奖励激励外,还应尽可能减少消费者的举报成本,建立一套完善的消费者投诉应对体系,如成立消费者举报热线,并尽快跟进消费者提供的信息,对查处的企业信息进行公开,对投诉的消费者及时进行信息反馈等。

网络舆论监督指公众通过网络媒体的手段,运用微博、新闻跟帖及论坛讨论等多种形式所进行的舆论监督。食品安全事件的网络舆论监督是公众通过网络对食品安全事件进行的舆论监督,对食品安全事件的网络舆论监督不仅仅局限于对事件的最初曝光,更聚焦于食品安全事件的进展情况以及食品安全事件的后续处理情况的相关报道。对于政府而言,媒体曝光一方面分担政府监管的成本,另一方面有利于减少地方政府的地方保护主义行为。媒体监督,作为一种法律外替代机制获得了广泛的重视。媒体监督通过声誉机制发挥作用。媒体曝光不安全食品信息后,消费者强大的舆论压力,可以敦促政府介入以及食品企业采取相应措施。许多研究表明,媒体可以通过声誉机制来影响公司治理,特别是通过影响经理人的声誉达到公司治理的目的。对于国外食品企业而言,当不安全食品信息被曝光时,考虑到声誉机制,公司通常采取召回以及对消费者赔偿的措施。在信用体系较为完善的国家,食品企业内部发现问题时,也会及时向社会通报并采取后续措施。企业主动曝光不安全信息,并不会在声誉上造成大的损失,反而会被认为是企业社会责任的体现。例如,2023 年 4 月 7 日,美国生鲜速递股份有限公司(Fresh Express Incorporated)自愿召回有限数量的三种已经过期的沙拉包产品,并承诺召回的产品不再销售。召回原因是单核细胞增生李斯特菌可能存在健康风险。①

在食品安全社会共治中,街道组织牵头的由广大志愿者组成的检查队伍,是能起到重要作用的监管力量。他们来源于普通群众,通过一定的专业培训之后,可不定时、不定期地开展日常监管工作,提升商户对于食品安全的重视度。社会中各志愿者可通过街道组织监督有关商户的食品制作以及销售流程,并向监管部门进行信息反馈。2023 年 2 月 15 日,四川省成都市簇桥街道新城社区组织志愿者,以“关注食品安全,保障身体健康”为主题开展了创建国家食品安全示范城市宣传活动。由街道社区治理办代表、社区工作人员、热心居民、实践站志愿者等组成的新城社区食品安全检查组先后来到簇桥小学、辖区幼儿园、养老院及周边商铺进行食品卫生专项检查,现场抽查了各单位、商家的食品采购登记台账、安全管理台账等,现场责令商家就检查中发现的食品安全隐患第一时间整改到位,要求各单位严格做好食品留样、清洗消毒、进货台账建立、食品卫生安全应急措施方案等工作,加强食品安全管理,及时消除食品安全隐患,扎实推进平安社区建设。

① U.S. Food&Drug Administration,“Fresh Express Incorporated Announces Precautionary Recall of Expired Fresh Salad Kits Due to Potential Health Risk”, https://www.fda.gov/safety/recalls-market-withdrawals-safety-alerts/fresh-express-incorporated-announces-precautionary-recall-expired-fresh-salad-kits-due-potential.

非政府组织(NGO)也被认为是公共治理领域中日益重要的组织形式。一方面,它对食品供应链中出现的一些食品安全隐患进行披露,使得信息传递给社会公众或社交媒体,把一些违规行为及相关企业公之于众;另一方面,非政府组织也会对一些食品企业生产的安全优质食品信息进行披露,让消费者了解食品信息,更透明地去购买所需的食品。非政府组织能够发挥有利于社会公众沟通的优势,一旦发生食品安全问题能够更快速地披露食品信息,同时告知质量监管部门令其采取相应的措施。同时非政府组织也会监督质量监管部门是否履行他们的职责去监管食品企业。此外,非政府组织也在多方面积极寻找解决我国食品安全管理问题的新出路,如建立城乡互助体系,确保生产安全食品;推广病虫害综合治理;协助超市建立食品可追溯系统等。例如,中国奶业协会(Dairy Association of China,DAC)是全国奶牛养殖、乳品加工、乳品消费,以及为其服务的相关企业、事业单位和个体经营者自愿组成的公益性行业组织,是具有独立法人地位的民间社会团体。协会的使命是促进国内外奶业技术交流,推广奶业科学技术的应用,提高奶牛养殖、奶制品加工和营养保健等方面的技术水平。协会还致力于协调全国奶业界的关系,推进奶业行业的健康可持续发展。为了实现这些目标,协会开展了丰富的业务,包括但不限于技术交流、国际合作、行业管理、书刊编辑、业务培训、咨询服务、宣传推广、会议展览等。通过这些业务,协会为全国奶业界提供了广泛的服务和支持,帮助奶农和奶业企业更好地发展和成长。

第三节　社会共治机制设计的理论基础

网络食品安全社会共治研究需要借鉴合作治理理论、社会治理理论等的研究成果,涉及博弈论、社会制约权力等相关理论。马哈詹(Mahajan)认为,食品安全社会共治是指为确保食品安全,政府与企业等建立的一个有效的食品治理合作体系,使食品供应链中的利益相关方(从生产者到消费者)都能从改善的治理中受益，并确保消费者避免各种食品安全风险。① 托森（Tosun）提出，食品安全社会共治是指政府、市场、社会力量等在食品安全治理的规范制定、流程合作、规范执行和实时监控的四个步骤中开展合作，以低廉的治理成本为社会提供更加安全、令人放心的食品。② 韩丹（2019）认为，食品安全社会共治是指在食品质量安全监管过程中，政府根据有关法律规则和制度安排，主动引导和激励最大范围的食品安全利益相关者，包括企业、行业协会等各种监管力量，充分运用自身掌握的有关知识，主动履行治理过程中的权利和责任，共同保障和促使食品安全共同治理目标的实现。③

在此基础上，针对网络食品安全问题特点，本节提出网络食品社会共治机制设计应涉及包含激励相容机制、信息共享机制和沟通协商机制。其中，在激励相容机制下，各利益相关者为了自身利益会主动维护市场、社会秩序；信息共享机制设计可以降低信息不对称，有利于各主体参与社会治理时更合理地配置资源，节约治理成本；沟通协商机制可以帮助各主体取长补短，在较短时间内以较低的成本解决纠纷。

一、激励相容机制

在市场经济中，个人和集体利益之间可能会存在冲突或者矛盾。委托代理理论认为，在社会关系中由于委托人和代理人存在信息不对称性，就会导致二者在选择目标时存在不一致，进而会产生由于利益目标不同而引发的激励相容问题和激励不相容问题。因此，需要制定一种适当的激励机制，平衡个人利益和集体利益，促进整个组织成员的积极性，以达到个人利益和集体利益最

① Mahajan, R., Garg, S., Sharma, P.B., "Food Safety in India: A Case of Deli Processed Food Products Ltd.", *International Journal of Productivity and Quality Management*, Vol.14, 2014.

② Tosun, J., de Moraes Marcondes, M., "Import Restrictions and Food-Safety Regulations: Insight from Brazil", *Latin American Policy*, Vol.7, 2016.

③ 韩丹:《食品安全社会共治的内涵及其实施机制研究》,《鲁东大学学报(哲学社会科学版)》2019 年第 36 期。

大化的目标，从而保证激励相容的实现。

激励相容的概念最早由哈维茨(Havwicz)提出，之后由詹姆斯·米尔利斯(James Mirrlees)和威廉·维克里(Willicm Vickrey)进一步发展。激励相容的含义是指，在市场经济中，理性经济人按照自利的规则行动，如果在某种制度下，个体追求个人利益的行为与集体价值最大化的目标相一致，那么这样的一种制度安排，就是激励相容。激励相容概念的确立是建立在机制设计和制度安排的基础上。

激励相容机制就是要保证在一个组织中，通过制定一种适合的激励机制促进整个组织成员的积极性，并保证各自的利益最大。激励相容理论允许人性的自私存在，在该理论下，个人利益和集体利益是不冲突、不矛盾的，个人在努力工作实现个人利益最大化的同时，集体利益也获得最大化。即在理性条件下，代理人为了实现个体利益最大化所采取的策略，与委托人为取得集体利益最大化所期望员工采取的策略相一致。委托人并不会因为代理人追求个人利益而采取的行为遭受损失，代理人也不会因为委托人为了追求集体利益而付出无用的代价，二者利益目标一致，从而代理人愿意按照委托人的要求和目的积极工作，委托人由于代理人的积极工作获得经济好处。总而言之，激励相容机制的关键在于设计合理的激励机制，更好地满足人的需求，更好地调动人的积极性。

网络食品交易的社会共治立足点就是通过实施各种激励相容机制，协调政府、平台生态系统、社会力量等各利益相关者的利益冲突，激励相关利益主体行为朝着有利于食品安全水平改进方向选择。目前，网络食品交易社会共治中的激励相容机制主要有星级店铺机制、有机产品认证制度等。

二、信息共享机制

信息经济学认为，信息不对称造成了市场交易双方的利益失衡，影响社会公平、公正的原则以及市场配置资源的效率。信息共享(Information Sharing)

是指在信息标准化和规范化的基础上，按照法律法规，依据信息系统的技术和传输技术，信息和信息产品在不同层次、不同部门信息系统间实现交流与共享的活动。一般而言，信息共享包括组织内和跨组织信息共享。信息共享是提高信息资源利用率、降低信息不对称程度、优化资源配置的一个重要手段。自从香农(Shannon)正式提出“信息论”以来，学术界关于组织间信息共享的研究探索从未停止。这一领域的研究在不断探索着信息共享的内在机制和外部环境，旨在为组织内及组织间的信息共享提供更好的理论支持和实践指导。从早期的信息传播理论、信息复制理论、信息共享激励理论，到当前流行的信息共享治理理论、信息共享效用理论、信息共享协同理论，理论的不断演进为实践的深入拓展提供了持续动力。

信息共享的外在环境包括组织的文化氛围、政策法规、技术水平等。在文化氛围方面，需要倡导信息共享的重要性，鼓励组织及组织内成员自愿分享信息和知识。在政策法规方面，政府可以出台相关政策，促进跨部门和跨领域的信息共享。在技术水平方面，组织需要投入资金和资源，建立信息共享平台和提供必要的技术支持。

信息共享的内在机制是通过建立信息共享平台和制定信息共享规范实现的。信息共享平台是组织内或跨组织之间进行信息共享的基础设施，包括数据库、文件共享系统、在线协作工具等。信息共享规范是组织制定的关于信息共享的标准和流程，包括信息的分类、授权、更新、存储和安全等方面的规定。通过建立信息共享平台和规范信息共享流程，可以实现信息的高效共享和安全保障。制定合理的信息共享机制应该确定信息共享的目的和范围、信息共享的参与者、信息共享的方式、信息共享协议以及信息共享的监管机制。

目前，网络食品交易中的信息不对称问题直接影响了网络食品交易的发展和网络食品交易过程中的食品质量与安全。因此，食品信息共享旨在通过食品质量信号的有效传递，优化资源配置、降低食品交易风险和维护食品交易安全。网络食品交易的社会共治也要以信息共享为关键，积极构建信息共享机制，如网销食品安全溯源信息公共服务、产品直播实时展示等，从而使信息能在各个主体之间有效共享和传递。

三、沟通协商机制

沟通协商机制指参与沟通的各主体之间通过平等、公平的民主协商，并在彼此理解的语言基础上表达彼此的意愿和看法、互动交流、协调斡旋，同时要求在一个稳定的关系和结构中保证沟通内容的及时有效，形成一个完整的、制度性的运行过程。[①] 乔恩·埃尔斯特（Jon Elster）认为，“协商或者是指特殊的讨论，它包括认真和严肃地衡量支持和反对某些建议的理由，或者是指衡量支持和反对行为过程的内部过程”。梅弗·库克（Maeve Cooke）认为，“协商就是各种观点不受限制地交流，这些观点涉及实践推理并总是潜在地促进偏好变化”。在陈家钢看来，“协商是一种面对面的交流形式，它强调理性的观点和说服，而不是操纵、强迫和欺骗”。同时，协商也是一个信息交流的过程，即协商必然以沟通为前提，不同的是协商不仅仅是简单的信息交换，它内在还蕴含了多方主体意志的一致性，以期就某一问题达成共识并遵循统一的行为规则。沟通行动理论认为沟通行动是“不同参与主体之间通过交往、对话、商谈达成合作与协调的，是以寻求共存、互利发展的心理趋向和认知构架为行为取向的，而理性是其基本要求”。

为促进网络食品交易健康可持续发展，应积极推动建立政府、平台、消费者三者之间常态化、规范化、程序化和制度化的沟通协商机制。例如，可以通过在线消费纠纷解决（Online Dispute Resolution）等机制建设，实现快速、公平地解决消费纠纷。良好的沟通协商机制有利于建立政府、平台、消费者之间良性、有效、持续的沟通与协商，优化网络食品交易发展的营商环境和社会环境，推动网络食品交易更加健康高效地发展。

---

① 吴易哲：《新时代农村基层协商沟通机制优化研究》，东北师范大学硕士学位论文，2021年。

第四节　社会共治的保障体系

保障体系是指通过提供规定措施、物质基础和精神支撑等，保证事物充分发展的体系。社会共治的保障体系则是根据一定的法律和规章制度，保障各主体基本权利的复杂且多面的体系。该体系针对参与社会共治各主体的治理风险进行研究，尝试从多个方面设定较好的方法和途径，保障各主体的基本权利，维护社会共治的良好运作。社会共治的保障体系主要由制度保障、技术保障和组织保障三方面构成，其中，制度应是全面的、技术应是透明且相对高效的、组织应是资源互补且相互信任的。社会共治的保障体系是以政府主导、企业和市场参与、家庭和个人补充为主的多层次保障体系，以期解决社会共治问题，形成长效机制。

一、制度保障

社会共治更加强调企业、社会组织等主体在治理过程中所发挥的作用，这些主体在发挥作用的同时相互协调和相互促进，以实现各方的利益共赢。社会共治的复杂性决定了社会共治的构建是一个漫长的过程。扩展参与治理的主体范围，制定相关法律法规加以保障，充分调动社会主体参与共治的积极性和主动性，是实现社会共治的必要举措。

政府借助制度性工具强化和提升网络食品交易各环节的参与主体的社会认同，约束和激励各主体的行为朝着合规方向发展，建立起责任归责体系、自律行为监督体系，进一步规范网络食品交易秩序。网络食品交易行业刚兴起时，由于法律法规不健全，法律合法性机制在行业各主体的行为博弈中未能发挥应有的作用，对于生产和销售各方没有产生强有力的约束和激励作用。因此，法律合法性建设可以网络食品交易中规范性法律文件进一步细化为切入点。借助制度性工具的完善，政府可以强化网络食品交易各主体对于决策合规性的认知,维护行业必要的规范性和有序性,进而保障监管的法律合法性,国家和各地方政府使用政策工具,制定了多项法律法规治理网络食品交易安全问题,依法查处网络食品安全违法行为。

在国家层面,《中华人民共和国食品安全法》提出"网络食品交易第三方平台提供者"这个概念。国务院出台了《关于大力发展电子商务加快培育经济新动力的意见》,提出制定完善互联网食品药品经营监督管理办法。国家食品药品监管总局先后发布了《网络食品安全违法行为查处办法》《网络餐饮服务食品安全监督管理办法》。两者对三类对象即第三方平台提供者、通过第三方平台和自建网站出售食品提供服务的食品生产经营者(后两者统称为"入网食品生产经营者")设定了义务责任。《网络餐饮服务食品安全监督管理办法》进一步对送餐人员及送餐过程进行了明确的规定。

上述国家层面制定的法律法规在网络食品销售商的准入、信息公示、食品生产,以及网络食品电商平台对于零售商的监督管理等方面的义务进行了明确的规定,能够提高网络食品安全监管系统的完整性、稳健性和增进公众信任。然而,当前的法律法规并未对网络食品的上游采购进行详细规定。网络食品的上游采购环节在相当程度上决定了食品的质量及安全性,要想确保网络食品安全,必须对食品原材料采购进行有力的监管。

在地方政府层面,各地政府普遍对网络食品经营者的市场准入以及销售环节进行了规定。例如,2016 年 3 月北京市实施了《北京市网络食品经营监督管理办法(暂行)》,2017 年 3 月上海市实施了《上海市食品安全条例》,2017 年 3 月广东省实施了《广东省食品药品监督管理局关于网络食品监督的管理办法》等,这些规定明确了当地网络食品交易平台和网络食品经营者的义务。

二、组织保障

近年来,社会组织积极参与网络食品交易安全监管,与政府组织在各环节因事制宜，充分发挥各自的优势，如图 3-2 所示。在政府与社会组织协同治理网络食品交易安全中，政府通过行政机制制定相关政策，推动社会组织形成，并为社会组织的具体行动提供政策支持，两者之间共同构建合作伙伴关系。社会组织以政府部门制定的网络食品交易安全监管政策为标准进行监管，针对政府和公众对网络食品安全的需求作出回应，从协助政府监管的角色出发，制定出一系列成熟的监管方法，在所影响区域对网络食品交易安全进行有力管控。政府与社会组织协同治理形成了由强制型、引导型、自愿型工具相互贯通、相得益彰的网络食品交易安全现代化治理工具体系，政府、社会共治格局初步形成。政府与社会组织协同治理能够打破公共部门、政府层级，以及公共、私营、第三方部门的界限，发挥各主体的责任意识，将政府行使的行政权力与社会主体行使的私有权利有机结合起来，使政府、网络食品交易平台及入网食品生产经营者在共同目标的指引下高效有序地参与网络食品交易安全治理，可以实现透明度、可问责、效力和效率等价值之间的平衡，以及行政机构与非政府利益相关方之间权利和责任的重新分配。

在国家层面，管理网络食品交易安全的部门原主要有国家食品药品监督管理局、国家质量监督检验检疫总局、国家工商总局以及商务部等机关部门。具体而言，国家食品药品监督管理局负责消费环节网络食品卫生许可和食品安全监督管理；国家质量监督检验检疫总局的监管对象是网络食品生产企业，监管方式为监督抽查；国家工商总局承担流通环节网络食品安全的责任，以及流通环节网络食品交易安全重大突发事件应对处置和重大网络食品安全案件查处工作。2018 年 3 月 13 日，上述部门被整合为国家市场监督管理总局，职责同样并入。商务部在网络食品安全方面主要是制定食品流通行业发展规划和产业政策，加强对行业诚信体系建设的指导。

在社会层面，存在较多地方性的网络食品安全管理协会，这些协会积极推进当地网络食品交易安全发展，为消费者购买网络食品提供更全面的保障。例如，上海市食品安全工作联合会宣传贯彻《中华人民共和国食品安全法》等

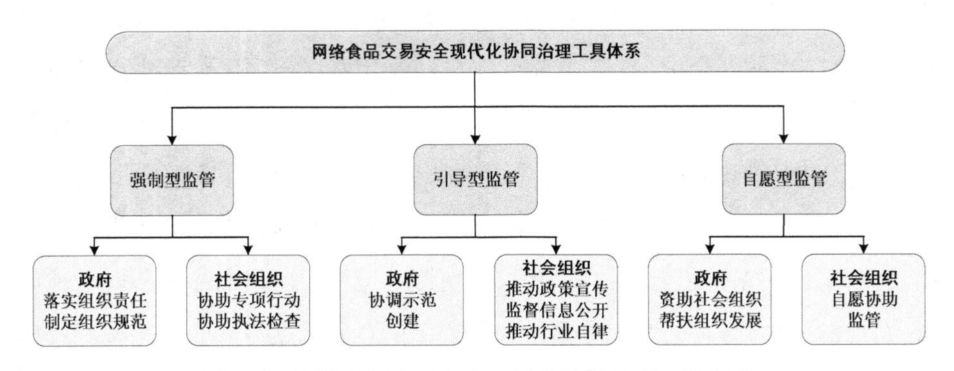

图 3-2 网络食品交易安全现代化协同治理工具体系

资料来源:笔者整理。

法律法规,开展网络食品行业内的食品安全交流、合作和协调工作。浙江省食品工业协会督促本省实施国家有关网络食品交易安全的方针、政策和法规。广州市食品行业协会协助政府加强网络食品市场监督,在食品交易安全工作中发挥行业管理的作用。郑州市食品安全协会配合相关行政部门做好网络食品交易安全监督管理工作。

第四章　网络食品安全风险政府监管体系研究

政府食品安全监管体制是指关于政府食品监管机构的设置、管理权限的划分及其纵向、横向关系的制度安排，在食品安全风险治理体系中具有不可替代的基础作用。党的十八大以来，以食品安全风险治理体系与治理能力现代化建设为主线，以职能转变为核心，我国进行了两次全局性的政府食品安全监管体制改革。2013 年 3 月启动的监管体制改革基本实现了由“分段监管为主，品种监管为辅”的监管模式向相对集中监管模式的转变。2018 年 3 月再次启动新一轮的食品安全体制改革，整合相关部门的职能，组建市场监督管理部门。

第一节　政府治理体系优化

政府治理体系和治理能力是一个有机整体，推进政府治理体系的现代化与增强政府治理能力，是同一过程中相辅相成的两个方面。有了良好的政府治理体系，才能提高政府治理能力；只有提高政府治理能力，才能充分发挥政府治理体系的效能。在网络食品安全治理领域，我国政府治理体系的架构主要包括政府监管部门职能、监管权力配置、监管结构和法律法规体系四个方面。

一、政府监管部门职能优化

政府监管部门职能是指该部门必须承担的工作范围、工作任务和工作责任。部门职能的划分应确保能够保障部门的运作顺畅,使部门高效运作,更好地实现部门目标。网络食品政府监管部门对网络食品安全的治理,需要横向、纵向多部门的职能整合。创新政府网络食品安全监管各部门之间的合作沟通方式和提高多部门合作决策能力与部门职能优化同等重要。

在创新合作沟通方式方面,根据我国网络食品安全监管新形势,政府按照《中华人民共和国食品安全法》进一步强化卫生部门在整体性治理下的食品安全综合监管职责,成立了卫生部门牵头的协作关系管理机构,并赋予该机构充分的职权同其他官方机构签订服务合同,以及同多方食品安全监督机构共建关系协调处理机制。因此,可以将卫生部门的部分综合监管职责进行合理拆分,通过签订服务合同等方式将食品安全的执行权外包出去,合作关系管理机构根据代理机构服务合同的完成效果给予不同额度的财政拨款。执行权外包与政令导向型的协调方式有着显著的区别,监管部门之间基于共同分配财政资源来达成合作关系,进而增强网络食品安全监管各个部门之间进行合作的积极性与主动性,从而使得合作关系更加密切。

在提高合作决策能力方面,由于网络食品安全治理是一项复杂的系统工程,从社会共治所涉及的相关主体上看,政府各个部门对其辖区内的网络食品安全治理具有不可推卸的责任。在网络食品安全社会共治的框架下,政府处于主导地位,必须确保各部门之间的合作顺利开展,以实现社会共治的安全监管目标。跨部门合作政策的制定需要政府通过多元渠道了解合作过程中必须要解决的困难以及可能发生的危险,并重视合作双方的不同价值诉求。在制定政策时,需要构建高效的决策意见协商沟通机制,实现决策的充分互动并消除跨部门合作的障碍。提升合作监管的决策能力,积极推动跨部门合作的政策与服务，让政府外部的专家以专家决策智库的形式参与到政策制定过程中。①

2022年，沪苏浙皖四地食品（药品）安全委员会办公室联合印发《2022年长三角食品安全区域合作工作计划》，提出加强网络食品经营监管协作，开展餐饮服务专项综合治理，及时查处违法行为。提高长三角区域网络食品经营监管协作水平，对涉及多地的网络食品经营者加强信息互通共享、联合处置。② 2023年，河北省邯郸，山东省聊城、菏泽，河南省濮阳（以下简称“冀鲁豫四市”）进一步深化冀鲁豫毗邻区食品安全工作合作共治，共同推动食品安全“双安双创”工作（国家食品安全示范城市创建与农产品质量安全县创建），冀鲁豫四市人民政府食品药品安全委员会共同协商，正式签订《食品安全跨区域合作共治框架协议》，积极探索食品安全跨区域合作治理的新模式。

二、政府监管权力配置优化

权力配置通常有两层意思：一是指权力在组织中的分布配置；二是从组织结构角度对权力的分配。权力往往包含丰富的内容，也蕴含多样的表现形式，权力规定的丰富性决定了它表现形式的多样性。依据权力与权力主体的关系，可将权力划分为组织权力和个人权力。

合理运用食品安全监管权和有效落实食品安全监管工作，是各级政府共同关注的事情，推动食品安全监管权力配置优化至关重要。食品安全监管的横向配置十分必要，这种权力配置形式能充分满足事务管理的需要，为优化组织规模、提高工作效率提供保障，为实现专业化、技术化行政管理奠定基础。从食品安全管理的角度来看，食品安全监管横向配置具有专业性、程序性的特

① 冯朝睿著：《社会共治：迈向整体性治理的中国食品安全监管研究》，人民出版社2018年版。

② 搜狐网：《〈2022年长三角区域食品安全合作工作计划〉出炉，一起来划重点》，见https://www.sohu.com/a/575637040_391452。

点，能够实现整体分工与协作，有利于提升行政管理效益。监管权横向配置可以基于地域、职能和管理程序进行划分，在食品安全监管配置环节基于职能的横向配置最为常见。食品安全监管纵向配置主要基于层级代表逻辑来开展，实施这种监管模式不仅有利于提高监管任务分配合理性并实现分工协作，还有利于明确权责关系，实现规范化、秩序化运作。当前，食品安全监管纵向配置的主要类型有三种，包括垂直监管、协作监管及地方监管。

（一）完善网络食品安全治理的权力配置制度

为完善网络食品市场监管体制，推动实施质量强国战略，营造诚实守信、公平竞争的市场环境，进一步加强网络食品安全监管，让人民群众“买得放心、吃得放心”，解决新时代网络食品市场监管所需的权力配置问题迫在眉睫。食品市场需要重点关注以“大监管”理念为基础的合作型监管治理新范式、不同部门之间的监管错位和越位顽疾、加大监管权力资源供给等问题。当然，在注重食品安全政府权力配置各个领域改革的相互促进、良性协作互动性、整体推进的同时，在权力制约层面，建立跨地区的权力制约机制，需要运用系统思维、协同治理思维，从整体上统筹谋划，才能逐步形成强有力的制度化策略。

首先，构建彼此协同，以服务为导向的政府监管权力治理理念。在凸显公民权利和公共权益多元价值追求的基础上，体现政府对网络食品监管效率价值的追求，做到既体现效率，又体现公平。

其次，构建权责一致、分工明确的组织架构。网络食品安全监管政府权力配置的改革，必须要在法治框架范围内取得实质性效果，逐步构建具备互相控制、互相制约、互相协同的网络食品监管运行权力结构。逐步形成党政齐抓共管，人大负责监督，网络食品生产经营者、消费者、社会组织积极参与监管的协同力量内涵式发展格局。

最后，构建具有中国特色的网络食品监管大数据平台。网络食品协同治理改革顺应新时代食品安全监管的发展，是对政府治理有效性的追求，需要以先进的大数据装备作为网络食品监管科学技术的保障支撑，提高政府治理技术水平。政府应加强政府数据库信息配套大工程建设，多渠道多层次地规范政府网络食品安全网络管理体系，建构全国“一张网”的大数据平台。① 同时利用大数据平台，做到信息的及时发布、科学发布、公开发布，借助社会大众的自我保护意识，引导社会力量积极参与到网络食品安全监督管理中来，及时了解公众的诉求与期盼，增加网络食品安全决策与监管过程的公开性和透明度，建立国家监督和社会监督相互协同的监管体系。

（二）完善政府监管的行政问责机制

政府监管的生命力在于执行，而强化其执行力，关键是建立起系统化的监管机制，切实把网络食品安全监管政府权力配置的制度优势转化为协同治理效能，在网络食品安全监管政府权力配置实现有效制约的机制范围内，实现中央政府和地方政府间、食品监管政府与部门间在制定权责界限时有具体清晰的监管设计和措施。网络食品安全监管是一项系统工程，应由事后查处向事前事中监督转变，网络食品安全监管中非传统因素的考验和挑战往往来自社会生活中的各个领域，因此需要完善网络食品安全监管中对安全威胁的监测、评估、预警等机制。②

首先，建立事前网络食品监管的权力监督机制。事前统筹监督是防范网络食品安全不确定因素风险的第一道关。网络食品经营者在事前对自己将要开展的业务和作为主体要履行的责任必须做到清晰明白。同时将经营企业履约承诺作为经营性流程信用记入诚信档案记录，并作为对经营企业监管事中、事后综合考核评估的重要依据之一；建立全国网络食品安全信用报告“一张

① 国土资源部：《国土资源“十二五”标准化发展规划》，2010 年。

② 徐晓林、朱国伟：《国家安全治理体系——人民本位、综合安全与总体治理》，《华中科技大学学报社会科学版》2014 年第 3 期。

网”标准规范，以及网络食品安全信用报告考核机制和激励机制。此外，可考虑建立网络食品监管“打卡”实时记录，形成全过程参与体系。建立和完善行政问责制度，进一步强化明确政府权力配置责任，健全政府监管权责不作为所引发食品事故的追责制度体系，提高监管过程中施权用权的合法公正性。

其次，建立事中网络食品监管的权力监督机制。持续强化对全国各类信用信息共享平台依法依规的整合，规范网络食品经营者经营行为，形成对网络食品监管评估的综合评价报告。同时将“双随机、一公开”监管与食品安全信用等级相结合，对重视网络食品安全的企业，采取远程监控的方式适当降低监督检查频率；反之，对不够重视网络食品安全的企业，要强化力度频次，以更加严厉的手段和更加严格的方式，促使网络食品生产企业由被动接受逐渐转变为主动关注安全的行为意识。此外，还应建立同体问责制度和异体问责制度，实现责任政府和权力的有效配置，真正将网络食品安全监管抓实、抓细、抓出实效。

最后，建立事后网络食品监管的权力监督机制。进一步构建系统化跨地区、跨部门统筹联合的惩处失信系统，使政府能够依据对网络生产经营企业事前、事中的监管，依法形成行政性、市场性和行业性多管齐下的联合惩戒机制。建立终身行业禁入制度，对监管不力、对人身心造成重大伤害、在社会上引起强烈负面反响的网络食品经营企业，除了按法律程序处理之外，还应坚决依法采取终身行业禁入措施，以最严厉的处罚加大企业违法成本。此外，建立系统化政府法律责任承担制度，强化具体政府的网络食品监管责任，将政府监管部门的行为置于法律规范和社会监督之下，杜绝政府监管权力滥用、越权不当、行政失职和行政不作为等现象的发生，使政府监管能够以更高效更合理的方式为社会公众提供服务。

2018 年，中共中央办公厅、国务院办公厅印发《地方党政领导干部食品安全责任制规定》，明确了地方各级党委主要负责人、地方各级政府主要负责人及地方各级政府分管食品安全工作负责人在本地区食品安全监管中的职责，并确定考核监督办法及奖惩规定。

（三）构建政府监管的党内监督机制

党的十八大以来，以习近平同志为核心的党中央将党内监督渗透到各个阶层、各个领域中，强化对食品安全监管的党内监督，有力保障了政府权力配置在推进网络食品安全监管这场革命性锻造中焕发出新的动力和活力。构建网络食品安全党内监督，解决"监管者由谁来监管"的问题，是新时代百姓舌尖上安全的保障，也是优化网络食品安全监管政府权力配置的重要内容。

首先，加强全国人大对政府网络食品安全监管的监督。全国人大被赋予决策权和监督权，在建立分权制衡的行政管理体系中，由全国人大组成一个宪法和法律监督委员会，作为最高行政监督机构行使最高的监督权。地方监督体系也应随之进行相对应的改革，形成分权制衡、各司其职、相互制约的协调运行机制。①

其次，加强对网络食品安全执法过程的监督。在网络食品安全执法过程中，解决"监管者由谁来监管"问题，避免出现"灯下黑"现象尤为重要。在监督过程中，既要强化来自组织自上而下的监督，又要改进民主自下而上的监督。因此，在加强网络食品安全监管的党内监督中，必须有效发挥组织考核和纪委监委执纪问责，并将两种监督有机结合起来，使监督效果更明显，监督层次更宽泛。严肃整治党内政治生活，就要充分开展批评与自我批评，使之成为网络食品安全监管系统中每位党员干部的必修课。同时要用好巡视巡察这把"利剑"，在自上而下的监督过程中一定要注重"抓早抓小"；而开展自下而上的民主监督时，可以将权力交给消费者。

最后，加大对网络食品安全监管违法违纪行为的问责力度。只有将涉及网络食品安全的制度、规章和纪律严格实施起来，网络食品安全监管才能执行

---

① 许耀桐：《中央已下定"三权制约协调"的决心》，《同舟共进》2009年第12期。

到位，百姓才能真正放心，舌尖上的安全才能真正得到保障。因此，在网络食品安全监管中，要将党内监督同国家机关监督、司法部门监督、民主监督、舆论监督等贯穿起来，形成监督合力，织就严密的监督网，使政府腐败行为无所遁形。只有党员干部自觉接受监督，党委立明规矩、主动作为，纪委监委标准更高、纪律更严，才能使政府监管权力配置真正得到优化。

三、网络食品安全监管结构优化

监管结构是负责监管特定行业职能的组织结构。在我国网络食品领域，政府监管主要包括跨部门、跨地区的治理和多部门的协同。治理和协同是实现网络食品安全监管的两大基本要素，其中协同是网络食品监管治理的手段，治理是实现网络食品监管协同的根本目标。2023 年 2 月 17 日，国务院办公厅印发《关于深入推进跨部门综合监管的指导意见》，提出行业主管部门或法律法规规定的主管部门要会同相关监管部门梳理需实施跨部门综合监管的重点事项，对食品、药品、医疗器械、危险化学品、燃气、特种设备、建筑工程质量、非法金融活动等直接关系人民群众生命财产安全、公共安全和潜在风险大、社会风险高的重点领域及新兴领域中涉及多部门监管的事项，要积极开展跨部门综合监管。

（一）优化网络食品安全监管跨部门治理结构

优化跨部门网络食品政府监管结构，实现跨部门之间网络食品安全监管协同治理机制，实现网络食品安全监管协同治理在手段上的整合与更新。

首先，网络食品安全监管跨部门治理结构的优化需要网络食品安全协同体系的构建。在网络食品安全政府监管的改革进程中，虽然促进和改善了网络食品安全治理的整合，但一定程度上仍存在着地域分割、部门分割的问题。针对日趋复杂的网络食品安全治理环境，不能仅从政府机构整合入手，还应该着眼于建立网络食品安全治理的协同机制，在政府机构之间，政府与生产经营企业、消费者、社会组织之间形成紧密型的合作。

其次，网络食品安全监管跨部门治理结构的优化需要各层面治理的协同。一是政府机构核心层的协同，主要是围绕网络食品安全监管，在政府机构主导下，各层面专业协同构成有效率的同步联动和有力协作。政府机构之间的监管协同能有效改善部门之间因专业分工造成的职能性交叠和职能监管盲区，实现条块协同畅达的有序治理。二是政府宏观层的协同，主要是围绕网络食品安全监管，在政府跨地区、跨界之间开展的区域联动。三是政府机构与生产经营企业、消费者、社会组织，甚至是与媒体间外围层的协同，主要是围绕监管政府与生产经营者等，逐步形成协同治理体系的外围关键要素。网络食品安全事件敏感性极强，一旦发生，短时间便会发酵成热门话题。与此同时，推动有效市场和有为政府更好结合需要建立起与网络食品生产经营企业、消费者、社会组织及舆论媒体等外围协同共治的联防、联治、联控治理机制。

最后，网络食品安全监管跨部门治理结构的优化需要提高网络食品安全监管协同能力。一是提高应对突发事件危机，形成协同适应能力。主要是管控和持续性防治突发事件的发生，包含对网络食品安全突发风险的协同预防、协同动员和社会管理等，以期从根本上预防和消除网络食品安全监管中存在的风险。二是提高应对突发事件而形成的协同预警能力。主要是指遏制防范危机前的准备，即应急预案制定，对危机监测的预警，实现尽快发现危机并且有效识别危机，为处理危机赢得更多的时间和机会。三是提高应对突发事件而形成的协同遏制防范能力。主要是指快速反应、采取战略性解决方案的核心能力，即如何有效调动政府及社会各方力量将损失降到最低，以此来获得和争取更多遏制防范网络食品安全突发事件的时间。四是提高应对突发事件而形成的快速恢复能力。主要是指发生网络食品安全突发性事件之后，能很快恢复网络食品安全秩序、恢复负责任政府形象的能力，即充分调动政府各方力量在最短时间快速作出响应。

（二）优化网络食品安全监管跨地区治理结构

跨区域合作共治是防治食品安全风险在不同地域间传导的一把金钥匙，跨地区治理结构是国家治理体系和治理能力现代化建设的重要体现。优化网络食品安全监管跨地区治理结构需要从建立跨地区间联动协调机制、构建网络食品安全应急预警系统、增强社会共同参与治理的意识三方面进行着手。

首先，建立跨地区间联动协调机制，提高网络食品安全监管协同能力。在网络食品安全监管中，不仅存在着自上而下行政隶属关系的政府主体，监管主体大多处于同级平行的关系。因此，为促进这种平行地区、部门间的协调联动，必须通过建立跨地区、跨部门的协调联动机制，如开展就网络食品领域的专项整治，采取跨地区、跨部门之间相互检查、对调检查、联合监管等方式，实现协同治理，避免及有效克服协调联动中出现的部门主义和本位主义。同时，在防范网络食品安全危机过程中，要始终善管、善用、善待媒体，强化舆论引导在网络食品安全防范危机中的强有力协同治理作用，变被动为主动，发挥舆论的正能量效应。

其次，构建网络食品安全应急预警系统，优化分散的预警系统。目前，政府各部门已建立专属的预警装置，但预警系统相对分散，没有形成信息资源共享功能程序、联盟机制、协调联动机制，遇到突发性危机时，很难形成协同合力。建立统一指挥、调度一致的预警分析、预警评估、预警处置的协同应急预警系统。同时将网络食品生产经营企业、消费者、社会组织、媒体等参与力量引入，建立全覆盖、全周期的协同预警网络，提高科学、统一、可识别的预警能力。

最后，强化社会共同参与治理，提高政府网络食品安全危机控管意识。政府各部门应调动社会参与共同治理的能力，有效避免运动式、冲突式的检查，加强常态化、可持续、渗透力、广覆盖的防范能力，同时提高全民网络食品安全危机预防意识，由观望者变成参与者，调动全社会公众力量参与到网络食品安全协同治理的志愿队伍中，逐步形成网络食品安全危机相互配合联手预防的合力。

（三）优化网络食品监管多部门协同结构

在跨部门、跨地区协同治理的基础之上，网络食品安全监管结构的优化还需要实现政府多部门之间的组织协同。这种组织协同是基础也是支撑，良好的政府多部门组织协同能够促进网络食品安全监管协同治理长期高效运行。

一方面，依托自上而下的行政协调机制，推进多部门协同决策。可成立多部门政府间网络食品监管决策中枢机构专门领导小组，由最高决策者来担任组长，从整体上推动网络食品安全监管决策的统筹制定和执行。

另一方面，优化平级部门协调机制，形成政府多部门决策共识。优化协同治理平级跨部门间的协调机制，形成自发性的且能够达成决策共识的协调机制，应构建起以平级部门间协同合作为基础的互惠治理制度，这有助于通过自觉形成的政府多部门间决策共识，更有效地形成网络食品安全监管认同。在推进网络食品监管自发自主形成平级跨部门间协同治理达成共识时，为形成更加灵活、创新的自发性监管跨部门协同，上级政府应予以充分授权，给予下级政府以充分协同治理的自主性。

四、网络食品安全法律法规体系优化

法律法规体系应是一个结构严密、内在协调的，由法律部门分类组合而形成的呈体系化的有机整体。在网络食品领域，我国法律法规体系由食品相关法律、食品安全标准体系和食品安全追溯体系等构成，应持续更新网络食品安全法律法规体系，确立食品安全的战略地位，明确网络食品安全法律法规和监管体系的改革方向、战略目标和工作重点，推动我国网络食品安全治理的常态化和科学化，提升我国网络食品安全水平。当前，我国正在逐步完善网络食品安全相关法律法规。2020 年 12 月，最高人民法院审判委员会发布了《最高人民法院关于审理食品安全民事纠纷案件适用法律若干问题的解释(一)》,明确了食品生产者、经营者尤其是电商平台之间的责任划分。2021 年 2 月,国家互联网信息办公室、国家市场监督管理总局等七部委联合发布了《关于加强网络直播规范管理工作的指导意见》,针对快速发展的网络直播行业做出规范。2021 年 3 月,国家市场监督管理总局发布了《网络交易监督管理办法》,对新业态监管、网络平台经营者主体责任、消费者权益等重点问题作出了明确规定,提升了网络食品交易的安全性。① 2023 年 10 月,国家市场监督管理总局组织制定了《网络销售特殊食品安全合规指南》,以规范网络食品交易第三方平台和入网食品经营者销售特殊食品行为,提高其合规意识,落实食品安全主体责任,保障网络销售特殊食品安全。②

(一)完善网络食品安全监管相关法律

良法是善治的重要保障,完善的法律法规是政府有效治理的前提。当前在国家层面虽然有《中华人民共和国食品安全法》《网络餐饮服务食品安全监督管理办法》等法律法规,但这些法律法规需要着眼全局,有时难以针对各地区具体情况作出相关规定,这就需要地方政府根据地区实际,出台符合实际情况的政策法规,让政府监管模式有法可依、有章可循。网络食品除了具备传统食品的特征外,还具有互联网的特殊性质。基于这一特质,政府可在《中华人民共和国食品安全法》的框架下制定网络食品行业的实施细则,对于存在的监管空白,应在相关法律文件中对其进行完善,填补现有法律的漏洞。

首先,对针对性不足的监管细则及时进行补充说明。例如,2018 年修订的《中华人民共和国食品安全法》中无保健食品、网络食品交易的相关内容,

---

① 网易新闻:《网络交易监管办法出台,提升网购食品安全性》,见 https://www.163.com/dy/article/G660FQJT05521GOT.html。

② 国家市场监管总局:《市场监管总局办公厅关于印发〈网络销售特殊食品安全合规指南〉的通知》,见 https://www.gov.cn/zhengce/zhengceku/202310/content_6910367.htm。

在2021年新修订的《中华人民共和国食品安全法》中，才将网络食品纳入监管范围。

其次，确立有效的风险预防原则。当前，相关法律法规对网络食品经营主体和平台违法后的处理办法进行了相关界定，但这种事后监管的机制往往具有明显的滞后性，无法做到事前预防，仅仅依靠事后监管机制难以使网络食品安全形成全面保障。因此，应在地方性法规中体现风险预防原则，使政府监管部门转变监管思路，将工作重心从事后监管转向事前预防，从法律方面入手，构筑有效的风险预防体系。①

最后，将诚信经营纳入法律法规。交易的虚拟性给网络食品安全带来了隐患，故而地方政府在制定相应法规时，应探索将建立诚信经营机制写进法规的可能性，这将对引导第三方平台和网络食品商家守法经营具有积极意义，有利于改善网络食品市场环境，促进行业自律，保障市场的稳定发展。同时政府监管部门可以据此建立诚信档案，设立信用排行榜，定期向社会民众公布商家的非诚信行为，建立全社会共同参与的诚信体制，保障网络食品行业的健康发展。

除了完善相关的法律法规外，对已发生的违法行为给予相应的严厉处罚，可以起到警示作用。一是调整违法罚款金额，提高罚款上限，大幅提高网络食品经营违法成本，使经营者不再选择铤而走险。二是违法情况严重者或造成一些安全事件者要严格追究其刑事责任，并加大刑事处罚的力度。三是提高网络食品安全准入标准的严格程度，对违反食品安全法律法规的网络食品经营主体吊销营业执照，禁止经营，并全网监督。

（二）构建统一的网络食品安全标准体系

食品安全标准是《中华人民共和国食品安全法》框架的重要组成部分，是

① 赵琪豪：《濮阳市华龙区网络外卖食品安全政府监管研究》，郑州大学硕士学位论文，2020年。

国家食品安全监管部门对食品生产企业进行有效、规范监管的科学依据。当前,国内外网络食品产业快速发展,新业态、新消费、新技术不断涌现。与此同时,食品安全标准暴露出与新时代食品安全监管不适配的问题。形成统一的网络食品安全标准体系可以使政府在食品监管中少出纰漏,是保障我国网络食品安全的重要优化措施。由于我国原有食品安全标准指标不完善、不健全,部分标准之间存在不协调、重叠、重要标准短缺或者未及时更新等问题,这些都需要根据网络食品的发展特点进一步加以优化,形成新的、严格的、统一的网络食品安全标准体系。

首先,优化网络食品安全标准体系。我国的食品安全标准包括国家标准和地方标准。食品安全国家标准是食品安全标准体系的主体,截至 2024 年 3 月 14 日,我国已发布食品安全国家标准 1563 项,包含 2 万余项指标,涵盖了从农田到餐桌全链条、从过程到产品各环节的主要健康危害因素,保障包括儿童、老年等在内的全人群的饮食安全。具体包括农药残留、兽药残留、重金属、食品污染物、致病性微生物等食品安全通用标准,食品、食品添加剂、食品相关产品等产品标准,和生产经营规范标准以及检验方法与规程等。除了食品安全国家标准外,还有省级卫生健康行政部门负责制定、公布的食品安全地方标准。地方标准包括地方特色食品的食品安全要求、与地方特色食品的标准配套的检验方法与规程、与地方特色食品配套的生产经营过程卫生要求等。地方特色食品是指在部分地域有 30 年以上传统食用习惯的食品,包括地方特有的食品原料和采用传统工艺生产的、涉及的食品安全指标或要求现有食品安全国家标准不能覆盖的食品。而食品安全国家标准(包括通用标准)已经涵盖的食品,婴幼儿配方食品、特殊医学用途配方食品、保健食品、食品添加剂、食品相关产品、农药兽药残留、列入国家药典的物质(列入按照传统既是食品又是中药材物质目录的除外)等不得制定地方标准。另外,地方标准不得与法律、法规和食品安全国家标准相矛盾。各省份要根据国家要求和地方标准实际,及时清理、整合、修订或废止地方标准。例如,广东省针对湿米粉、汕头牛肉丸、橄榄菜等发布了广东省食品安全地方标准，江苏省针对盐水鸭、鸡糕、糯米藕等发布了江苏省食品安全地方标准。

其次，优化网络食品配送环节的安全规定。对网络食品商家所使用的包装盒及一次性餐具的相关安全标准进行规定，要求商家使用符合安全标准且密封性良好的包装盒及餐具。同时，应要求网络食品商家在食品的外包装上加贴密封防拆标签，并注明食物原材料、配料和加工时间等信息，以降低信息不对称带来的安全问题。应规定无论是自营配送还是由第三方配送单位进行配送，配送主体均需建立送餐登记制度，利用电子设备记录配送人员配送时间、送达时间、路线等信息，以便将来有据可查。目前，大多数网络外卖平台已要求送餐人员办理有效的健康证明，并对健康状况做每日登记，确保送餐人员在身体健康的状况下进行配送。另外，还应规定送餐装备的使用安全标准，确保送餐装备密封性良好并进行每日消毒，禁止送餐人员使用不合格的送餐装备。

最后，优化网络食品经营者准入标准。政府若要在准入许可中发挥主导作用，则必须先明确准入的标准，使准入许可的过程透明化。监督执法人员在对申请网络食品经营的商家进行现场检查时就能参照依据，允许符合标准的商家入网经营；而对不符合标准的商家则提出具体的整改措施，只有当整改完毕并符合规定后，政府才颁发经营的准入许可证明。

（三）构建系统的网络食品安全追溯体系

科学系统的网络食品安全追溯体系能切实保障百姓“舌尖上的安全”，是实现网络食品安全“最后一公里”的有效保障。构建网络食品安全追溯体系有利于提高食品安全监管的效率和精度。通过追溯体系，可以对生产、流通、销售等各个环节进行全程监控和管理，实现对食品质量和安全的精确监管。同时，通过追溯体系，可以及时发现和控制食品安全风险，对突发事件进行快速反应和处置，加强食品安全风险评估和应急处置能力。此外，通过追溯体系,可以让消费者了解到食品的生产、流通、销售等全过程,提高消费者的知情权和参与度。近年来,我国政府和社会组织虽然已在积极努力推广网络食品安全追溯体系建设,但是网络食品安全追溯法律法规仍未健全完善,建设网络食品安全追溯体系在实践中仍存在不少困难。

首先,从政府角度思考。在政策制定时,政府需要采取激励手段,鼓励网络食品生产企业建立网络食品安全可追溯系统。运用惩罚性赔偿制度,使消费者在食品安全重大事件中得到赔偿,并且通过政府的监管对违法企业予以最严厉的惩罚,使企业不愿为了逐利而冒风险。另外,建立网络食品生产企业的信誉体系,一经发现有损害消费者利益的行为,要加入黑名单,让网络食品生产企业转向以提升食品品牌和内涵的建设上来。同时,政府应建立信息化、技术化、高效的追溯信息管理系统,将网络食品安全追溯系统与其他质量管理标准体系相结合的作用充分发挥,对网络食品安全关键控制点进行全过程的监管,做到信息记录、标识、储存、传递、查询等多方面的统一、协调,做到数据精准、真实是实现有效追溯的关键。①

其次,从网络食品生产企业角度来思考。作为网络食品供给者,应在网络食品安全追溯体系的建设中加大投入,承担起网络食品安全追溯体系建设的责任。从网络食品安全整体发展的长远性来考虑,可采取补贴的方式,鼓励网络食品生产企业建设追溯体系,形成实时、动态的体系,对网络食品流通的全流程、全环节进行全覆盖监管。此外,政府可提供技术指导,分批、分层次、有重点地开展网络食品安全追溯体系建设。对于积极性强、率先建设完成追溯系统的网络食品生产企业,给予税收或者补贴政策方面的倾斜和优惠政策。

最后,从消费者角度来思考。提高消费者对网络食品安全追溯体系中可追溯食品信用品质的认识,进一步激发消费者对于食品安全的关注,能够提高其对可追溯食品的支付意愿。这需要政府和食品行业协会等通过各种渠道引

---

① 康俊莲:《中国食品安全的政府监管权力配置问题研究》,东北师范大学博士学位论文,2020年。

导，使消费者愿意为可追溯网络食品买单，促进网络食品市场良性发展。

第二节　政府治理技术创新

网络食品市场体量大，发展迅速。应用新技术是提高网络食品安全治理效能的重要途径。只有不断创新和运用新技术，才能更好地保障食品的安全和质量，从而保障人民的身体健康。目前，政府已经应用大数据、物联网、人工智能、区块链等新技术来治理食品安全。在网络食品安全治理中使用新技术有利于提高食品的追溯能力、监测食品的来源和流向、监测食品中的有害物质和微生物、提高监管效率。

一、大数据与云计算技术

（一）大数据技术的发展与应用

大数据是一个抽象概念，指“在一定时间范围内无法用现有的软件工具提取、存储、搜索、共享、分析和处理的海量的、复杂的数据集合”①。2010 年，Apache 软件基金会的开源社区 Apache Hadoop 将大数据定义为“在可接受的范围内，普通计算机无法捕获、管理和处理的数据集”。根据这一定义，2011 年 5 月，全球咨询机构麦肯锡公司宣布，大数据是创新、竞争和生产力的下一个前沿领域。大数据是指经典数据库软件无法获取、存储和管理的数据集。META（目前为 Gartner）分析师道格·莱尼（Doug Laney）定义了“3Vs”模型，即体积、速度和多样性。② 虽然这种模型最初不是用来定义大数据的，但 Gartner 和许多其他企业，包括 IBM、微软、亚马逊等的一些研究部门，在接下来的十年

---

① 李建中、杜小勇：《大数据可用性理论、方法和技术专题前言》，《软件学报》2016 年第 7 期。

② Laney D.，“3D Data Management：Controlling Data Volume，Velocity and Variety”，*META Group Research Note*，Vol.6，No.70，2001.

里仍然使用此模型来描述大数据。①

大数据的特征可总结为四个,又称4V特征。② 网络食品安全领域的大数据同样具有这四个典型特征:其一,数据量大。我国众多的网络食品安全监测点及医院上报的污染物和食源性疾病数据,以网络食品安全环境方面的检测数据,汇聚成巨大数据量。其二,更新速度快。网络食品安全信息中包含大量在线或实时的数据分析处理需求。其三,种类繁多。网络食品安全数据类型包含各种结构化数据表、非结构化文本、遥感影像等多种数据存储形式,其数据范围涵盖网络食品从源头到餐桌的整个网络食品产业链。其四,商业价值高。网络食品安全信息数据海量,虽然存在大量无用和冗余的信息,但是挖掘分析运用价值大,因为它不仅与个人生活息息相关,还与整个网络食品产业乃至整个国家政治经济联系密切。大数据技术可使网络食品安全治理所依据的数据资料更加全面并积极共享,促进部门区域之间的协调合作,解决因部门条块分割而引起的部门间信息沟通不畅等问题,从而提高网络食品安全治理效率。

目前,大数据应用于医疗、科学、商业等各个领域,主要用来挖掘知识与趋势推测、群体特征与个体特征分析、虚假信息分辨等。③ 大数据应用的核心在于挖掘数据中蕴藏的情报价值,而不是简单的数据计算。对于网络食品行业来说,大数据技术的作用体现为独特的情报价值。④

首先,大数据有助于精准网络食品行业的市场定位。网络食品企业需要构建大数据战略,拓宽食品行业调研数据的广度和深度,从大数据中了解食品

① Bardi M., Zhou X. W., Li S., Lin F. H., "Big Data Security and Privacy: A Review", *China Communications*, Vol.11, No.14, 2014.

② Min C., Mao S., Liu Y., "Big Data: A Survey Mobile", *Networks & Applications*, Vol.19, No.2, 2014.

③ 田海平:《大数据时代的健康革命与伦理挑战》,《深圳大学学报(人文社会科学版)》2017年第2期。

④ 乐思舆情监测中心:《大数据在食品行业四大创新性应用》,见 http://www.knowlesys.cn/ab/key/BigData/Data_shipin.html。

市场构成、细分市场特征、消费者需求和竞争者状况等众多因素。在科学系统的信息数据收集、管理、分析的基础上,提出更好的经营方案和建议,提高企业品牌市场定位的行业接受度。要想做到市场定位准确,必须借助大数据挖掘和信息采集技术,不仅能提供足够的样本量和数据信息,还能基于大数据数学模型对未来市场进行预测。

其次,大数据可创新网络食品行业的需求开发。随着论坛、微博、微信、电商平台、点评网站等媒介的创新和发展,公众分享信息变得更加便捷自由,推动了"网络评论"这一新型舆论形式的发展,形成了交互性大数据,其中蕴藏了巨大的网络食品行业需求开发价值,值得网络食品企业管理者重视。作为网络食品企业,可对网络评论数据进行收集,建立网评大数据库,分析了解消费者的消费行为、价值取向和新消费需求等,以此来提升网络食品的安全指数。

再次,大数据可促进网络食品行业的市场营销。网络平台上分享的各种文本、照片、音频等数据信息往往涵盖着商家信息、行业资讯、商品浏览记录、产品价格动态等海量信息,网络食品企业可以通过获取上述数据并加以统计分析来充分了解市场信息,掌握竞争者的商情和动态;同时可以通过积累和挖掘网络食品行业消费者档案数据,分析顾客的消费行为和价值取向,从而更好地为消费者服务和发展忠实顾客。

最后,大数据可支撑网络食品行业的运营管理。收益管理意在把合适的产品或服务,在合适的时间,以合适的价格,通过合适的销售渠道,出售给合适的顾客,最终实现企业收益最大化目标。大数据时代的来临,为企业收益管理工作的开展提供了更加广阔的空间,需求预测、细分市场和敏感度分析三个重要过程对数据的需求量很大,在实施收益管理过程中收集更多的网络食品行业数据,将对制订准确的收益策略、获得更高的收益起到推动作用。

(二)云计算技术的发展与应用

云计算是一种新的思想方法、模型,用于实现对可配置计算资源(如网络、服务器、存储、应用程序和服务)共享池的方便、按需网络访问,这些资源可以通过最小的管理工作或服务提供商交互快速提供和释放,它也是各种技术趋势的代名词。① 云计算已经成为互联网上托管和交付服务的新范例,因为它消除了用户提前计划资源调配的需求,并且允许企业仅在服务需求增加时通过增加资源满足需求。在云计算模式下,软件、硬件、平台等信息技术资源以服务的方式提供给使用者,有效解决政府、企事业单位面临的信息系统运维难、成本高、能耗大等问题,改变传统信息技术服务架构,推动绿色经济发展。② 总体而言,移动云计算具备以下优势:突破终端硬件限制、便捷的数据存取、智能均衡负载、降低管理成本、按需服务降低成本。

云计算的主要优势可以用云服务提供商提供的服务来描述,包括软件即服务(SaaS)、平台即服务(PaaS)和基础设施即服务(IaaS)。在计算机网络中每个层次都实现一定的功能,层与层之间有一定关联。依照所提供的服务类型,可划分成应用层、平台层、基础设施层和虚拟化层,如图4-1所示。③ 应用层对应软件即服务,如 Google APPS;平台层对应平台即服务,如 IBM IT Factor;基础设施层对应基础设施即服务,如 IBM Blue Cloud;虚拟化层包括服务器集群和硬件检测等服务。④

云计算可应用于网络食品流通的多个环节中,对提高网络食品生产效率、改善网络食品品质和增强网络食品安全监管及稳定起到重要作用。首先,在

---

① 丁滟、王怀民、史佩昌等:《可信云服务》,《计算机学报》2015年第1期。

② 石勇:《面向云计算的可信虚拟环境关键技术研究》,北京交通大学博士学士论文,2017年。

③ 郭煜:《可信云体系结构与关键技术研究》,北京交通大学博士学术论文,2017年。

④ Das N. S., Usmani M., Jain S., "Implementation and Performance Evaluation of Sentiment Analysis Web Application in Cloud Computing Using IBM Blue Mix", *International Conference on Computing*, 2015.

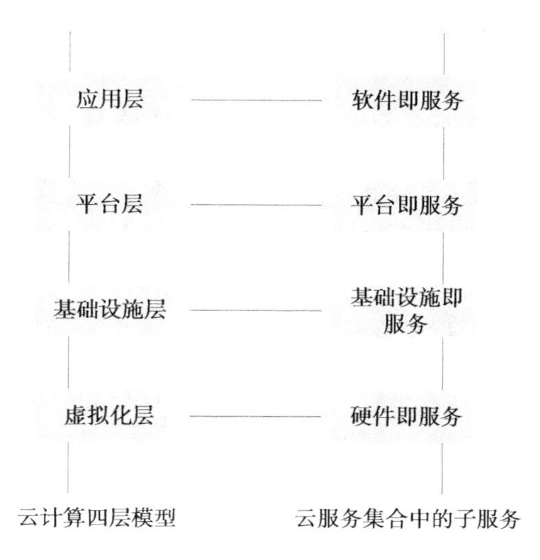

图 4-1　云计算平台的服务层次

资料来源：笔者整理。

网络食品生产环节，云计算可保障绿色健康的原料供给和科学的生产及加工过程。通过云计算技术，企业可以实现对生产过程的实时监控和管理。企业可以将生产设备与云端相连，实现设备的远程监控和调试。这样不仅可以提高生产效率，还可以减少生产过程中人为失误和事故的发生。这一方面有利于企业进行过程控制，另一方面也有利于监管部门在食品安全事件发生时追责，促进产品信息的公开透明，推动公众参与食品安全监督。

其次，在网络食品供应流通环节，云计算可降低物流成本并提高物流的信息化程度。通过云计算的优势，创建出一条最合理、最省时间、最短路径、最有利于降低成本的运输道路，合理安排车辆运输，将路线图以及发车时间明确好，根据云计算的路径规划进行易腐易坏网络食品物流运输。① 云计算融入网络食品的运输中有利于提高运输的效率，既能降低物流运输过程中的成本，又能节省一定时间、人力和物力。

① 南熙：《云计算在生鲜食品冷链物流中的应用分析》，《中国市场》2021 年第 14 期。

最后，在网络食品存储环节，云计算可提高仓储管理的自动化水平。具体应用包括：在网络食品的包装上面贴上标签，在仓库进口、出口两个方向上面安装读取功能，适当解放人工劳动，节约出入仓库的时间，进一步提高工作效率，节省库存的管理成本。① 通过云计算技术与大数据的结合，更易实现对网络食品的跟踪和安全监管控制，引导网络食品安全生产及流通。

（三）数据挖掘技术的发展与应用

大数据挖掘是运用计算机技术自动挖掘数据库中的潜在有效信息，并归纳总结其发展趋势的一种方法。数据挖掘技术通过对大量的数据进行一次分析，从中归纳总结出其规律，主要包括数据准备、数据挖掘以及结果表达和解释三个阶段。其中，数据准备是指从数据源当中选取所需要进行分析的数据内容，数据挖掘是指从数据内容当中采用某种方式或者算法对数据进行分析找出其规律，结果表达和解释是对数据挖掘所得出的结果采用用户能够理解的方式将结果表述出来。② 对于数据挖掘技术而言，其由多学科、多领域先进技术集成而得，而比较常用的机器学习数据挖掘技术有贝叶斯网络、决策树、人工神经网络三种。

首先，贝叶斯网络象征着一种不确定性，在贝叶斯网络中，各个变量之间弧的变化规则，可将一些不确定的内在概率较好地表达出来，通过分析行为、结果，并对其因果关系进行探讨，以此来预测和分析其中的可能性结果。

在网络食品行业中，贝叶斯网络大都被运用在网络食品产品的设计过程中。例如，在创建与网络食品相关的贝叶斯网络模型时，若了解消费者对甜食的偏爱，那么使用贝叶斯网络推断其受欢迎情况时，则需考虑到网络食品颜色

---

① 程如岐、陈绍慧、赵二刚等：《冷链物流生鲜品感知仪系统设计》，《保鲜与加工》2018 年第 18 期。

② 王玲玲：《基于数据挖掘的食品安全风险预警系统设计》，河北科技大学硕士学位论文，2016 年。

的影响作用。传统的专家推荐系统是出于规则考虑而制定的,划分方式按模块划分,其中不包含与数据源或其他规则相关的内容,则无法对相似问题进行处理,可借助贝叶斯网络中的条件概率。此外,在网络食品安全风险评价概率统计模型方面,贝叶斯网络也更具代表性,可用于预估网络食品供应链的风险概率。在评价事件的风险概率时,可通过对网络食品供应链中的一些风险因素进行分析,如资金流、信息流或物流信息等,并据此创建贝叶斯网络模型。

其次,决策树作为一种常见的归纳推理算法,常被应用于机器研究和学习过程中,采用的方式为逐渐朝离散值函数进行逼近。决策树经判定后,对各个实例进行分类,从而对样本数据规则进行概括和归纳,并对每个样本的属性进行了解,此外,还可对新样本的属性进行预测。

决策树可以被应用于网络食品行业,评估网络食品平台的合规性和网络食品的安全性。以网络食品平台合规性的评估为例,需要收集网络食品平台的相关数据,包括平台的注册信息、平台的许可证信息、平台的食品安全管理制度及平台的食品追溯体系等。接着,选择用于评估网络食品平台合规性的特征,包括平台的注册信息是否真实有效、平台的许可证信息是否齐全、平台的食品安全管理制度是否健全及平台的食品追溯体系是否完善等。使用收集到的数据和特征,构建一个决策树模型来评估网络食品平台的合规性,将各个特征作为决策树的节点,根据特征的取值分支到不同的子节点中。通过遍历决策树,可以得出网络食品平台的合规性评估结果。关于网络食品的安全性评估,则可能需要收集食品生产企业的许可证信息、食品生产企业的生产记录、食品在运输过程中的温度记录及食品的检测报告等信息进行评估。

最后,人工神经网络挖掘方式具有较高的学习精度,可对数据中存在的错误进行不断学习和优化,并通过不断提升精准度,来加强对数据的了解,从而将其中隐藏的规律总结出来,其中最为常见的一种模型为反向传播(BP)神经网络。反向传播神经网络可以更好地并行处理大规模的数据,具有较好的抗干扰能力和适应能力。① 因此，反向传播神经网络常被用于数据分析和挖掘中，如预测分析大米直链淀粉含量情况、冬小麦的耗水特性等，在食品安全领域当中，也有着良好的应用效能与价值。

反向传播神经网络具有训练速度快、准确率高及灵活性较强等优点，因此适用于网络食品的安全风险预警领域，有助于提高模型的准确性。因此，可以利用反向传播神经网络建立网络食品安全风险预警系统。具体步骤如下：一是数据采集。通过各个电商平台，采集各种食品的销售数据和用户评价数据，包括商品名称、价格、销售量、好评率、差评率等。二是数据处理。对采集到的数据进行清洗和预处理，将数据规范化，并根据实际情况进行特征筛选和降维处理。三是模型构建。基于反向传播神经网络算法，构建网络食品安全风险预警模型。该模型可以通过输入各种食品的特征值（如价格、销售量、好评率、差评率等）来预测其安全风险等级。四是模型优化。通过不断地调整神经网络的参数和结构，优化反向传播神经网络的预测效果和准确率。五是系统实现。将优化后的反向传播神经网络模型集成到网络食品安全风险预警系统中，并实现食品安全风险预警功能，为消费者提供更加安全的网络购物环境。

二、物联网与人工智能技术

（一）物联网技术的发展与应用

物联网是信息产业的又一次技术革命，代表着未来计算机和通信的发展趋势，影响着未来社会经济的发展。物联网技术融合了多个领域的技术，可以将末端设备和设施（如具备"内在智能"的传感器、移动终端、工业系统、数控系统、家庭智能设施等智能化物件等），通过通信网络实现互联互通、应用大

① 陈恺、周小蕙、王明慧：《食品安全风险预警领域大数据挖掘的应用》，《电子技术与软件工程》2021 年第 18 期。

集成。另外,物联网技术还可以基于云计算的软件及服务等模式,在互联网环境下,采用适当的信息安全保障机制,提供安全可控且具有个性化的实时在线监测、定位追溯、调度指挥、预案管理、远程控制、安全防范和决策支持等管理和服务功能,实现对高效、安全、环保的“管、控、营”一体化。

根据物联网全面感知、可靠传送和智能处理的特征,物联网技术框架由智能采集外界信息的感知层、转发和传送信息的网络层、处理数据信息和应用的处理层三个层次共同构成。进一步,可将物联网技术划分为感知层技术、网络层技术、处理层技术及公共技术。① 感知层,处于整个框架的最下层,由以射频识别、二维识别码为代表的识别设备,以红外线、超声波等为代表的传感设备,以全球定位系统为代表的定位设备,以及融合上述功能的智能终端等组成,感知层感知外界信息的两大关键系统是射频识别系统和无线传感网络;网络层,处于整个框架中间,是各种网络基础设施的融合,由电信网络、广播电视网络、互联网及一些专用网络等组成;处理层,处于整个框架的最上层,包括支撑层和应用层,由各种数据处理系统和终端业务系统组成,为行业应用服务提供技术支撑,实现物联网智能应用。

在物联网技术应用中有两项关键技术,分别是无线射频识别技术和传感器技术。射频识别主要由保密性强的自适应无线通信技术,低损耗、高可靠性的射频识别设备,小体积高效率的天线技术,以及低成本的芯片和读写器组成。射频识别技术最突出的特点是:非接触式读写、识别高速运动物体、安全性强、能同时识别多个目标。而传感器技术是实现信息采集的关键,是感知现实世界的基础。监测区域内大量传感节点组成传感网络,传感技术则通过无线传感网络将分散在空间中的传感器连接起来,从而将各个传感器收集的信息进行汇总,通过无线网络传送出去,实现对分散物品或周围环境的协作监控,并根据获得的信息作出分析和处理。

① 尚雷雪:《基于物联网技术的食品安全监管体系研究》,南京邮电大学硕士学位论文,2015年。

物联网技术在网络食品安全领域中具有良好的应用前景。在网络食品的消费环节中,网络食品生产商及质量认证机构,发挥着不同的作用和功能。网络食品生产商可将与网络食品相关的详细信息提供出来,质量认证机构则主要完成相关的认证工作,在安全追溯数据中心中保存以上信息,形成二维码,并在包装物上张贴网络食品的标签。稽查人员可借助包装物上的二维码,查询相关信息,从而便于展开抽样检查。完整的系统架构中包含着不同的层次,如融合网络层、业务应用、数据采录及时空数据引擎等。① 消费者在购买网络食品时,可通过编辑信息或扫描二维码,了解与网络食品相关的信息(如网络食品的质量认证、来源等),还可举报其中的一些虚假错误信息等。

在网络食品的生产环节中,物联网技术主要可以应用于三个方面。其一为网络食品安全溯源系统,其二为网络食品专家智能系统,其三为网络食品生产物联控制系统。在实际操作时,网络食品安全溯源系统主要依据的原理为借助射频识别技术及移动二维码技术,对网络食品不同环节相关的数据信息提供上传和下载功能,从而便于消费者查询与网络食品相关的信息。此外,该系统还可将专家的指导技术提供给消费者,为消费者提供进一步的体验服务功能。综上,物联网技术的应用有助于信息获取和生产控制,使网络食品安全监管登上新的阶梯。

此外,在网络食品的流通环节中,物联网技术在信息处理方面具有较强的功能,可以应用物联网的识别技术、移动扫描技术、终端操作技术实现无人拣选、无人收发、无人盘点等工作,有效提高网络食品在此环节中的通过效率,增大网络食品即将产生的经济效益。目前,利用此项技术或类似技术的流通企业并不多,主要集中在京东、淘宝等大型互联网企业中。流通环节中主要可通过两种方式获取网络食品流通过程中的数据信息,其一为经由通信接口,将原始数据上传到系统平台。该方式只需确保通信层具有一致的数据协议,并对

---

① 崔颖强、徐湘寓:《物联网技术在生鲜农产品配送中的应用研究》,《信息技术与信息化》2019 年第 1 期。

其正确响应，且准确解析数据包。其二为在第三方系统中存储原始数据，该方式需同步异构数据，同步服务器接收以上数据后，进一步更改和处理同一数据，结束后在远程数据库中对其进行下载。① 因此，在网络食品流通环节中，若创建相应的同步数据，只需将其发布在远程数据库上就可取得相应的效果，从而实现同步处理异构数据库的目的。

（二）人工智能技术的发展与应用

人工智能是研究使计算机来模拟人的某些思维过程和智能行为（如学习、推理、思考、规划等）的技术。人工智能技术的突破使得场景理解变得越来越准确，让更多的传统行业进行转型升级。目前，人工智能技术在医学影像、网络技术、智能家居等方面都有涉及，并且在食物辨别、后厨监控和感官评定等方面也有应用，人工智能技术与大数据技术的结合更加强了网络食品监管的有效性，在网络食品安全监管领域发挥巨大的作用。②

首先，作为网络食品供应链的开端，采购环节是确保其质量安全的第一防线。因此，将网络食品安全问题由“事后处置”转变为“事前预防”可防患于未然。由于网络食品存在容易腐败变质等问题，与其他行业的采购环节相比，网络食品生产企业采购往往具有较强的时效性、安全性要求。因此，在采购原材料时，供应商的选择至关重要，正确选择供应商可为网络食品的生产质量提供一定的保障。然而，在实际采购过程中往往会遇到以下两个问题：一是采购方缺少与供应商的沟通，对于供应商的了解往往仅限于产品本身，缺乏对其经营状况等情况的综合了解，很难正确选择供应商；二是获取的信息复杂多样，难以把握重点。针对信息共享问题，可以利用人工智能的智能检索技术，将各大

① 顾春山、张顺：《物联网传感技术在蔬菜产品质量过程控制中的应用》，《南方农业》2019年第13期。

② 刘晶璟：《人工智能技术在食品安全监管领域应用研究》，《微型电脑应用》2018年第34期。

供应商的经营信息状况汇集于信息监管平台，采购方通过查看信息，了解相关供应商的供货记录、历史业绩等综合信息；而针对信息复杂多样问题，可利用人工智能的智能代理技术感知所处环境并采取措施实现目标，该技术使用自动获得的领域模型对使用者的知识进行信息搜集、过滤，主动将对使用者有用的信息提交给他们，从而利于快速选定供应商，既节约了采购时间，避免网络食品原料变质，又提高了采购原料的安全性。①

采购原料经过检验后进入网络食品生产环节。由于生产决策制定的主观意识较强，导致失误的可能性也较大。人工智能技术中的智能识别是一项运用计算机模拟人的智能，使其能够按照人的思维模式进行识别的先进技术。②该技术有利于快速辨别有害化学物质，在生产环节剔除不合格网络食品，防止其流入之后的流通渠道。除此之外，智能识别技术还可在网络食品生产中监控厨房的工作人员有无按规定穿戴衣帽口罩，以及有无老鼠等热血生物出现，还可标记出厨房内的设施，厨房内的工具、容器和其他设备，厨房内的清洗水池，并记录其使用状况。③ 相对于传统的监管模式，人工智能监控模式大大降低监管过程人力、物力的损耗，显著提升网络食品风险预警的准确率，有效降低其安全风险的发生率。

其次，物流环节是网络食品从生产加工到被消费过程中的重要一环，对物流环节进行有效治理有利于减少相关事故的发生。物流环节主要涉及网络食品的运输和储存。由于网络食品的保质期在正常情况下相对较短，在运输以及仓储过程中易受温度、环境的影响，导致腐败变质。为避免产生安全风险，人工智能的模式识别技术的应用可以及时了解网络食品在物流过程中所处的

---

① 朱素媛、马溪俊、梁昌勇：《人工智能技术在搜索引擎中的应用》，《合肥工业大学学报（自然科学版）》2003年第26期。

② 童霞、高申荣、吴林海：《农户对农药残留的认知与农药施用行为研究——基于江苏、浙江473个农户的调研》，《农业经济问题》2014年第35期。

③ 冉迪、曾琳、陈香梅等：《食品安全信息监管中人工智能与大数据的应用》，《食品安全导刊》2019年第15期。

环境温度,监测网络食品本身性状。利用推理和规划对物流环节的食品性状进行及时追踪,确保物流环节的网络食品质量安全,提高物流环节的管理效率。

最后,销售环节是网络食品流向消费者的最终环节,对该环节的监管不力将导致劣质网络食品直接流入市场,使消费者承担食品安全风险。此外,直接或者间接与网络食品接触的销售企业一线员工,由于自身网络食品安全意识的淡薄而违规操作,也是造成网络食品污染的元凶。[①] 针对销售环境是否达标的问题,可以利用人工智能的模式识别技术,对网络食品所处环境作出判断预警,防止危害发生。针对因为一线员工失误造成的网络食品安全问题,可利用人工智能技术的机器学习来解决,实现销售企业操作程序的自动化。[②]

三、区块链技术

(一)区块链技术的发展与优势

区块链技术是利用块链式数据结构验证与存储数据、利用分布式节点共识算法生成和更新数据、利用密码学的方式保证数据传输和访问的安全、利用由自动化脚本代码组成的智能合约编程和操作数据的全新的分布式基础架构与计算范式。从数据存储方面来看,区块链是一个分布式数据库,即共享账本,通常由点对点的网络共同管理,网络中的所有节点遵守用于节点间通信和验证新区块的协议。交易需要经过系统多数节点共识后才能记录到区块。区块链所使用的分布式账本系统与集中记账系统相比具有很多优点,即使特定的节点发生故障,网络的功能也不会受到影响。

区块链的网络模型可以划分为数据层、网络层、共识层、激励层、合约层和

① 曾玉英:《食品物流存在的食品安全问题与对策》,《食品与机械》2015 年第 31 期。

② 王冀宁、马百超、蒋海玲等:《销售环节食品安全信息透明度的国内外研究进展》,《中国调味品》2017 年第 42 期。

应用层,共六层网络结构,如图 4-2 所示。位于区块链网络模型最底层的数据层是区块链的账本所在,决定着区块链的链式存储和相应的账本数据结构,保证了区块链系统数据的安全;网络层负责系统中节点的组网、数据的安全传输,保证了消息传播的完整性和时效性;共识层包含了区块链系统中的相关共识;激励层主要指系统激励机制,保证了系统的可靠性;合约层主要是通过智能合约的形式实现交易的自动进行,使得区块链技术在社会生产中有了更大的用途;应用层则直接与用户接触,实际上是建立在区块链底层技术之上的各种应用场景,使区块链得到更广泛的利用。[①]

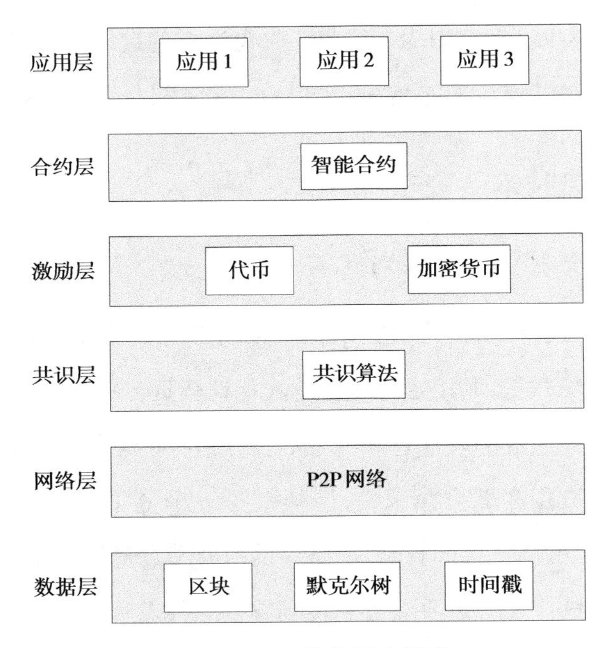

图 4-2　区块链层次模型

资料来源:笔者整理。

对于我国网络食品安全治理中的信息不对称问题,区块链技术具备显著优势特征,可将区块链技术引入网络食品安全的治理场景中,为缓解信息不对

① 张瑞星:《基于区块链技术的食品溯源平台关键技术研究》,电子科技大学硕士学位论文,2021 年。

称的问题提供新的视角和指导性思路。

第一,区块链的去中心化。2023年,贵州爱信诺航天信息有限公司利用区块链去中心化等特点,开发食品药品溯源系统,通过对食品、药品供应链全流程进行溯源,并对交易记录等数据进行安全加密,保证了食品、医药业务数据的真实性,建立起多方主体间的信任网络,以破解消费者或供应商对产品信息的信任难题。过去,淘宝在很大程度上是"中心化"地由官方来处理买卖双方出现的交易纠纷,但如此做法的成本很大,且常常令客户不满意。2012年淘宝引入了"去中心化"的方法,由社区认同的陪审团仲裁交易纠纷,取得了很好的效果。区块链各个节点的政府相关部门、网络食品企业、消费者和第三方组织等应是"去中心化"的,针对网络食品领域需要解决的问题,众多参与者可以共同决定,以保证最大利益。

第二,区块链的信息不可篡改性。区块链技术的信息不可篡改,即区块链系统中的信息不能被伪造,一旦信息被验证并添加到区块链,它将被永久保管。在网络食品安全治理过程中,处于区块链中的政府所发布的监管信息、相关政策所能准确反映出的市场信号、消费者所反馈的食品安全信息等,一经发出便不会被篡改。例如,监管部门检查出某企业的食品中有违规添加剂,那么消费者便能及时、准确地获取到该信息。区块链技术的存在使安全问题的发现和整改变得更加真实,保证了信息的稳定性以及对其的集中管理。

第三,区块链的智能合约性。区块链技术使用开放、透明的、基于共识的规则和协议,允许整个系统中的所有节点在"去信任"的环境中自由安全地交换数据。在网络食品安全治理的过程中,政府监管部门将发现网络食品生产企业存在的问题并作出处罚,若该企业对处罚视而不见,那么区块链的存在便使这种不履行义务的行为"无处藏身"。区块链技术的智能合约特性降低了监管中视处罚而不见和网络食品交易中不履行合约的发生风险,同时也保证了网络食品安全治理机制的健康稳定发展。

第四,区块链的开放透明性。区块链信息开放透明性是指在区块链体系内部，参与各方的信息都能被及时、准确地知悉并使用。网络食品安全信息在区块链体系中是开放透明的，使政府发布的监管信息以及相关政策、消费者的意愿信息等成为唾手可得的信息资源，任何一方的相关信息，其他参与者都能第一时间知晓。例如，网络食品生产企业所发布的信息，政府监管部门、其他网络食品企业和消费者等都会得到信息，并能验证该信息的准确性，避免虚假信息的散布。加之区块链中的信息不可篡改性，极大地保证了网络食品安全信息发布的真实性和网络食品安全治理参与主体行为的合法性。

（二）区块链技术的应用

区块链技术可有效应用于网络食品的生产、交易、消费和监管等过程中，对其中不同主体有着不同的作用。

第一，区块链技术可作用于网络食品的生产者。首先，区块链技术可提高整个供应链的透明度，提升可追溯能力。供应链中各个环节的相关信息都被数字化并存储在区块链网络中，每一笔交易都记录在案，与网络食品相关的一切信息都被详细地记录下来以便查询，提高了追溯和跟踪的速度和准确性。其次，区块链技术可化解网络食品安全危机，从而减少损失。一旦发生网络食品安全事故，通过基于区块链的可追溯系统能够快速锁定问题源头，控制事态的发展，避免存在安全问题的食品进一步扩散，减少召回成本和公关成本，化解食品安全危机。另外，区块链技术可提升网络食品供应链管理效率。区块链技术有助于改善供应链中生产、加工、运输、配送、库存和销售等流程管理，尤其可提供好的产品保质期管理，减少食品过期浪费而造成的损失。最后，区块链技术可提高网络食品质量安全管理，有助于政府监管。区块链技术有助于企业成功申请 HACCP、有机食品和绿色食品等相关认证，提高质量安全管理水平，更好地遵循网络食品安全相关法律、法规和标准的要求。①

---

① 汪普庆、瞿翔、熊航等：《区块链技术在食品安全管理中的应用研究》，《农业技术经济》2019 年第 9 期。

第二,区块链技术可作用于网络食品的政府监管者。区块链技术在网络食品安全管理中的应用将使得政府监管者更容易获取真实准确的信息,从而提高监管效率,增强监管效果,降低监管成本。一旦发生网络食品安全事件,政府监管者可以快速准确地查找到问题源头,防止存在安全问题的食品进一步扩散,引起大众不必要的恐慌。政府监管者可以将更多的人力、物力和精力投入到网络食品安全风险管理和安全预警以及应急处置方案等方面,而不是疲于"救火式"应对网络食品安全事件及其事后追责和处罚。

第三,区块链技术可作用于网络食品的消费者。对于消费者而言,区块链技术在网络食品安全管理中的应用将更容易获得真实可靠的信息,避免存在安全问题的食品和安全恐慌等带来的伤害。同时,消费者可以更便捷详细地了解网络食品生产过程,特别是食品原料产地信息,包括农场、农民、农产品地理生态环境等,并为消费者与生产者之间的互动提供可能,增强消费者对网络食品安全的信心。

第四,区块链技术可作用于社会大众。区块链技术在网络食品安全管理中的应用将有益于整个社会。其一,实现多赢。网络食品生产者、消费者和政府等相关主体的福利均得到改善。其二,增强信心。促进产业发展,网络食品供应链的透明度提高,食品安全保障能力得到提升。其三,重建信任。区块链技术的使用使得不法分子违法成本和被发现概率增加,从而有助于提供一个更加公平的市场环境,构建诚信社会,大幅度降低社会交易成本。此外,大众媒体在网络食品安全信息的公开与披露方面也具有明显的优势,一旦网络食品不安全的信息经其曝光,对当事企业的信誉损失和经济损失都是不可估量的。因此,大众媒体应积极参与到网络食品安全治理的区块链体系中来,在提高自身关注度的同时,又能让政府相关部门和广大消费者及时知晓网络食品安全质量信息,以便作出及时的行政措施和消费选择。

目前,区块链技术的应用尚处于摸索的阶段,政府相关部门应该加大扶持区块链技术发展政策法规出台的力度,为其营造良好的发展环境,支持关键技术攻关、重大示范应用研发、试验验证环境建设。探索符合网络食品市场方向的区块链创新评价体系,优化专项资金对区块链项目的支持方式,鼓励各地建立配套的人才政策、税收优惠政策、房租减免政策及创新激励政策等。

四、网络食品安全共治信息系统创新

(一)网络食品安全管理信息系统

管理信息系统(Management Information System,MIS)是一个以人为主导,利用计算机硬件、软件、网络通信设备及其他办公设备,进行信息的收集、传输、加工、储存、更新、拓展和维护的系统。管理信息系统能够帮助企业更好地管理和利用其资源,提高决策的准确性和速度。管理信息系统在实现信息共享方面发挥着重要作用,它可以将分散在各处的信息整合起来,提高企业内部的沟通效率。此外,管理信息系统还可以帮助企业提高生产力和产品质量,减少成本和风险,提高企业竞争力和市场占有率。例如,它可以帮助企业更好地管理供应链,优化生产过程,提高库存管理效率,降低库存成本,从而提高企业的整体效率和盈利能力。

网络食品安全管理是对网络食品生产经营行为的控制,不仅包括对网络食品生产和加工、流通和服务、食品添加剂的生产经营等环节的安全管理,也包括对用于网络食品的包装材料、容器、洗涤剂、消毒剂和用于生产经营的工具、设备生产经营的安全管理,还包括对网络食品生产经营者使用食品添加剂、食品相关产品过程的安全管理,通过规范网络食品生产者和经营者的行为来实现网络食品安全。网络食品安全管理信息系统遵循《中华人民共和国食品安全法》的规定,结合实际需求,考虑网络食品经营者的简便实用,是全国首个利用信息化实现网络食品安全监管的创新系统。此外,网络食品安全管理信息系统应符合 HACCP 原理,运用物联网、云计算等创新信息手段,将网络食品安全日常监管的基础信息收集、归纳、汇总,建立安全管理数据信息共享交换平台,实现网络食品安全工作实时、动态和科学管理,对网络食品生产、加工、消费全过程的可能危害进行识别并有效控制。①

网络食品安全管理信息系统是包括网络食品安全市场准入信息系统、网络食品生产经营信息公示系统、网络食品安全认证检测信息系统、网络食品安全监督与执法信息系统、网络食品安全监督员管理系统、投诉举报处理信息系统、网络食品安全预警及决策系统在内的综合系统,如图 4-3 所示。

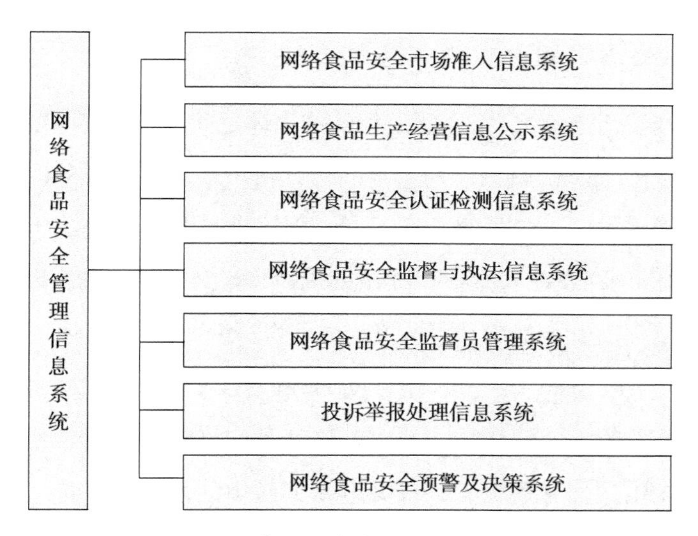

图 4-3 网络食品安全管理信息系统内部结构

资料来源:笔者整理。

网络食品安全管理信息系统的创新对于网络食品政府的监管有着重要意义。一是能率先在网络食品的流通环节实现质量安全监管的真实、全方位的信息化管理;二是能使网络食品监管者从烦琐的工作中解脱出来,快捷、高效地处理工作,进一步提高监管者自身的综合素质和行政能力;三是通过规范网络食品经营者的行为,使之养成自律习惯,是解决网络食品安全问题的根本所

① 周波、陈瑛、邱芳艳:《基于 HACCP 的网络食品安全管理信息系统的设计与实现》,《广西计算机学会 2013 年学术年会论文集》,2013 年。

在;四是全面、准确、快捷的数据处理能使网络食品的预警、追溯、监管和绩效考核变得更加轻松;五是能使网络食品监管者和被监管者之间的沟通更加顺畅、更加富有人性化,营造和谐的政企氛围;六是能使网络食品经营者的经营管理更加高效,节约了大量的人力、时间和成本,提高了经营者信息化管理水平;七是从根本上解决了长期以来网络食品安全无处下手的监管难题,使政府的治理能力和水平大为提高。

(二)网络食品安全信用信息系统

在市场经济活动中,信用主要是指经济主体之间所建立起来的、以诚实守信为道德基础的"践约"行为。网络食品安全信用是指网络食品的生产者、经营者向消费者提供安全食品的可靠程度。网络食品与普通商品不同,具有很强的信用特征,网络食品安全信用体系的创新建设具有很高的实践价值。

建立网络食品安全信用共享网络,对所有网络食品生产企业、经营企业进行信用等级考评。按照风险度和信誉度,对网络食品生产、加工、流通、消费全过程进行信用监管,并及时向社会公布,这就是网络食品安全信用信息系统。网络食品安全信用信息系统能够减少市场交易中的信息不对称,是网络食品安全治理的关键和根本。网络食品安全信用信息系统利用现代化信息技术,将网络食品安全信用体系支持和运作起来,主要包括网络层、数据层和应用层三个层次。

底层为网络层。系统的网络层由网络基础设施、服务器、客户机、传输介质等硬件设备及各种系统软件和应用软件构成,是网络食品安全信用体系的物理基础。网络食品安全信用信息的来源有政府、行业、社会三个方面:政府信息是指网络食品安全监管机关对网络食品生产者、经营者的基础监管信息,包括企业登记注册信息、企业信用档案、历史监测记录等;行业信息主要包括网络食品行业协会对企业的评价、网络食品生产经营企业的共同承诺等;社会信息主要来自新闻媒体、消费者、认证检测机构、信用调查机构等。

中间为数据层。数据层将网络层征集到的信息处理并汇总形成网络食品安全信用信息数据库,与网络食品安全信用标准进行比较,作为应用层的数据来源和应用基础。网络食品安全信用标准是网络食品安全信息评价、奖惩和披露工作的基础。为实现网络食品安全信用管理的规范化、可操作性,应以有关网络食品安全的法律法规和技术标准为基础,制定网络食品安全信用基础标准。

顶层为应用层。应用层由网络食品安全信用评价、网络食品安全信用奖惩和网络食品安全信用披露系统组成。网络食品安全信用评价系统是通过信用管理软件,运用信用评价指标和方法,依据数据层信息,对网络食品生产、经营企业的安全信用等级进行评估,包括系统评价和专家评价两个部分,保证客观性、准确性和全面性。网络食品安全信用奖惩系统是对企业信用状况进行的强化措施,表现为对网络食品生产经营企业实行分类监管。例如,对信用等级优良的企业给予表彰、宣传和支持,在某些管理事项上给予优惠和便利,建立长效保护和激励机制;对信用等级较差的企业实行重点监管,采用信用提示、警示等方式引起消费者注意。网络食品安全信用信息披露系统是将网络食品安全信用评价的结果和网络食品安全信用奖惩的措施对社会公开,通过社会舆论和宣传教育鞭挞违法网络食品生产经营者,使消费者参与网络食品安全信用管理的过程。

(三)网络食品安全风险监测与评估信息系统

网络食品安全风险监测针对网络食品生产、加工、流通、消费的全过程,由国家有关食品安全监管机关制定,实施国家食品安全风险监测计划,建立国家食品安全风险监测网络。及时发现、处理、通报网络食品存在的可能危害,并提出风险评估建议。网络食品安全风险监测分为日常监测、专项监测、应急监测,无论何种监测,信息的收集、分析、处理、传播都是其核心和实质内容。

作为网络食品生产企业,对网络食品安全风险的评估范围主要是基于网络食品,包括相关的上游原辅材料、生产工艺参数、产品包装及下游客户使用可能产生的风险。而风险评估的内容主要包括非传统网络食品安全风险、政策风险及体系风险。第一,非传统网络食品安全风险。主要是指来自网络食品原料及其加工贮运过程中的物理、化学和生物的危害,包括致病菌、农兽药残留等。第二,政策风险。主要是指网络食品安全监管政策的变动,从征求意见到批准发布,再到正式实施过渡期的风险。第三,体系风险。主要是指网络食品安全质量控制体系的有效运行。企业应随时监控其质量管理体系,如HACCP 计划等的实时状态,发现偏差后及时纠偏,避免出现因体系异常导致的网络食品安全问题。

网络食品安全风险评估由国家安全风险评估专家委员会实施,相关政府部门收集网络食品安全风险评估有关的信息和资料,从而提出安全风险评估的建议。网络食品安全风险评估专家委员会将安全风险评估相关科学数据、技术信息、检验结果的收集、处理、分析等任务委托给网络食品安全风险评估技术机构执行,并监督其工作。网络食品安全风险评估的目的是确定网络食品对人体健康可能产生的危害,并及时处理,关键在于科学性和以人为本。

网络食品安全风险监测与评估信息系统是一个集风险监测、评估、预警于一体的信息处理链条,两者是一个统一整体。网络食品安全风险监测与评估需要强大的信息技术与网络平台支持,应结合云计算技术构建网络食品安全风险监测与评估物联网综合平台。利用物联网技术对网络食品生产、加工、流通、消费过程进行跟踪管理,可以实时掌握食品生产流通的信息,及时对网络食品安全风险进行有效的分析与控制。① 网络食品安全治理覆盖的范围广、涉及的领域多、监测的指标多,利用物联网射频识别、无线数据通信等技术,可以构造一个覆盖网络食品安全治理全过程的"Internet of Food",通过计算机互联网实现网络食品及相关要素的自动识别和信息互联与共享。

① 张云霄、刘宏志:《我国食品安全监理体系研究》,《食品科学技术学报》2014 年第 1 期。

（四）网络食品安全可追溯信息系统

网络食品安全可追溯信息系统是沿着网络食品供应链，加强安全管理的创新体系，如图4-4所示。网络食品安全可追溯信息体系是通过对网络食品在生产、加工和销售各个环节进行查询和追踪，以信息的标识、采集、交换及物流跟踪等技术为依托，构建网络食品流通自上而下及自下而上的可追溯通道。将各个环节纳入网络食品安全法律监管范围内，有效防止网络食品安全事件扩散，并且能够有效追究责任主体的体系，其实施对提高网络食品的质量安全具有重要意义。①

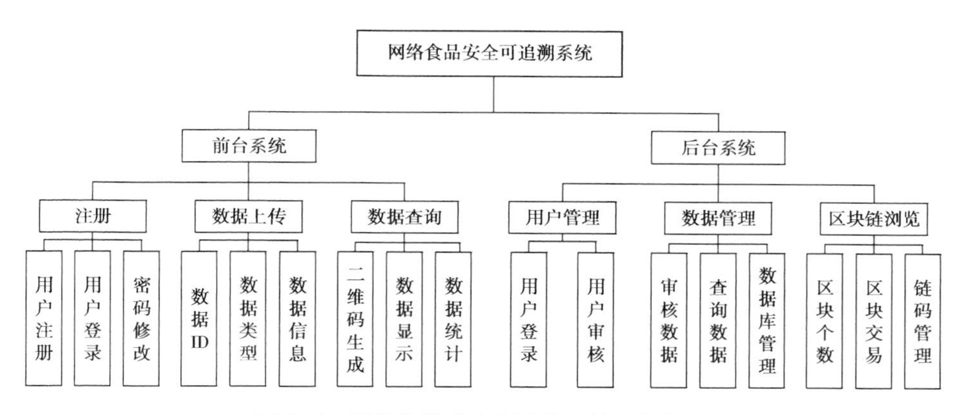

图4-4　网络食品安全可追溯系统运行机制

资料来源：笔者整理。

网络食品安全可追溯体系以信息为载体，是国内外网络食品安全领域近年来广泛采用的信息化手段。借助当前高科技技术，如物联网、云计算、大数据等，构成网络食品信息链的基础传递系统，实现网络食品来源可追溯、去向可查证、质量可保证、责任可追究。网络食品安全可追潮信息系统主要包括记

① 白慧林、李晓菲：《论我国食品安全可追溯制度的构建》，《食品科学技术学报》2013年第1期。

录管理、查询管理、标识管理、责任管理、信用管理五个模块。[①]

记录管理是通过档案管理系统来提供网络食品企业的生产经营状况及监管记录等基础信息，以便对网络食品供给者的资质、信用状况进行评估，使消费者了解交易对象的真实情况。记录管理是网络食品安全信息传递过程的信息源，也是责任追溯的终点。

查询管理是通过查询检索系统，使消费者依据网络食品编号查询所购网络食品的有关信息。查询管理的正常运行需要有计算机与网络支持，消费者可以通过计算机查询，查询检索工具的创新性与实用性是网络食品安全可追溯信息系统的关键技术之一。

标识管理由网络食品安全可追溯系统的编码、识别系统来支撑。易识别、易录入且成本低的食品唯一标识信息是构建网络食品安全可追溯系统的必备条件。与原始的纸质记录不同，利用现代信息技术，可以将不同网络食品供给者的生产、加工、运输、销售等环节信息汇集到一起，通过网络存储到中央数据库，形成电子记录，便于集中管理和快速查询。目前，关于网络食品可追溯系统标识管理的关键技术主要有全球统一标识 CSI 系统、条形码技术、射频识别技术。

责任管理由网络食品安全溯源、纠错系统来支撑。当出现网络食品安全问题时，可以通过网络食品编码信息了解网络食品的来源，确定出现问题的环节及责任者，同时可以了解网络食品的走向，确定与问题网络食品有关的产品批号及位置，及时采取纠正行动，避免更大的损害发生。

信用管理建立在网络食品安全披露、追究系统的基础之上。要求网络食品供应链上各阶段的参与者都要按国家法律法规来生产、经营网络食品，按可追溯制度来记录相应的产品信息，既保留上一阶段的产品信息，也记录本阶段

---

① 周纯洁、陈世奇、赵博等：《食品安全可追溯系统应用研究进展》，《南方农业》2014 年第 8 期。

的产品信息，保证信息的完整性和真实性。

第三节　政府治理机制完善

网络食品安全政府治理机制的完善离不开现代政府治理改革的大背景。政府现代化改革已经从传统管理型向现代治理型转变，形成了新的共识理念，即以服务社会和消费者需求为导向，政府与消费者共同参与治理。政府对市场、对社会的干预从封闭走向开放，要求政府全面激发各类社会主体的积极性和创造力，使多元力量共同参与国家治理实践。① 网络食品改变了传统食品的消费方式、交易机制和流通环节，这种基于互联网技术衍生的经济新业态易受网络食品交易的虚拟性和隐蔽性的影响。因此，网络食品安全政府治理机制的完善必须全面考虑多元主体参与所引发的机制变化，其中包括监督管理机制、责任共担机制、危机应对机制和激励保障机制。

一、完善监督管理机制

（一）完善网络食品安全治理的科学决策机制

政府各项决策的有效贯彻很大程度上取决于决策本身的科学性，网络食品安全科学决策的核心是将维护公共利益的宏观目标与多元主体参与治理的微观机制统一起来，避免政府在政策制定中因信息不全面、不准确导致决策的价值取向背离最初的治理目标。

首先，建立立法统筹重大决策的机制。坚持和加强党对立法工作的领导，完善党对立法工作的领导程序，在党对立法重大问题决策程序中统筹权责安排、机构编制和财政支持等问题，对于重大事项、重大分歧及重大矛盾要及时报告党中央决定，避免久拖不决，进一步发挥立法的引领和推动作用，提高立法质量。

① 陶希东：《政府治理能力现代化的衡量标准》，《学习时报》2014 年 12 月 8 日。

其次，细化全国人民代表大会主导立法的机制。为避免部门偏见和部门利益影响立法和机构改革，应强化民主决策、科学决策和依法决策，加快建立人大主导立法的机制。一是健全人大主导立法工作的机制，加快实施由人大相关专门委员会、人大常委会法制工作委员会组织有关部门参与起草综合性、全局性、基础性等重要法律草案的机制；二是建立以辩论为基础的逐条审议机制，完善人大代表和人大常委会委员选举和会期机制，发挥人大代表和常委会委员的作用，确保有足够的精力、时间和专业能力对立法中重点问题进行公开辩论，并作出表决；三是健全审议公开机制，通过广播电视、网络和新媒体等形式直播立法审议和表决过程，对人大代表和常委会委员会议发言和审议意见进行记录并公开；四是建立立法专家参与审议的机制，使立法专家能有效参与重大问题审议，提出审议意见，参与辩论，增强决策的专业性、科学性。

最后，完善重大立法和机构改革决策程序。《中共中央关于全面推进依法治国若干重大问题的决定》提出，要健全依法决策机制，把公众参与、专家论证、风险评估、合法性审查、集体讨论决定确定为重大行政决策法定程序，确保决策制度科学、程序正当、过程公开、责任明确。为此，应加快完善政府科学决策的程序，一是细化民主集中制要求，完善议事规则；二是建立部际协调机制，建立重大问题部际联席会议机制；三是实行重要决策会议开放机制；四是建立重大决策档案机制。

（二）保障网络食品安全治理的长效机制

为健全安全长效的政府监管机制，以达成对于网络食品的安全保障，首先需要充足的资金和设备支持。对于日常监督巡查及抽样检验的采样费和检验费等，都需要充足资金提供支持，才能更好地保障网络食品安全监管。因此，各级政府应该提供充足的资金保障网络食品安全监管工作，并结合各级监管部门的自筹，保证网络食品安全监管工作的顺利进行。

其次，提升政府检测部门的检测能力。通过整合各方资源，建立有序的检测机制,同时可采取第三方检测机制,安排年轻监管人员参与学习,逐步提高检测能力和水平。政府监督管理部门对网络食品的抽样检测要制定统一的标准和制度,对监管部门和检测部门之间的沟通机制进行规范化处理,对于基层监管工作提供有力的技术支持,提高检测力度。此外,加大政府检测部门的技术投入,也是提高检测能力的关键。针对检测人员的专业能力问题,可与相关专业院校进行沟通,建立合作机制,增加检测人员入职前的实习机会,提高其实践能力,同时有效补充检测部门的检测力量,提高检测效率。

最后,加强网络食品安全市场监管机制的建设,构建纵向贯通、横向联通的网络食品安全监管机制。在纵向贯通上,深入展开“双随机、一公开”的执法检查模式,围绕网络食品经营重点领域,提高网络食品安全的监管执法能力;围绕执法难点,探索疏导规范,进行合理有序的网络食品监管。在出现网络食品安全问题后,可以通过相关营业和手续进行追查溯源。在横向联通上,政府网络食品安全监管工作由多部门协同监管,包括国家市场监督管理总局、公安部、农业农村部、国家卫生健康委员会、海关总署、国家药品监督管理局、国家知识产权局等多个监管部门,对各环节监管专业性要求较高。因此,各监管部门应加强沟通,提高协作能力,打破“条块化”监管壁垒,实现部门之间网络食品安全信息的共享,根据各地方监管实情,加强网络食品安全的网格化管理,确保网络食品安全问题能够早发现、早报告、早解决。

(三)增强网络食品安全监管机制的执行力

实现良好治理没有一劳永逸的机制,需要政府具备根据网络食品安全情势不断变化的适应能力和创新能力,采用新型规制手段,不断将传统与现代相融合。① 面对当前网络食品安全治理形势的变化和公众的迫切需求,政府应通过不断优化治理结构和更新治理方式等,增强监管机制的执行力。

---

① [德]康何锐著:《市场与国家之间的发展政策:公民社会组织的可能性与界限》,隋学礼译,中国人民大学出版社 2009 年版,第 21 页。

首先,优化网络食品安全的政府治理结构。治理的实质,是政府与公众对政治生活的合作管理。① 让公众享有更多参与网络食品安全治理的权利,是对政府中心治理结构的优化,是政府与公众的关系从集权走向分权、从管制走向合作的直接体现。以行政命令的形式自上而下贯彻政府的食品安全强制标准或规则的管理模式,虽然政策执行力较为稳定,但缺乏沟通、风格固化,难以适应不断变化的社会环境。而网络食品安全治理结构应当是建立在市场机制基础之上,由政府和社会公众以公共利益为目标形成的合作网络,这种治理结构的特点主要体现为,一是注重政府与企业、社会组织、公众平等合作;二是以合作伙伴关系实现双向互动转换,确保政府对网络食品安全情势和社会需求的变化迅速作出反应;三是以人民群众是否满意为核心,明确政府有关网络食品安全的决策、标准和规则是为了更好地实现社会公共利益。②

其次,更新网络食品安全的政府治理方式。更新政府治理方式是完善网络食品安全治理机制的核心部分。传统食品安全政府治理主要是要求食品生产经营者遵守强制性规则或标准,对不遵守者予以惩罚。这种强制性方式最为直接,但却面临信息不充分、管理机械、效率低下的缺陷。而网络食品安全治理虽然离不开权力的介入,但应淘汰那种将公共利益及其实现简单地等同于政府实施强制性行为的观念,提倡采用柔性激励手段(如建议、指导、协商、契约等),可以弥补传统强制性治理方式的不足,最大限度地发挥社会公众的参与潜能。③

最后,建立强制与激励相结合的递进式治理方式。实现先柔性后强制、先自治后他治的顺序,通过企业自我约束、网络食品行业自律、非强制行政行为,

---

① 俞可平著:《敬畏民意:中国的民主治理与政治改革》,中央编译出版社 2012 年版,第 148 页。

② 周光辉:《从管制转向服务:中国政府的管理革命——中国行政管理改革 30 年》,《吉林大学社会科学学报》2008 年第 3 期。

③ 罗豪才、宋功德:《公域之治的转型——对公共治理与公法互动关系的一种透视》,《软法与公共治理》2006 年第 5 期。

直至以强制性处罚作为最终保障。网络食品安全政府治理方式的更新涉及两种方式，一是柔性协商的方式，以“疏”为主的动态稳定开始逐渐替代以“堵”为主的静态稳定。[①] 将网络食品安全治理理解为以一种引导方式（如通过信息指引、技术指导和道德劝导等），从正面影响网络食品生产经营企业的利害判断和行为选择。二是契约合作的方式，政府的行为方式应转命令为协商，转独占为合作，这在网络食品安全领域更为重要。[②] 通过平等协商订立网络食品安全风险合同，监管机构将兑现合同约定的正向激励，如减免税收、低息贷款、技术开发资助等；[③]反之则给予负向激励（如支付费用、剥夺荣誉称号等），更能有效激发网络食品生产经营企业主动提高食品安全水平的积极性。

二、完善责任共担机制

（一）建立监管跨部门责任共担机制

责任共担是合作治理的前提和基础，责任分割和认定是协同治理中的难点。在一定程度上，网络食品安全监管跨部门的协同治理将原本由单一部门承担的监管责任，转移由多个部门协同来承担，会造成监管责任认定时的困难。因此，责任分担成为跨部门间网络食品安全政府监管中的主要障碍之一。

首先，明确网络食品安全监管各部门的监管职责。网络食品安全监管部门之间采取的行政缔约机制或行政协议的协同合作，应当且必须建立在政府部门监管职责划分明确的基础上才能有效。如果职责划定问题得不到解决，协同治理的效果就不能够体现出来。监管部门间的责任共担机制实施必须从源头上着手，对政府网络食品监管各职能部门的职责进行科学梳理、科学鉴定

① 俞可平：《中国治理变迁 30 年（1978—2008）》，《吉林大学社会科学学报》2008 年第 3 期。

② 李树林：《推进国家治理体系与治理能力现代》，《内蒙古日报》2012 年 12 月 20 日。

③ 宋慧宇：《食品安全监管模式改革研究——以信息不对称监管失灵为视角》，《行政论坛》2013 年第 4 期。

划分。对于存在监管职能交叉重叠之处,可通过业务流程再造,对部门间职责流程进行再设计和再优化。

其次,细化网络食品监管各部门的治理责任。在网络食品监管权力配置中,对于不能划清的部门职责范围,必须通过进一步明确相关政府部门的履行责任,以正式文件形式确定谁是主体监管责任部门、谁是次要配合监管责任部门。在监管履职过程中,每个监管部门都被赋予了既可能扮演主体监管,又可能扮演配合监管的职责。当政府跨部门协同治理过程中,发生侵害网络食品安全监管利益或者导致协同治理失败时,依据政府部门正式确定的责任分担制度,按照责任的归属来对相关责任部门作出处理。如果没有相应的责任归属设计,一旦跨部门监管协同出现问题,上级部门难以进行责任分担界定,那么就会失去协同治理的真正意义。

最后,完善网络食品监管跨部门协同治理的各方职责。在网络食品安全监管中,政府跨部门协同治理各方有效的落实职责是推动网络食品监管跨部门合作的重要支撑力量。有效协同、有效推进、真正落实是其中的关键点。在建立分工明确、职责清晰的监管权责基础上,通过科学的政绩考核设置,提升网络食品监管跨部门协同的合力。同时,在网络食品安全监管当中,应建立完整有效的政府部门责任清单,这一机制是厘清监管部门责任的有力抓手。清单管理有利于将政府网络食品监管部门之间的权力和责任划分明确,梳理清晰。运用责任清单将存在于监管部门内部的治理责任一一标列出来,从制度上减少甚至避免监管部门之间职责的冲突,为政府责任共担机制的完善奠定基础。

(二)建立监管跨部门合作信任机制

在网络食品市场中,形成紧密的纵向合作关系的核心问题是建立起良好的合作信任机制。合作与信任是市场交易的前提,也是维系紧密交易关系的纽带。因此,建立良好的合作信任机制是解决我国网络食品纵向合作程度不紧密及由此产生的各种问题的关键。

合作过程中信任的建立必须遵循一个科学的过程,这个过程包括四个阶段:第一,降低不确定性阶段;第二,明确权力阶段;第三,交易持续阶段;第四,评判交易结果阶段。在完成了一次交易,开始下一次交易前,作为理性人一定会对上一次的交易结果进行评判。若评判结果是满意,则双方交易得以持续;若评判结果是不满意,则当事人失去信任,不再合作。因此,为了建立与网络食品市场经济制度相契合的合作信任机制,可以重点开展以下工作。

首先,建立平等的沟通机制。若缺少沟通机制,则难以实现跨部门的有效沟通。在跨部门协同治理机制设置中,要建立起平等的沟通机制,以实现跨部门间有效协同沟通。平等沟通的机制适用于部门之间或部门人员之间,包括建立圆桌会议、政策论坛等形式,建立平等的对话,为共同协商提供沟通平台。

其次,建立基于信任的合作机制。协同政府提倡各部门之间的合作和一致,部门之间的关系是平等的,既不是层级间的责任关系,也不是供需双方的合同关系,而是一种相互信任的关系。根据既往对社会成员相互之间信任程度的研究,可以将社会划分为两类,一类是高度信任的社会,另一类是低度信任的社会。对于高度信任的社会,相互信任被视为实现跨部门协同的重要因素;而对于低度信任的社会,加强跨部门合作信任机制建设的重要性不言而喻。建立合作信任机制,首先要从部门工作人员之间建立信任关系着手,逐步形成部门之间共识性的价值和目标。

(三)建立监管跨部门治理运行机制

在政府治理的运行机制层面,跨部门协同主要是从制定政策、开展公共项目、联合提供公共服务及联合开展行政执法四个方面来推进实现。在涉及网络食品安全监管政府部门时,每一个政府部门都有自身的优势资源,通过整合这些资源和力量实现跨部门优势互补,对复杂的网络食品安全监管问题开展整体性治理。

首先,建立跨部门政策协同机制。针对整体性的网络食品安全监管问题,各部门之间应通过共同制定整体性的公共政策,建立稳定的政策协同机制。目前,联合制定政策是跨部门协同治理运行的常用工具。以中央政府为例,各部委之间经常以联合发文的形式共同解决某个政策问题,但是这种联合发文政策的稳定性还不足,没有形成稳定的,具有普遍性、广泛性的政策协同机制。因此,针对跨界特性突出的政策问题,我国已建立部分跨部门协调机制,例如国家网络食品安全委员会、国务院安全生产委员会等,但是这种结构性优势还未转化为所期望的效果。除了行政原因外,程序机制不明确和运行细节不完善也是重要原因,这就需要建立具有标准程序和实质意义的跨部门政策协同机制。

其次,建立跨部门行政执法联动机制。在网络食品安全监管方面,针对跨界长期性的执法问题,需要强化多个部门联合行动,建立高效的跨部门联动机制。在当前网络食品监管部门执法的体制格局下,建立跨部门联合行政执法机制,整合分散化、碎片化的执法力量,既能发挥部门分工执法的专业优势,又能体现联动的整体效果。结合我国正在推进的综合执法体制改革,除了应使行政处罚权相对集中以外,还要实施具有跨部门联合执法性质的综合联动模式,不仅要从机构上整合执法力量,更要从机制上形成跨部门的执法合力。

最后,建立跨部门信息资源共享机制。信息资源在推进跨部门协同活动中具有两重功能和意义,一方面,发达的信息技术为跨部门协同活动提供技术保障和支撑,推动跨部门协同理念的技术实现;另一方面,信息技术通过影响监管人员的习惯和行为,使得跨部门协同走向常态化,推动制度层面上跨部门协同的变革和创新。目前,我国政府各个部门的电子政务建设仅仅停留在部门内部的信息发布和信息交流上,并未在信息系统中体现出以工作主题和治理问题为核心的协同工作效能。因此,应将信息技术应用于政务关系,实现技术和管理在手段上的协同,同时整合现有部门之间的信息系统,消除部门之间的信息孤岛。以跨部门共同治理主题为核心建设跨部门协同政务体系,为跨部门协同治理提供可靠的信息技术支撑。

三、完善危机应对机制

(一)构建实时的事前危机预警机制

政府对网络食品安全危机的处理不能仅停留在事发及事后的干预和补救上,必须将治理的关口前移,针对引起不利后果的一切可能性或不确定性进行超前预防与处置。通过构建科学合理的危机预警机制,可以从根源上防止、掌控和解除网络食品安全危机带来的损害,确保政府及时准确地作出防范措施,将危机遏制在萌芽之中。

首先,尽可能减少“风险源”的出现。当前,影响网络食品安全的“因子”不断增加,可能引发科学上尚无定论的、具有相当不确定性的食品安全风险。最保险的做法就是尽量避免和减少网络食品生产与有害性因素之间的联系,降低网络食品安全风险发生的可能性。因此,政府监管部门需要通过广泛地衡量和参考不同主体的知识和经验,从而最大程度地避免信息的不确定性带来的风险,例如通过专业手段识别某些原材料或生产技术用于网络食品可能会对人类健康造成损害,即提前禁止应用。① 同时,一旦通过信息收集和监控发现“风险源”,要立即进行风险评估,作出正确判断并发出预警,争取将风险消灭在萌芽中或采取措施减少可能的损失。针对网络食品安全领域设置检测指标,除了政府监管部门常规的执法巡查、检查、监测、通报等行为外,更要设置与社会交流信息的渠道,以便及时掌握各种网络食品安全风险信息,使所有受影响者均能参与危机预警机制。②

其次,优化网络食品安全危机信息的报告机制。网络食品安全危机的信

① 戚建刚:《食品危害的多重属性与风险评估制度的重构》,《当代法学》2012 年第 2 期。

② 金自宁:《风险决定的理性探求——PX 事件的启示》,《当代法学》2014 年第 6 期。

息报告机制,既包括横向上的报告机制,即监管部门对领导决策机构的信息报告;又包括纵向上的报告机制,即下级监管部门对上级监管部门的信息报告。危机信息管理系统是指依托当代先进的互联网科技而创建,为实现政府各部门之间的信息融合与资源共享所搭建起的网络信息统一管理平台。在这个平台的基础之上,可提供信息与技术上的联结,推动危机预警系统作用的发挥,从管理角度起到联络沟通的核心作用。当预警系统接收到了来自不同信息源头的危机迹象时,便立即启动危机预警机制,同时开始预警工作。

最后,基于横向报告机制,为解决网络食品危机事发时的信息不对称问题,急需建设与优化危机信息的报告制度,依据危机事件的紧迫性程度来进一步完善与细分对外报告的渠道与方式,并及时相互协作配合制止危机事故的扩散。基于纵向报告机制,有必要健全重大突发性危机事件的特殊报告模式,创建逐级报告与越级报告相辅相成的报告体制。

(二)构建迅速的事中风险应对机制

由于网络食品的特殊性,其安全风险很难通过检测与排查完全预测和防范,一旦危机爆发,需要政府在最短时间内准确判断形势、控制事态,避免负面影响持续扩大和蔓延,造成更大的伤害和恐慌。因此,构建迅速的事中风险应对机制对政府而言刻不容缓。

首先,网络食品安全危机的突发性和紧迫性决定了政府必须具有较强的应变能力。其一,政府的决策指挥在网络食品安全危机应对中居于核心地位,包括立即评估危机状态、制定应对方案、选择应急预案、调度人员和资源、不断进行组织协调等一系列行为。由于危机决策是一种决策权力集中的快速决策、非程序性决策、权变式决策、有限理性决策,因此对决策者的综合素质提出了较高的要求。① 其二,应变能力的强弱,关键取决于主体危机意识的强弱及

① 廖业扬:《论政府公共危机治理能力的再造》,《广西民族大学学报(哲学社会科学版)》2010年第4期。

应对危机的各种准备和条件的充分性,政府必须预先制定完备的应急预案而不能仓皇应对,完备的应急预案应包含六大要素,即情景设置、应急准备、监测预警、应急响应、后期处置和调查总结。①

其次,政府应确立网络食品安全危机事件的应急处理指挥机构。当危机发生之时,迅速成立专业的、权威的、高效的危机应对处理小组。在职能配备上,应赋予危机应对处理小组高于日常状态的领导决策能力与资源调配能力,以保障其危机应对工作的主动性与快速性;在职能分工上,赋予危机应对处理小组向广大群众公布网络食品安全危机最新信息及作出声明与解释的权力,以保障社会公众的知情权;在职能行使上,赋予危机应对处理小组制定与审查危机应对方案和工作程序的权力,以确保各组成部门能够协调一致听指挥,推动危机管理工作朝着预定的轨道进行;在职能管理上,应建立起专门的危机管理工作机构,赋予其记录与保存重大网络食品安全危机工作经验与工作资料的职能,在各网络食品安全监管部门之中承担起日常协调沟通联络的职能。

最后,政府应建立起社会多元化参与的群防机制。网络食品安全危机事件的牵涉面十分广泛,治理工作是一项纷繁复杂的系统管理工程,需要以政府部门为主导,引领多元化的社会力量参与,搭建网络食品安全群防群控的可靠、有效防线。形成以“政府为中心、非政府组织为桥梁、社会公众为根本”的多元化危机应对管理主体;建立多样性社会力量的参与制度,通过构建制度化的法律法规,进一步完善公众与各类社会团体成员的规范化参与渠道;形成多元化社会力量的协调一致,只有这样才能促使各类社会力量彼此发挥优势、合作共赢,取得解决危机的更好效果。

(三)构建稳妥的事后管理补偿机制

网络食品安全问题带来的消极影响不可忽视。一方面,会对消费者的身

---

① 夏保成等:《我国专项应急预案完备性评估指标与方法探讨》,《河南理工大学学报(自然科学版)》2012 年第 1 期。

体健康造成极大危害,这种损害具有隐蔽性与潜在性;另一方面,会使人民群众对网络食品安全产生信任危机,影响社会稳定。

首先,政府经济补偿必不可少。对于因为不安全的网络食品遭受损失的受害者,政府需要给予慰问,以经济补偿的方式等帮助受害者家属度过危机。同时,受害者及其家属的心理安抚至关重要。网络食品安全危机带来的极大危害性必然会给受害者及家属带来心理上的恐惧,甚至给社会大众带来无形的负面影响。因此,政府应运用强而有力的法律及行政手段严厉打击生产和销售安全存在问题的网络食品责任人,安抚家属心理,竭尽全力协助受害者及家属重拾信任,回到正常生活的轨道上来。

其次,完善网络食品安全危机的问责机制。政府除了运用行政的、法律的、舆论的手段对网络食品安全危机的制造者和参与者予以制裁以外,更主要的是要进一步完善网络食品安全危机的问责机制,强化责任制的考核,实行一票否决制,减少区域性、系统性网络食品安全问题的发生。

为此,政府需明确实施问责机制的主体部门和责任人,规定各级政府和网络食品安全监管部门为问责主体,各级网络食品监管部门的领导和全体监管工作人员对网络食品安全工作负有全责;明确问责机制的考核内容和方式,考核内容主要包括监管体制、履行职责、专项整治、监督检查、应急管理等,考核方式主要包括自查自评、平时考核、定期考核等;明确问责机制的责任追究情景,对于不认真依法履行监管职责导致网络食品安全问题的,对于执法工作中推诿扯皮、失职渎职、不作为、乱作为的,对于酿成重大网络食品安全事故、造成严重影响后果的,必须依法严肃追究责任。

四、完善激励保障机制

(一)完善网络食品安全监管的激励机制

作为网络食品安全监管者,政府处于多重甚至冲突的制度环境中,在其影响下，监管者面临职位晋升、避免惩罚、物质收益和精神收益的多重激励因素。在网络食品监管市场和被上级监管者监管的过程中，监管者往往进行着成本和收益的计算比较。基于预期成本和预期收益视角，网络食品安全监管者通常受到四个激励因素影响，如图 4-5 所示，政府应相应地完善激励机制，以达到激励监管者高效监管网络食品安全的效用。

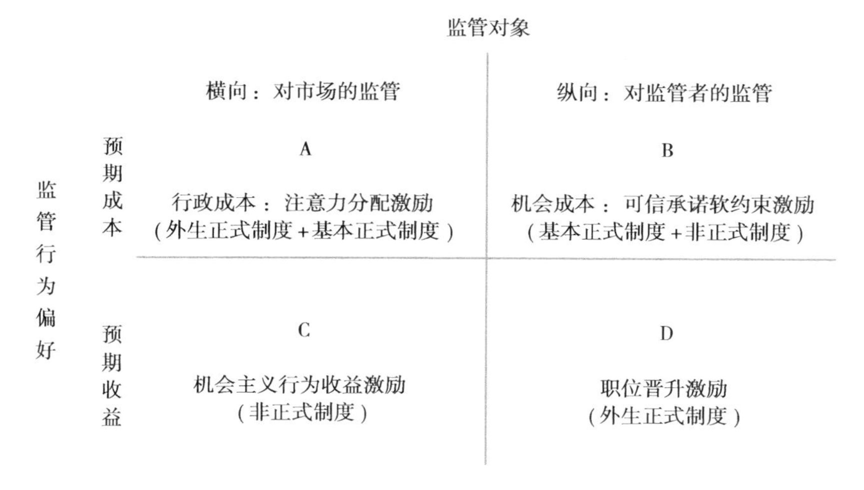

图 4-5　基于预期成本和预期收益视角的激励因素

资料来源：笔者整理。

在注意力分配激励方面，注意力分配的问题即社会时间的分配问题。在制度的约束下，监管者并不能随心所欲地安排自己的全部时间和节奏。网络食品安全监管者的注意力分配受多重制度的约束，其中正式制度规定了监管者的行为集合，网络食品安全领域双重监管体制（地方政府和上级职能部门）的考核和激励又会使监管者对其有限的注意力进行分配和优先次序排列。对于网络食品安全监管者而言，对一项任务分配过多注意力，在一定程度上分散了工作人员理应发现和处理更有价值的网络食品安全潜在风险的注意力。因此，正式制度及监管体制一方面对监管者行为进行约束，另一方面形成了对其行为策略的激励导向，同时具有双向激励作用。

在可信承诺软约束激励方面，监管机构在实施相关制度的过程中，可能存在可信承诺软约束问题，这是造成“依法抢劫”“合法伤害”等事件发生的原因。可信承诺是指符合合理性要求的承诺，分为动机意义和强制意义上的可信承诺，前者是自我实施的承诺，后者是通过外在约束保证的承诺。网络食品安全监管的可信承诺，在动机意义上表现为正式制度作出的宏观规定，使监管者在制度实施的具体情境中对自我实施行为的承诺不能确保，可能出现侵害监管对象权利的行为；在强制意义上表现为对监管者违法违规行为约束和处罚的承诺，如果约束力不足，对前者是一种变相激励。因此，这一激励机制在网络食品安全监管中主要表现为及时对监管者违规行为的惩罚。发生重大网络食品安全事件后，对事故主要责任人的处罚如若不能发挥威慑和警戒作用，会使其他监管者形成惩罚可信承诺软约束的心理预期，甚而导致更多违规行为。

在机会主义行为收益激励方面，网络食品安全监管机构内外的信息不对称使监管者有从事机会主义行为的倾向。监管者可能对信息进行隐瞒、误导、歪曲等，这些操作都使其有获利的可能，获得的利益成为强化这一行为的动机和激励。机会主义行为主要体现为监管俘获和“搭便车”行为。因此，当出现监管者明知企业有违法行为，却为获取物质或其他收益而对其减轻或免除处罚的现象时，必须对出现机会主义行为的监管者给予严厉惩罚，促使反向激励监管者作用的发挥。

在职位晋升激励方面，监管者会自觉将晋升指标作为自己行动的方向，以获得未来职业晋升的机会。对于网络食品安全监管者而言，其激励不仅来自身份地位、工资收入等经济利益的获得，更多地来自将来的升迁机会。

（二）建立网络食品企业的强制责任保险机制

食品安全事故一旦发生，特别是重大食品安全事故的发生，一定会面临以下两个问题：一是对于消费者来说，身体健康可能受到损害甚至危及生命，而且可能得不到及时、足额的赔偿。二是对于食品经营者来说，极有可能并无足够能力支付巨额赔偿金,即便到了破产的程度,也不能解决支付赔偿金这一对于受害者身体健康恢复甚至是维系生命至关紧要的问题。因此,就社会整体而言,需要通过食品安全责任保险制度分散食品安全事故所带来的损害,保障受害人权益。

事实上,国外早有强制实行网络食品责任保险机制的先例。相比之下,我国尽管有一些保险公司也专门推出了网络食品安全责任险,但只有极少数网络食品企业会主动选择投保。如果对关系到国计民生的网络食品安全责任保险实行强制与半强制相结合的方式,可有效提高投保率。借鉴《中华人民共和国道路交通安全法》的做法,政府应尽快通过立法形式建立强制性网络食品安全责任保险机制,前期可通过专业责任保险公司与有关教育行政、商务、卫生等主管部门及品牌企业合作,在校园营养餐、放心早餐、工作午餐等网络食品订购项目中进行试点,待经验成熟后,再进行全面推广。

(三)完善网络食品的公益诉讼救济机制

政府在进行网络食品安全治理的过程中,可以借助公民的诉讼权及索赔权来解决网络食品安全问题。网络食品安全公益诉讼救济机制在网络食品安全保障中是社会参与不可缺少的部分,只有完善与优化该机制,网络食品安全保障才能有效地发挥作用。

在现有法律规定的基础上,首先应明确具体提起公益诉讼的主体为在网络食品安全问题中合法权益受到侵害的消费者个人。网络食品安全属于公共卫生领域,网络食品出现问题也往往会损害社会公共利益,因此社会个人应当具有提起公益诉讼的权利。“无救济即无权利”,只有当社会个人的参与结果得到公正的决断和保护时,才能激发社会公众参与治理的积极性和主动性。

此外,合法权益受损的消费者应当向检察机关寻求法律上的支持。此举既符合检察机关的法律监督职能,也符合《中华人民共和国民事诉讼法》的第十五条规定。[①] 检察机关在一定程度上可以扭转消费者在法律适用、证据搜集、诉讼对抗和巨大诉讼成本等方面的劣势局面。因此,检察机关的监督在一定程度上鼓励并支持了社会公众参与保障网络食品安全的积极性和有效性。

同时,应将中级人民法院设为管辖法院,具体包括网络食品侵权行为实施地、侵权行为结果发生地和网络食品企业所在地的中级人民法院。由于网络食品安全公益诉讼涉及众多消费者,对管辖区有重大影响,因此为了保证审判效果,由中级人民法院管辖为宜。这样有利于形成良好的舆论引导作用,易于调动管辖区内社会公众的关注、激发其参与治理的积极性,促进诉讼高效解决,最终保障消费者的权利得到及时有效的保障。

最终审判结果应适用于所有提出诉讼请求的权益受损的消费者。为了节约审判资源,原则上对于审判结束后提出请求的消费者直接适用本案诉讼结果。此举不仅有利于快速弥补消费者的利益损失,而且有利于网络食品生产经营者加强自律,从而减少网络食品安全问题的发生。为了完善网络食品安全公益诉讼救济机制,有关公益诉讼标准、诉讼中的调解、诉讼费用的支付等,也应当有别于普通民事诉讼。总而言之,唯有将网络食品安全公益诉讼救济机制的问题解决,才能激励更多的社会公众参与保障网络食品安全。

---

① 《中华人民共和国民事诉讼法》第十五条:"机关、社会团体、企业事业单位对损害国家、集体或者个人民事权益的行为,可以支持受损害的单位或者个人向人民法院起诉。"

第五章　网络食品安全风险内部自治机制创新

网络食品平台生态系统由网络食品平台企业和平台企业的利益相关者构成，网络食品平台企业的利益相关者包括平台管理者、供应商、线上零售商、传统食品企业、线下分销商、物流公司、平台运营维护人员、消费者、快递员、政府部门、媒体、环保组织、废弃品回收企业等。网络食品平台企业与利益相关者以及利益相关者之间是互惠共生和竞争共生的关系，治理网络食品交易风险的关键是基于平台生态系统内成员的共生关系来设计系统内部自治机制。网络食品风险内部治理机制又分为正式治理机制和非正式治理机制，前者包括契约机制、信息共享机制、监管机制和全产业链治理机制等，后者包括声誉、合作与信任、企业文化和共同价值观等。

第一节　内部共生关系研究

探寻网络食品风险产生的原因、判断风险的大小及其风险传导的路径是实现内部自治的前提。利益相关者理论可以用于分析网络食品内部不同成员的共生关系，通过构建以平台企业为核心、包含平台企业利益相关者的网络食品平台生态系统，探究网络食品风险产生的原因与传导路径，为实现网络食品风险内部的有效治理提供新思路。

一、利益相关者的含义

利益相关者理论产生于20世纪60年代,它是在对西方国家奉行"股东至上"公司治理理念的质疑中逐步发展起来的。[①] 贾生华和陈宏辉(2002)认为,利益相关者是指那些在企业的生产活动中进行了一定的专用性投资,并承担了一定风险的个体和群体,其活动能够影响或者改变企业的目标,或者受到企业实现其目标过程的影响。[②] 这一定义既强调了投资的专用性,又将企业与利益相关者的相互影响包括进来,是比较全面和具有代表性的。米切尔和伍德等(Mitchell 和 Wood 等,1997)详细梳理了利益相关者理论产生和发展的历史。[③]

网络食品内部的核心企业是平台企业,平台企业有一定的特殊性,拥有支持市场中不同群体交互的开放性系统。相较于传统企业,平台企业打破了时间和空间的限制,更具效率和影响力,利益相关者也更多。根据平台企业生态系统的运作特点,可以将平台企业利益相关者界定为"以平台为媒介,通过对平台企业进行专用性投资而对平台具有支持、管理功能,能够与平台企业发生直接或间接相互作用,并对平台企业目标实现产生影响或受平台企业实现目标过程影响的个人、群体与组织。"

以外卖平台为例,外卖平台的利益相关者有平台管理者、商家、平台运营维护人员、消费者、骑手、供应商、政府部门、废弃品回收企业,如图 5-1 所示。在不同利益目标的驱动下,外卖平台的利益相关者之间形成差异化的利益关系,从而对不同的利益相关者在从事企业管理活动或政策实施过程中的目标

---

① 任海云:《利益相关者理论研究现状综述》,《商业研究》2007 年第 2 期。

② 贾生华、陈宏辉:《利益相关者的界定方法述评》,《外国经济与管理》2002 年第 5 期。

③ Mitchell R. K., Agle B. R., Wood D. J., "Toward a Theory of Stakeholder Identification and Salience: Defining the Principle of Who and What Really Counts", *Academy of Management Review*, Vol.22, No.4, 1997.

产生影响，并在动态的过程中实现利益的逐步均衡。①

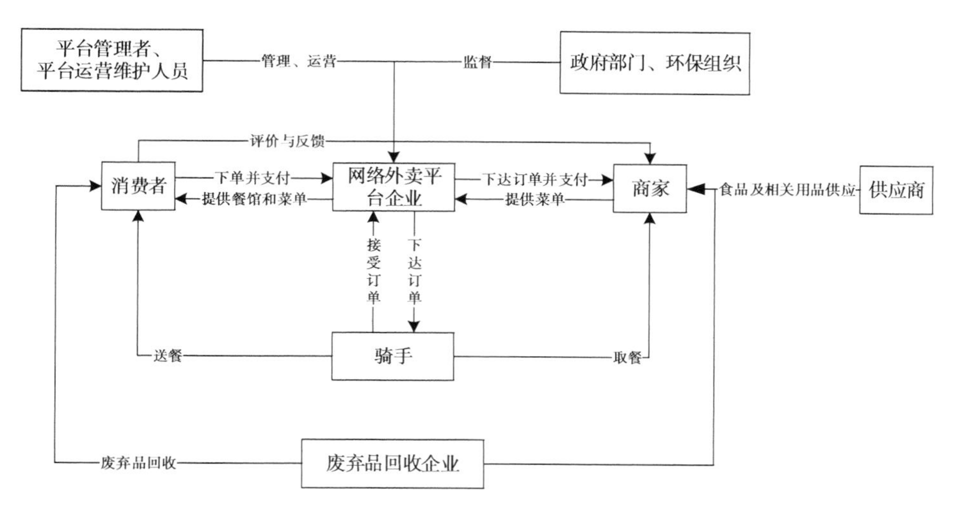

图 5-1　网络外卖平台的利益相关者

资料来源：笔者整理。

二、利益相关者的分类

明确网络食品平台企业的利益相关者之后，还需要进一步确定利益相关者对平台企业的影响、受企业活动影响的程度，以及成员之间的共生关系。多纳德逊和邓非（Donaldson 和 Dunfee，1994）指出，列出一个大公司的每一个可能有资格作为利益相关者的人，造成的结果往往是把具有极不相同的要求和目标的相互交接的群体混在一起。② 事实上，不同类型的利益相关者对于企业管理决策的影响以及受企业活动影响的程度是不一样的。

在 20 世纪 80 年代初期至 90 年代中期，多维细分法是最为常用的利益相

---

① 高艳、王纬：《地方政府投融资平台：利益相关者与分配失衡的格局》，《地方财政研究》2014 年第 7 期。

② Donaldson T.，Dunfee T. W.，"Toward a Unified Conception of Business Ethics：Integrative SocialContracts Theory"，*Academy of Management Review*，Vol.19，No.2，1994.

关者分类工具。多维细分法是指从一个或多个特征维度出发对利益相关者进行分类。20 世纪 90 年代后期,米切尔(Mitchell)、阿格尔(Agger)和伍德(Wood)提出了米切尔评分法,根据合法性、权利性和紧迫性三个属性对利益相关者群体进行划分。若三个属性同时具备,则为确定型利益相关者;若只具备两个属性,则是预期型利益相关者;若只拥有一个属性,则是潜在型利益相关者。其中,合法性是指某一群体是否被赋予法律上的、道义上的或者特定的对于企业的索取权;权利性是指某一群体是否拥有影响企业决策的地位、能力和相应的手段;紧迫性是指某一群体的要求能否立即引起企业管理层的关注。米切尔评分法的提出大大改善了利益相关者分类的可操作性,极大地推动了利益相关者理论的应用,对利益相关者的思辨式研究延伸到实证研究,并逐步成为利益相关者分类最常用的方法。

基于米切尔评分法在划分利益相关者方面的优势,本节根据米切尔评分法对网络食品平台企业的利益相关者进行分类,包括平台管理者、供应商、线上零售商、传统食品企业、线下分销商、物流公司、平台运营维护人员、消费者、快递员、政府部门、媒体、环保组织、废弃品回收企业等,如表 5-1 所示。接着,进一步分析利益相关者间的共生关系。①

表 5-1　网络食品平台企业利益相关者分类

利益相关者	紧迫性	权利性	合法性
确定型利益相关者			
平台管理者	高	高	高
平台运营维护人员	高	高	高
政府部门	高	高	高
供应商	高	中	中

① 高艳、王纬:《地方政府投融资平台:利益相关者与分配失衡的格局》,《地方财政研究》2014 年第 7 期。

续表

利益相关者	紧迫性	权利性	合法性
预期型利益相关者			
消费者	高	低	中
线上零售商	高	低	中
物流公司	中	中	中
潜在型利益相关者			
传统食品企业	中	低	低
线下分销商	中	低	低
快递员	低	低	中
媒体	中	低	中
环保组织	高	低	低
废弃品回收企业	中	低	低

资料来源:笔者整理。

三、利益相关者间的共生关系分析

网络食品平台企业属于新兴商业形态,内部制度和外部法律法规尚不完善,企业面临着复杂的环境威胁。企业为了增强环境适应能力,应根据利益相关者的利益诉求自动调整自己的目标和行为,促进系统的价值创造能力。因此,需要用发展的、动态的思维来看待其演化过程,而不是仅局限于单一的空间或时间的维度。

在多变、不确定的环境条件下,网络平台商业生态系统是一个复杂适应系统(Complex Adaptive Systems)。[①] 复杂适应系统理论中的系统成员具有层次性、独立性、适应性,同时还考虑到环境变化带来的影响,能够从多个维度总体

① Peltoniemi M.,"Cluster, Value Network and Business Ecosystem: Knowledge and Innovation Approach", *Organisations, Innovation and Complexity: New Perspectives on the Knowledge Economy Conference*, 2004.

把握生态系统的演化运行机制。[①] 这样的复杂适应系统是由在形式和能力方面有差异的主体组成,并且主体之间受规则约束、相互作用。随着环境的变化和自身经验的积累,主体之间通过不断变革规则来相互适应。[②] 因此,平台型商业生态系统作为一种新的商业模式,需要从整体角度出发,关注其参与主体的多样性、交易关系的多重性、交易规则的灵活性。[③]

共生的概念源于生物学研究,德贝里(Anton de Bary,1879)最早将共生定义为不同生物密切地生活在一起。由于世界是不断变化的,物质是相互影响的,共生现象也广泛存在于社会系统中。20 世纪 70 年代,国外学者将共生思想引入企业管理中。1977 年,汉南(Michael Hannan)和弗里曼(John Freeman)论述了组织与环境关系的"适应性理论"(Adaptation Theories),初步提出了组织种群的生态模型。我国学者袁纯清首次将其引入社会学和经济学的分析中,并构建了适用于这一范围的共生理论。[④⑤] 共生理论认为,共生关系指的是一定的共生单元在一定的共生环境中通过一定的共生界面按照一定的共生模式所形成的密切联系的关系。[⑥] 平台生态系统中的共生单元指的是网络食品平台企业的利益相关者;共生环境则包括能够对网络食品平台企业造成影响的政府政策环境、经济环境和信息环境等;共生界面包括平台应用程序、APP 等有形界面和监管标准、行业规范等无形界面;共生模式按照合作持续性递增可分为点共生、间歇共生、连续共生和一体化共生等;共生关系通常有对称互惠共生、非对称互惠共生、偏利共生、寄生、竞争共生。

---

① 侯赟慧、卞慧敏、刘军杰:《网络平台型商业生态系统的演化运行机制研究》,《江苏商论》2019 年第 3 期。

② Holland J.H.,"*Complex Adaptive SystemReading*",Addison Wesley,1995.

③ 吕鸿江、程明、李晋:《商业模式结构复杂性的维度及测量研究》,《中国工业经济》2012 年第 11 期。

④ 袁纯清著:《共生理论:兼论小型经济》,经济科学出版社 1998 年版。

⑤ 袁纯清:《共生理论及其对小型经济的应用研究(上)》,《改革》1998 年第 2 期。

⑥ 冯锋、肖相泽、张雷勇:《产学研合作共生现象分类与网络构建研究——基于质参量兼容的扩展 Logistic 模型》,《科学学与科学技术管理》2013 年第 34 期。

在产业实践中，网络食品平台企业的利益相关者之间的共生关系具体是指互惠共生和竞争共生。平台企业与利益相关者之间进行着物质、资金、信息等资源的流通。利益相关者之间共生关系随着资源的流通而产生，也随着外部环境的变化而发展。运用复杂适应系统理论来看待他们之间的共生关系，能更好地认清平台系统内部变化，帮助平台企业协调各个主体之间的复杂关系，提高环境适应能力。

（一）互惠共生关系

互惠共生是网络食品平台企业与利益相关者合作及双赢的基础。同时平台企业在与利益相关者合作的过程中共同创造价值，达到双赢的目的，有利于相互之间构建、维系共生关系。因此，互惠共生与长期合作之间是互为因果、相辅相成的。网络食品平台企业通过提供技术服务，构建平台生态系统架构，协调平台内部参与者之间的关系，从而满足网络食品供应商、消费者和快递公司的异质性需求，同时也利用网络效应不断壮大自己，实现了互惠共生的关系。面对政府的监管、非政府组织的监督，以及与平台交易相关的业务互补企业的帮助，网络食品平台企业也将自觉监督平台内部商家的行为，减少并杜绝商家的不诚信经营，并与相关企业一起促进平台系统的互补创新，提高平台系统的整体竞争力。

（二）竞争共生关系

竞争共生的目的是获得更高的利益，占据领导地位，拥有领导权。相关企业通过利用平台企业提供的广阔的市场和信息挖掘技术，关注客户的真实需求和潜在需求，通过联合互补企业的方式，赢得客户，激发平台网络效应，占据同类企业的领先地位。网络食品供应商之间的竞争、网络食品平台企业之间的竞争，以及快递公司之间的竞争都是相互影响的，都处于网络食品平台生态系统内。想真正成为平台中同类企业的核心，需要协调整个平台系统的参与者、合作伙伴，进行内部能力演化、技术创新，通过难以被复制的突破性技术创新、舒适的创新环境、互补者的补贴激励等，将系统中的其他企业吸引到自身周围，从而维持自身的领导者地位。

四、平台企业生态系统的运作逻辑

1993年，摩尔(Moore)结合自然生态系统，首次提出“商业生态系统”概念。① 在《竞争的衰亡——商业生态系统时代的领导与战略》一书中，摩尔将商业生态系统定义为以组织和个人的相互作用为基础的经济联合，其成员主要有消费者、生产者、竞争者、供应商和其他利益共同体等。② 王千(2014)基于共同价值视角，认为互联网企业平台生态系统是指在多边合作机制保障下，生态系统中的核心平台基于核心业务，衍生发展出其他业务模块，各模块有机协同而构成的系统。③ 郑湛等(2015)基于大组织理论，认为平台生态系统是由具备某种核心能力的领导者与相关利益方自组织而成的价值网络，依靠企业成员相互合作而发展形成的一种资源共享、优势互补并不断提升竞争力的有机系统。④ 张一进等(2016)提出，平台生态系统是围绕核心平台的产品服务，其他诸多企业参与其中，满足各方用户的需求，进而构成兼容互补的网络关系，共同获益的生态系统。⑤ 谢佩洪等(2017)从平台型企业生态系统的要素、竞争策略等角度，指出平台运作的重点在于构建供各方成员交互的生态系统，不断刺激网络效应，进而创造形成一个可持续的生态系统。⑥ 冯立杰等

---

① Moore J. F.,“Predators and Prey: A New Ecology of Competition”, *Harvard Business Review*, Vol.71, No.3, 1993.

② Moore J.,“The Death of Competition”, *Fortune*, Vol.133, No.7, 1996.

③ 王千:《互联网企业平台生态系统及其金融生态系统研究——基于共同价值的视角》,《国际金融研究》2014年第11期。

④ 郑湛:《大组织宏观动态管理理论研究》,武汉大学博士学位论文,2015年。

⑤ 张一进、张金松:《互联网行业平台企业发展战略研究——以淘宝网平台为例》,《华东经济管理》2016年第30期。

⑥ 谢佩洪、陈昌东、周帆:《平台型企业生态系统战略研究前沿探析》,《上海对外经贸大学学报》2017年第24期。

(2023)将企业主导的创新生态系统价值创造演进过程分为孵化阶段、成长阶段与成熟阶段,并根据案例企业推导出多元情境驱动下平台企业主导的创新生态系统价值创造演进路径。① 阮添舜等(2023)基于生态系统观与技术能力观构建“生态系统—数字能力”研究框架,以207家数字平台企业为研究样本,将高水平数字服务创新的前因组态划分为“数字支持—生态助力型”和“生态导向—数字协助型”两种模式。②

事实上,平台生态系统具有三种特性:(1)动态性,平台生态系统并不是一成不变的,而是随着环境的变化逐步变化的;(2)开放性,平台生态系统是一个开放的系统,平台生态系统的边界难以界定;(3)复杂性,平台生态系统是一个复杂系统,不仅系统成员复杂多样,且生态系统成员间的关系也较为复杂,各成员之间相互适应以保证生态系统的健康发展。③

网络食品平台生态系统和一般平台生态系统特性是相同的,只在内部成员上存在区别。网络食品平台企业生态系统中数量庞大的利益相关者具有自身特质和角色功能的多元性、异质性和复杂性,并且它们依托产品、物流、资金、数据、信息、技术等要素在网络食品平台企业生态系统中相互交织、相互嵌套、相互耦合,形成动态非线性的共生共演关系网络,如图5-2所示。网络食品平台生态系统价值共创区别于一般的价值共创活动,是由网络食品平台企业主导,生态系统中各个利益相关者通过竞合互动和资源整合而共同创造价值的动态过程。

从图5-2中可以看出,网络食品企业平台生态系统是以网络食品电商平台为核心,平台企业与利益相关者之间相互联系而形成的动态非线性的共生共演关系网络。平台企业与消费者、供应商、物流商和金融企业存在信息交

① 冯立杰、徐美琪、王金凤等:《多元情境驱动下平台企业主导的创新生态系统价值创造演进路径研究》,《科技进步与对策》2023年第21期。

② 阮添舜、屈蓉、顾颖:《数字平台生态系统下企业何以实现数字创新》,《科技进步与对策》2023年第23期。

③ 谭银清:《电商平台生态圈形成机理研究》,重庆邮电大学硕士学位论文,2020年。

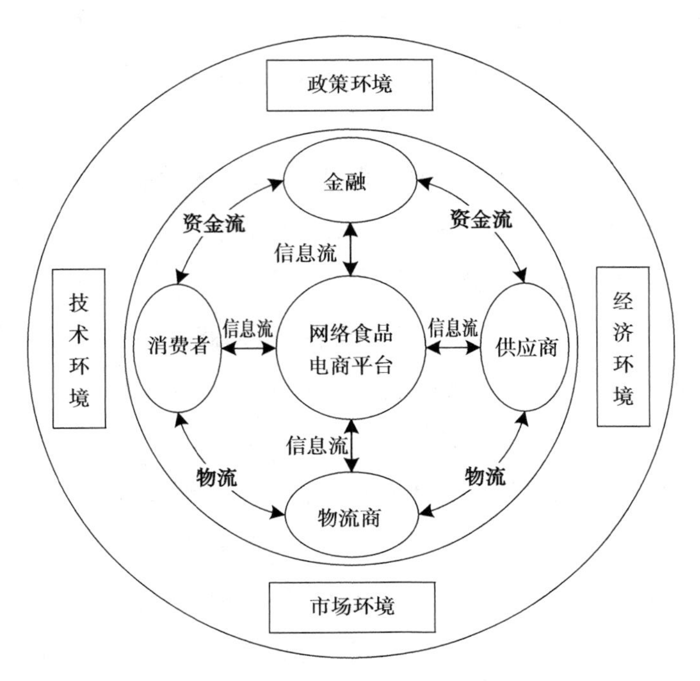

图 5-2 网络食品平台企业生态系统

资料来源:笔者整理。

流,金融企业和物流商分别为供应商和消费者提供资金流和物流,同时平台生态系统内部的成员受到外部的经济、市场、技术和政策环境的影响,需要平台生态系统不断地发展与演化,并识别出演化过程中可能出现的问题。通过多个平台生态系统相互协同,从而实现功能互补与资源共享及时解决问题,最终实现可持续发展。

第二节 内部正式治理机制设计

基于平台生态系统内成员共生关系的内部自治机制设计是防止网络食品安全风险发生的关键。这里的内部治理并非狭义的公司法人治理机制,而是指广义的内部治理机制,是利益相关者通过一系列的内部机制来实施共同治理。网络食品平台生态系统的内部正式治理机制主要包括契约机制、信息共享机制、监管机制和全产业链治理机制等。这些机制治理的目标不仅是实现股东利益的最大化,而且是保证所有利益相关者利益的最大化。

一、契约机制

契约机制主要有三种功能:(1)统一服务双方责权利,清晰界定服务双方在集中化过程中逐渐模糊的成本边界,客观量化双方的价值贡献和成本耗用,提高权利、资源和业绩的匹配度,理顺责权利关系,提升资源配置有效性。(2)实现双向激励和约束,引导服务提供方增强责任意识、服务意识和效率意识,改善业务品质和服务质量,改进运营效率,促使被服务方树立成本意识和权利意识,建立以“真实业绩”为导向的内部管控模式,避免不计成本使用资源,增强低成本高效运营能力。(3)树立市场化契约理念,有助于改变传统的粗放式管理模式,规范和整合需求管理,量入为出,以价值为导向指导各项经营管理工作,以提高各层级各单位间的协同效率,提升各领域竞争力,提高运营效率,降低运营成本。

在网络食品供应链中,供应链契约有管理、约束以及激励的作用,有助于实现网络食品供应链成员的利益协调分配、风险共担。此外,在络食品供应链各个阶段和各个交易节点的契约设计会对食品安全产生重要影响。网络食品的交易环节多、交易频繁,合理科学的契约设计能有效地减少机会主义行为,降低网络食品安全的风险。

在网络食品供应链中,由于食品具有易腐烂变质等特性,食品对运输环境的温度和湿度等有更高的要求。同时,网络食品平台往往在供应链中占据主导地位,物流企业相对弱势。如果网络食品平台利用自身的优势地位过度压榨物流企业的利润,可能会导致整个食品供应链处于不稳定的状态。因此,合理的利益共享和成本分担契约机制显得尤为重要,科学地设计契约能使双方之间的合作更加紧密,从而提高服务水平,实现供应链收益最大化。例如,网络食品平台可以通过一定的方式分担物流企业的成本,或将自身收益按照一定的比例给予对方,合理控制合作的物流企业的数量,并为物流企业提供一定的免费宣传服务。如此,网络食品平台与物流企业的合作将更加稳定,网络食品的运输风险也将得到控制。

外卖平台与商户之间的契约设计对外卖行业的健康发展有着重要影响。外卖平台是餐饮企业与消费者之间的桥梁,要想保证消费者的满意度,配送平台必须与餐饮商家紧密联系,成为服务的有机整体,共同服务终端餐饮消费者。从行业现状来看,外卖平台和餐饮业务是相对独立的个体。目前,两者的合作仅限于为餐饮企业提供产品展示和少量活动推广的平台,如表 5-2 所示。在确定合作伙伴关系后,由于各平台都在忙于拓展新的餐饮业务,对现有业务的维护频率和质量明显降低,逐渐成为制约外卖行业发展的瓶颈。一些外卖平台为提高消费者端的价格优势,迫使平台上的餐饮商家增加补贴力度,导致线下餐饮商家的利润率进一步降低,引起餐饮商家的不满。外卖平台与餐饮业务的合作关系必须深入每一个细节,真正从解决餐饮业务存在的问题入手,不断优化整个餐饮外卖消费环节,共同创造良好的消费体验,创造真正的外卖消费价值。

表 5-2　现阶段外卖平台与商家合作模式

外卖平台	信息展示	餐饮配送	信息化建设	增值服务
美团外卖	餐饮信息展示	商家自送或第三方配送	数据收集,订单分析	竞价排名,营销活动,广告
达达快送	餐饮信息展示	自建物流,第三方配送	数据收集,订单分析	竞价排名,营销活动,广告
饿了么	餐饮信息展示	自建物流,同时开放蜂鸟配送系统对接商家自送或第三方配送	帕拉丁调度系统,风行者订单管理APP,Napos后台管理软件	竞价排名,营销活动,广告,有菜商户食材平台

资料来源:笔者整理。

网络食品平台企业应关注自身与其他利益相关者的契约设计是否能按照

交易双方的意愿正常进行。同时关注客户需求、库存供应、价格因素、风险控制、成员个性化行为、物流服务及外部干预等方面对契约设计的影响，保证利益相关者在分散决策下的利益不低于集中决策下的水平，实现成员间的风险共担，寻求“帕累托最优解”。

二、信息共享机制

信息共享就是供应链合作伙伴之间共同拥有知识或行动，使供应链的供需信息可以无缝、流畅地传递，从而能根据顾客的需要使整个供应链的步调一致。信息共享是供应链协调的基础，只有通过信息共享，才能更好地对供应链的各个环节和各个阶段进行管理和协调。信息共享机制有利于供应链成员获得充分和准确的信息，减少成员的信息不对称，从而达到减少交易成本、提高运行效率、克服逆向选择、降低道德风险和机会主义成本的目的。

由于受互联网技术的影响，网络食品交易具有虚拟性、隐蔽性、网络性和群体性，网络食品安全治理博弈面临“信息失衡”的难题。信息共享机制是破解不确定性风险的重要工具，能够通过信息数据的公开、共享，信息结构的优化，打破网络食品安全治理结构的封闭性，为网络食品平台生态系统中各利益相关者（消费者、物流企业、行业协会、网络食品交易平台等多元主体）参与治理提供前提、基础和保障。当前，网络食品安全治理应充分实施信息共享治理策略，通过食品安全信息公开、食品安全信息披露制度、食品安全标准、食品安全信息标识等破解网络食品治理难题。

在网络食品生态系统中，物流企业对信息具有很强的依赖性，物流服务质量存在很大的不确定性，更倾向于与网络食品平台进行信息型合作。同时，对于消费者在网络交易平台上反馈的关于物流服务质量的信息，网络食品平台需及时与物流企业进行沟通，将汇总的物流信息传递给物流企业，物流企业也应如实将自身物流服务信息和食品物流实时定位信息共享给网络食品平台，合理安排食品订单量，提高物流服务质量。另外，物流企业应根据消费者的反馈意见或提出的要求,结合自身的实际情况,有针对性地对物流服务质量问题进行改进,从而提升自身的实力。此外,为了减少因信息传递不及时造成的食品供应链不协同问题,网络食品平台需及时准确地将消费者信息、食品信息、配送信息、特殊备注信息等传达给物流企业,让物流企业较快地响应消费者的要求,从源头上避免产生食品配送错误、揽件不及时等问题,进而提高物流服务质量。

网络食品平台不仅掌握食品交易的数量、品类、金额等信息,也掌握消费者对于食品的售后评价和投诉举报等信息,而且可以为食品安全信息平台的搭建和运营提供有力的技术支撑。至于网络食品平台担忧的信息泄露问题,则完全可以通过在食品安全信息平台的政府端仅显示数据处理结果,而不显示原始数据的方式来解决。

三、监管机制

无论是在日常生活或人际关系中,还是各种职能活动中,监管都是普遍存在的。从控制理论来理解,监管就是多过程的一种控制,监管的主要任务是发现和纠正执行过程中出现的偏差和失误,其目的在于确保组织活动的正常运行,推动各项工作顺利完成。在现代化企业的运行管理体制中,监管机制是管理体制中不可或缺的主要环节,必须有效地发挥监管机制的监督作用,科学系统地对全过程管理进行控制。因此,在监管中要体现超时性、针对性、适时性,要将监管机制有效地纳入控制网络之中,使管理系统封闭。

网络食品企业给商家提供服务的同时,也应具有监管的义务。根据黑猫投诉和微博热点联合发布的《2022 年消费者权益保护白皮书》,2022 年外卖餐饮行业投诉量从 1 月到 12 月总体波动较大。1 月到 7 月除 2 月因春节有明显下降外,总体呈现持续增长态势。8 月到 10 月开始下降,而 11 月及 12 月投诉又恢复增长。在 12 月份达到全年峰值。2022 年投诉的主要问题包括商家售卖过期变质食品、食品中吃出异物、外卖错送漏送、商家服务态度差、平台活动虚假宣传等方面。平台企业是重要的监管主体,它与商家的联系最为紧密,掌握着更多的商家信息。平台对入网经营商家的监管内容主要在资格审查与经营监督两个方面。法律赋予了平台审查入网经营商家资质的权力,这也是平台的一项法定义务;另外,平台在商家经营过程中承担着管理责任,引导商家合法经营。

《中华人民共和国食品安全法》提出网络食品交易第三方平台具有入网商户资格准入审核义务。除了监管商家行为,平台还对物流配送环节负责,确保配送环节的食品安全。配送过程食品安全风险包括配送人员管理和配送时间控制等方面。

网络食品监管还可以利用自身优势优化监管资源的配置。网络食品安全协同监管项目的分工要依市场结构、产品特点的不同而相应调整。政府部门、交易平台和食品企业都拥有一部分特定的食品安全监管所需的信息,应将分散化的信息有机地结合起来,形成对不同食品企业的食品安全水平的评级制度。这不但可以通过交易平台向消费者公示该信息,让消费者基于食品安全信息的自主选择的市场机制起到作用;也可以提高食品安全监管决策的科学性,优化监管资源配置;还可以大幅度减少与食品安全信息相关的重复性投入,进而有效降低信息搜寻、衡量等交易成本。在实施过程中,可以由政府部门、交易平台共同出资搭建和运营网络交易食品安全信息平台,分别开通政府部门、交易平台、食品企业的不同入口,并探索运用大数据、云计算、人工智能、区块链等信息技术来不断提升食品安全信息平台的功能。食品企业通过参与协同监管项目寻求监管服从成本的降低,则需要及时披露契约所规定的食品安全相关信息;同时,食品企业对各自所从事领域的技术知识也可以成为协同监管的决策参考。

四、全产业链治理机制

全产业链是一种从源头原材料培植,产业链中游产品的制造,到产业链下游的最终产品到达消费者手上整个过程中的贸易物流、销售营销活动,形成完整价值创造活动的模式。在全产业链商业模式中,核心企业在纵向上通过资本优势将上下游企业进行整合,从而节省交易费用;在横向上通过并购、控股等形式提高市场集中度,从而形成规模优势。这样可以加强对市场的核心话语权,对重点环节进行系统化的管理与有效的控制,由此能够推动整合全产业价值链条上的资金流、商品流和信息流,实现全产业链各环节资源都能得到最优化的配置、集聚、高效的流通和协调。完整的全产业链价值体系使全产业链价值得到最大程度的发挥,实现企业和顾客的最大效益。①

由于网络食品市场中的上游供应商生产不确定性较大,因此京东等企业都在大力发展全产业链模式。网络食品平台生态系统中的治理也应通过纵向延伸,在产业链上下游形成内部治理机制。网络食品平台企业应加强全产业链控制,并通过建立可追溯系统,减少网络食品的安全风险,形成产品的标准化、品牌化,有助于提高企业绩效。

全产业链治理通过股权控制、可追溯系统和深化分工等形式,使得网络食品平台生态系统成为一个整体,这不仅有利于生态系统内部信息交流,同时作为一种内部治理机制推进上游分工,还能促进农业规模化、标准化,保障食品安全。

第三节　内部非正式治理机制设计

非正式治理机制长期隐性存在于人们的社会生活中,产生于社会、人文、自然、经济过程中。网络食品企业适用的内部非正式治理机制包括声誉、合作与信任、企业文化和共同价值观等。非正式治理机制从隐性激励、群体约束两个方面来建立共同期望和社会规范,可以实现行为的自我约束。因此,合理设

① 刘君宜:《全产业链商业模式对阅文集团财务绩效的影响研究》,哈尔滨商业大学硕士学位论文,2022年。

计非正式治理机制对网络食品安全治理具有重要意义。

一、声誉

声誉是企业"权威"的来源,也是企业为其他利益相关者提供的一种隐性保证。①② 戴维斯·扬(David Young)在《创建和维护企业的良好声誉》一书中提出,任何一个团体组织要想取得成功,良好的声誉是必不可少的。声誉管理的必要性源于三个方面:首先,声誉是人们交往的前提;其次,声誉为企业借助顾客的思维定式摆脱不利局面提供了条件;再次,声誉是一种特殊的无形财产。企业声誉是一种信号机制,较高的声誉意味着企业生产更高质量的产品及提供更好的服务。在网络交易中,声誉是一种无形资产,有助于商家吸引消费者,提高产品销量和价格。

与传统食品市场相比,网络食品市场更容易产生和传播舆情,其负面舆情具有参与群体数量众多、传播速度快、影响范围广等特点。这不利于网络食品商家的发展交易以及消费者信任的建立,也不利于网络食品市场甚至经济社会的发展。因此,声誉管理对于网络食品平台生态系统中的利益相关者尤为重要。

网络食品平台进行声誉管理时,要建立健全网络食品平台生态系统的声誉管理体系。从声誉的创建、维护、巩固、提升、化解、修复等角度,制定相应的声誉管理制度,做到"有制度可依,有制度必依,执制度必严,违制度必究",并固化企业声誉管理流程,对每一个细节都实行明确的、具体的管理措施,把制度落实到位;同时,制定以正激励为导向的企业声誉保护和奖惩制度,对有助于企业声誉的经营管理行为进行奖励,对破坏企业声誉的行为进行惩罚,对于

① Kreps D. M., Wilson R., "Reputation and Imperfect Information", *Journal of Economic Theory*, Vol.27, No.2, 1982.

② Kreps D. M., Milgrom P., Roberts J., Wilson R., "Rational Cooperation in the Finitely Repeated Prisoners Dilemma", *Journal of Economic Theory*, Vol.27, No.2, 1982.

不按照决策规则和制度，给企业造成重大声誉损失的决策，进行追究问责，防止企业声誉受到损害；对企业内部声誉管理的分散行为进行统筹聚焦，并设立对应的组织机构专门负责。

目前，现阶段的声誉评分机制存在一定漏洞，刷单、好评返现的现象时有发生。如果不辅以其他措施或通过某种方式改进声誉评分的计算方法，单纯依靠好、中、差评累积的评分机制，很难防止网络交易中欺诈现象的发生。因此，网络食品平台应综合权衡主营占比、商品数、开店时长、月销量、日销量、卖家信用等多种指标，形成对商家和商品更完善的评价标准，为消费者提供更加可信的购物参数，而不是只能依靠简单的销量、好评来进行购物。完善的评价机制会激励卖家不再想购买刷单。同时，也要改进技术以提升对刷单行为的识别能力。虽然从海量交易数据中识别出刷单交易具有一定难度，但是由于刷单者的行为终究有异于正常消费者，他们在每天或每周、每月的购物时长、购物金额、购物次数、好评内容、退款速度等方面都会存在一些特征。采用大数据分析方法，应该能够识别出存在刷单行为的账号，通过对他们的购物行为进行挖掘，识别出刷单的消费、刷单的商家，从而可对相关商家进行经济处罚，对相关人员信誉度进行调整。

另外，根据网络食品平台企业声誉管理的特点，要建立健全网络食品平台生态系统的声誉危机预警、防范、应急、化解、修复以及提升管理机制，深入分析把握网络食品平台企业利益相关者的诉求，持续满足甚至创造性提升利益相关者的诉求，以开放、协同、合作、共享的姿态，与利益相关者建立良好的互动关系，形成共创共荣的发展生态，确保声誉持续正向发展，确保平台企业永续竞争力。网络食品平台生态系统中任何一家企业声誉危机一旦发生，企业自身形象和信誉将会受到毁灭性打击，甚至可能会损害整个生态系统的利益。因此，加强网络食品平台企业声誉管理，必须依托大数据技术，大力开展供应商和卖家的声誉监测，以动态的管理为声誉保驾护航。从企业声誉危机的历史案例来看，大多数的企业声誉危机是有先兆的，是可以通过事前监测和预警来有效防范的。例如,2023 年 2 月 26 日,某公司宣布自愿召回其 4 盎司罐装 GEISHA 中虾产品,并敦促已购买该产品的消费者返回购买地点以获得全额退款。截至召回声明发出时,尽管尚未报告与该产品有关的疾病其他不良后果,但该公司仍然出于谨慎考虑决定采取这一步骤,因为担心产品加工不充分,可能导致腐败生物或病原体的出现。① 在该案例中,该公司自查自纠,成功避免发生影响企业声誉的事件。为此,网络食品平台企业要高度重视声誉监测工作,依托公共技术服务平台或自建声誉监测平台,设置专业人员,利用大数据技术,切实开展声誉监测工作,以形成对利益相关者声誉的日常监测、分析和定期研究的局面,随时掌握食品声誉动态和趋势,防范系统性声誉危机的发生,确保生态系统稳健高效运行。

二、合作与信任

信任是合作的前提,合作是信任的体现。信任可以促进合作、减少组织间的冲突、增进组织间的沟通;信任是维持组织效能、维系组织生存的重要因素。合作需要双方共同参与行动,共同承担行动的风险,且双方存在相互的依赖。由于合作也是对未来的一种预期,存在很大的不确定性,所以合作关系的存在需要双方在一定程度上相互信任。组织对合作伙伴的信任程度越高,则双方发生的冲突越少,产生的满意度越高,合作也就越有效。企业通过加强与利益相关者的合作,有利于双方之间信任度的增加;信任度的提升也有助于形成更加紧密的合作关系,拓宽合作领域。

网络食品平台企业与供应商、物流企业等除了契约关系外,还可以在一些非正式活动中加强合作,增进信任,这样有利于形成更加紧密的合作关系,有

---

① U. S. Food&Drug Administration, " Kawasho Foods USA Inc. Announces Expansion of Voluntary Recall of GEISHA Medium Shrimp 4oz. Due to Possible Under Processing",见 https://www.fda.gov/safety/recalls-market-withdrawals-safety-alerts/kawasho-foods-usa-inc-announces-expansion-voluntary-recall-geisha-medium-shrimp-4oz-due-possible。

效地降低网络食品风险,同时也对平台竞争力的提高有积极作用。

在合作内容方面,外卖平台与餐饮商家从简单的信息展示增加到多方面深度合作,横向的信息化建设、餐饮大数据支持、餐饮互联网营销等方面的合作对于餐饮商家的产品改进和店面升级有重要意义。纵向的食材采购、餐饮服务商资源整合等方面的合作能够帮助餐饮商家大幅削减经营成本,提高经营效率。这种多节点深入合作可以深层次实现双方的合作共赢,将双方的关系从利益博弈转化为深度共赢。外卖平台与餐饮商家生态型合作模式在确保双方合作共赢的基础之上,把外卖消费者、外卖服务商等都纳入其中。通过对资源和利益的合理配置,让外卖行业中各种多元的组成成分都成为促进行业健康发展过程中必不可少的有力支撑,从而实现外卖平台与餐饮商家之间的深入连接与合作。

外卖平台上的众多餐饮商家作为分散经营的个体,由于自身的体量和资源限制,在资源整合、综合管理、成本管控、信息化建设尤其是互联网营销等方面存在发展局限,而外卖平台本身作为互联网企业以及餐饮商家与消费者之间的桥梁,在一定程度上积累了部分优势资源和综合能力。平台应利用自己的优势,积极给予需要的餐饮商家提供深度支持,将外卖平台方面的长板与餐饮商家方面的短板进行紧密的结合,进一步帮助餐饮商家降低经营成本提高利润率。通过加深外卖平台与餐饮商家之间的联系和合作关系,从餐饮商家的能力建设和效率提升方面来推动外卖行业的进步和发展,从而带动整个产业链的价值创造,使得外卖生态中的各个参与者获取更大的价值。因此,需要通过外卖平台与餐饮商家之间的多层次、多方面深入合作共赢,搭建起外卖行业健康发展的坚实基础,使得外卖平台和餐饮商家取得整体上的合作升级。

网络食品平台企业应主动释放合作的积极信号,提高利益相关者信任感。在形成相互信任和相互了解的基础上,追寻更深层次和新领域的合作。在合作和信任的相互影响下,网络食品平台企业与利益相关者有相同的目标,会减少因利益而产生的食品风险,企业间的信息交流会更频繁,食品安全风险也会进一步降低。

三、企业文化

企业文化是企业在生产经营实践中逐步形成的，为全体员工所认同并遵守的，具有本组织特点的使命、愿景、宗旨、精神、价值观和经营理念，及这些理念在生产经营实践、管理制度、员工行为方式与企业对外形象的体现的总和。企业文化是企业的灵魂，是隐性的生产力转化为物质生产力的源泉。[①] 企业文化有助于规范组织内部成员的行为，良好的企业文化可以促使组织内部成员按照特定的价值观和准则行事，从而达成企业目标，同时促进企业履行社会责任。

新时代平台企业在应对新形势、新机遇、新挑战时，有效的方法之一在于“用文化管企业”。网络食品企业构建一种良好的企业文化，可以引导利益相关者自觉遵守法律法规，减少网络食品风险。企业文化通常包含四个层面，从上至下依次是精神层、制度层、行为层和物质层。网络食品平台应从这四个层面出发，培养并传播科学健康的企业文化。

在精神层面，网络食品平台企业文化应该包括与数字技术运用有关且符合食品安全的价值观，如注重公平、保护隐私、食品安全等商业伦理。这些价值观的作用在于提升管理层的道德水平，指导管理层在进行决策时从其他利益相关者的角度考虑，从而注重整个生态系统的平稳健康发展。在制度层面，企业需要根据企业价值制定正式文件来指导企业的活动，并将这种价值观具体化和可视化。在行为层面，平台企业可以基于行为规范指导商家生产透明、安全的食品，并通过企业文化的宣传让商家遵守基础的商业伦理并理解诚信经营对于网络食品行业的重要性。平台企业自己的行为也要符合自己的企业文化，运用相关数字技术，保护平台生态系统的发展，让生态系统内的利益相

① 侯雨伽:《双边市场平台企业关键成功因素研究》,东南大学硕士学位论文,2015年。

关者感到公平，发展不受到约束。在物质层面，平台企业需提供体现企业文化的产品，例如APP商家界面的设计、支付技术安全性、客服服务观念等。平台企业的办公环境、物流资源等也要与企业文化相吻合，从基础的物质体现优秀的企业文化。

网络食品平台企业是网络食品平台生态系统的构建者和管理者，只有平台企业自身具有优秀的企业文化才能影响生态系统内的其他成员，让企业文化逐步发展成为影响整个行业的文化。通过这种文化的熏陶，让网络食品行业中出现行业自律，让食品安全的观念深入人心。行业自律是一种介于法律与商业道德之间的管理工具，具有其独特的优势：相较于法律而言，尽管行业自律的约束力较弱，但是它能够更迅速地根据环境变化作出调整；相较于商业道德而言，行业自律则有着更高的约束力。因此，行业自律作为法律的补充，是治理网络食品风险的重要工具。

网络食品平台企业应该在实践和研究的基础上构建适应新形势的企业文化，将企业文化的实用性发挥出来，提高企业的创新能力和学习能力，与利益相关者构建具有道德、商业原则的生态系统。

四、价值观管理

从工业时代到知识经济时代，企业的管理模式大体经历了三个层次的变革历程：从指令管理模式（MBI）经过目标管理模式（MBO）发展到今天的价值观管理模式（MBV）。[①] 价值观管理是在强调员工自主性和责任心及组织结构更加扁平和灵活等趋势下，应运而生的管理方式，作为一种较为前沿的管理方式，其在管理理论和实践的发展过程中得到不断的发展和完善。美国学者罗宾斯认为，价值观管理是管理者建立和实施组织共享价值观的一种管理方法。它是对员工隐性思维的管理和对企业非量化方面的软管理。西蒙·多伦和萨

① 王钦：《新工业革命背景下的管理变革：影响、反思和展望》，《经济管理》2014年第36期。

尔瓦多·加西亚(Shimon L.Dolan 和 Salvador Garcia,2002)认为,价值管理是基于价值观的,需要通过对组织成员价值创造活动中的价值观、符号、系统和概念的同声传译和沟通来形成。① 互联网时代个人价值和权力的崛起使组织具有更大的创造力。因此,有效地管理个人、激发个人活力已成为组织发展的重要任务。组织需要为个人提供良好的组织形式和相应的管理方法。基于共享价值,每个人都可以贡献价值,快速学习更广泛的技能。因此,价值管理的本质是强调基于价值整合的独立管理,从而更好地激发个体的活力和创造力。

价值观管理模式是对传统管理模式的扬弃、提升和超越。与指令管理模式和目标管理模式相比,价值管理以价值为对象。在互联网时代组织变革的趋势下,价值观管理模式吸收互联网思维,将这种思维融入企业的运营过程,符合灵活的组织结构,适应以人为本的理念,更适用于网络食品平台生态系统的治理。价值观管理模式通过整合管理者的职责和权力、组织结构,统筹考虑员工、客户利益等因素,协调优化,把企业发展与满足个人需求有机结合起来,把人的全面发展作为企业发展的基本原则和最终目标,规范组织成员的日常行为,充分调动个人的积极性和创造性,满足员工自身发展的需要和价值追求。② 通过价值观管理,可以协调和缓解企业目标与员工目标之间的冲突,增强员工的责任感和使命感,更好地适应复杂的、模糊的、不确定的,以及需要创造性解决问题的管理环境。③

网络食品平台企业不同于传统的企业运营管理模式。它的运行依赖于组织成员的自我管理、自我驱动和自我创造。企业目标的实现取决于个人能力的释放。价值管理可以改善企业内部管理,激发个人活力提供思路、发挥作用。网络食品平台企业与利益相关者的价值观管理,应在平台企业这个强

---

① Dolan S. L., Garcia S., "Managing by Values: Cultural Redesign for Strategic Organizational Change at the Dawn of the Twenty-First Century", *Journal of Management Development*, 2002.

② 吴剑平、张德:《试论价值观管理》,《中国人力资源开发》2002 年第 9 期。

③ 詹小慧、杨东涛、栾贞增:《个人与组织价值观匹配的形成机制——基于 A.O.史密斯公司的案例研究》,《管理案例研究与评论》2015 年第 8 期。

有力的变革性领导的支持和推动下循序渐进，将平台企业与利益相关者的价值观进行整合，塑造利益相关者与企业共同的价值观认知，进而推动柔性的、以人为本的生态系统发展，不断深化价值观来指导生态系统中个体行为，实现个体的自我管理，激发生态系统的循环动力和自我修复能力，如图5-3所示。

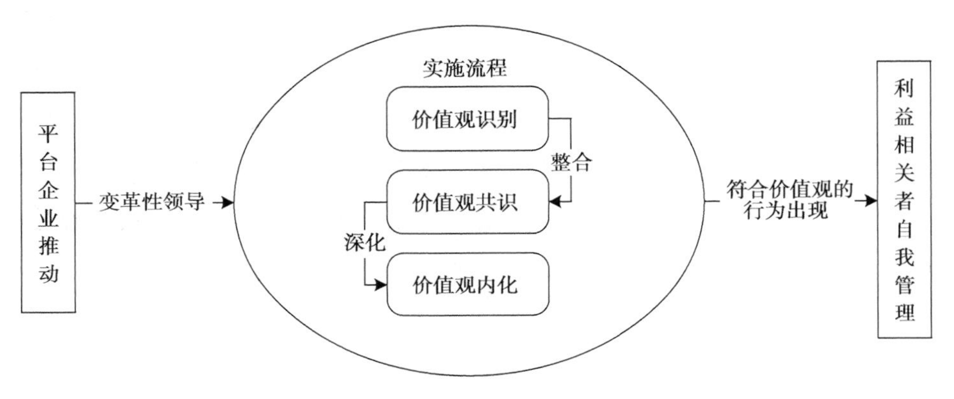

图5-3　价值观管理的运作机制

资料来源：笔者整理。

第四节　内部正式治理与非正式治理机制的互动机理

正式治理和非正式治理机制都由平台企业设计，属于内部自治机制，目的都是协调公司与所有利益相关者之间的利益关系，以达到所有利益相关者集体利益最大。正式治理和非正式治理之间存在着相互促进、相互制约的关系。

一、内部正式治理与非正式治理机制互动的效应分析

不管是正式治理机制还是非正式治理机制，它们在平台生态系统中发挥

的作用都是维护公平竞争的市场环境,增强平台的间接网络效应,调动网络食品平台企业利益相关者的积极性,以达到平台创新,产出更多成果的目的。任何正式治理机制都有其局限性,需要依靠各种不同形式的非正式治理机制作为必要的补充,才能形成有效的治理体系。同样,非正式治理机制作用的有效发挥也依赖于正式治理机制的支撑。非正式治理机制不具有强制性和法律约束,只有借助于强制性的正式治理机制,才能实现其效果。

在契约设计和信任与合作两种治理机制的互动方面。网络食品平台企业和各个供应商、零售商之间签订契约能有效地加强企业间交流,从而降低风险。但网络食品供应链中存在多个交易节点,且交易十分频繁,契约的设计可能无法考虑充分,导致存在一些漏洞。然而,如果平台企业和供应商、零售商之间有合作的基础且相互信任,那么利用契约的漏洞损害他人利益以谋取自身利益的现象将会减少。通过契约关系,合作的双方或多方能形成更加信任、更加紧密的合作关系,合作者为了长远的利益,将会谨慎处理双方之间的交易以实现双赢。相反,如果交易者之间缺乏契约关系,没有法律的约束,则更有可能出现机会主义行为,发生损害消费者权益的事件。因为此时违约成本很低,违约被发现的概率小,导致部分商家铤而走险以获得更高的利润,最终对整个网络食品供应链造成损失。

在产业链治理与共同价值观管理两种治理机制的互动方面。平台企业若和利益相关者建立全产业链模式,在产业链的内部形成治理机制,平台企业对产业链的控制强,产品的标准会得到提升。但网络食品产业链上下游环节多,每个环节都有各自的目标,容易增加交流成本。平台企业可以在产业链内部通过加强成员的共同价值观管理,减少冲突,增强成员的责任感和使命感。此外,若企业只进行价值观管理,其他利益相关者则可能表面上配合,但在实际中仍各行其是。在产业链中,平台企业就很难形成有效控制,无法进行产品的标准化管理,无法控制食品的安全风险。

通过正式治理和非正式治理机制的互动能影响网络食品平台企业的利益

相关者的行为,因为随着行为的约束、规则的变化,利益相关者的期望收益会发生改变,从而使追求效用最大化的个人行为发生变化。单独的正式治理机制和单独的非正式治理机制都存在一定的局限性,只有网络食品平台企业选择科学合理的正式治理和非正式治理机制,利用两者之间的互动效应,才能够规范利益相关者的行为,减少信息成本和不确定性,形成比较稳定的合作关系。

二、内部正式治理与非正式治理机制互动的动力机制

正式治理和非正式治理机制的互动离不开供应链中核心企业的推动,也离不开利益相关者的配合。促进正式治理和非正式治理机制互动的动力机制可归纳为合理的利润分配、信息共享和技术创新。企业的本质是追求利润的,合理的利润分配才能使正式治理和非正式治理机制更好地运行,使互动效应发挥更大的作用;信息共享不仅能使运营、交易成本下降,也能使治理机制互动得更加高效;技术创新有利于转变治理方式,从而提高治理效能。

利润分配是将该企业在一定时期内所创造的经营成果合理地在企业内部和外部的各利益相关者之间进行有效分配的过程。利润分配是企业财务管理的重要活动,是企业所有者和其他利益相关者关注的重要内容,是企业能否健康发展的决定性因素之一。在网络食品生态系统中,核心平台企业通过合理的利润分配,让利益相关者获得应得利润,利益相关者会更加积极主动地配合平台企业,遵守平台企业设计的正式治理和非正式治理机制,从而保证机制的运行效率。

由于供应链中存在牛鞭效应和双重边际效应,一些治理机制可以缓解这些效应,但本质上还是信息不对称的问题。提高平台企业和利益相关者之间的信息共享程度才能从根本上解决问题。同时,在网络食品生态系统中,公平、合理的信息共享有利于提升平台的影响力和吸引力,消费者会因信息的透明选择平台,零售商也会因更大的市场加入平台。利用间接网络效应,平台企

业和利益相关者可以获得更高的收益。对于食品风险内部的治理机制，也可以更高效地运行、互动，使整个平台的生态系统健康发展。

技术创新也有助于改善平台治理。库斯马诺(Cusmano,2010)详细论述了以技术为主的环境变动与平台治理间的关系，他认为，技术进步是平台快速成长的最重要助推力，技术进步不仅改变了平台为顾客提供服务的方式，还改变了平台的定价策略。未来的平台竞争优势不再是平台拥有的最好的技术，而是促进平台创新的机制。① 技术创新有助于治理机制的运行，可以通过一些技术手段来保障机制正常运行。网络食品平台企业可以利用区块链技术记录产品的信息，控制产品质量，也可以利用信息系统，促进与利益相关者之间的信息共享。

这些动力机制可以促使平台企业推动正式治理和非正式治理机制发挥作用，也让利益相关者更加愿意理解合作，从而使治理机制运行更加顺畅、机制间的互动效果更好。

三、内部正式治理与非正式治理机制互动的制约因素

供应链中的企业在实施治理机制时，常常会遇到一些阻碍治理机制发挥作用的因素，这些制约因素主要包括负外部性、信息不对称和机会主义行为等。负外部性是指一个经济主体的行为对其他经济主体产生了负面影响，使后者支付了额外的费用，而无法获得相应的补偿。信息不对称是指在市场经济活动中，成员所掌握的信息是有差异的，掌握信息更多的成员往往处于比较有利位置，而信息匮乏的成员则处于比较不利的位置。机会主义行为则是一种损人利己的行为。这些因素的存在不利于供应链成员的合作，会降低治理效能。

负外部性的存在加剧了平台企业和其利益相关者之间的不信任，若每个成员都只顾自己的利益，且不考虑自己的行为对他人的影响，就会使得一些治理

① Cusumano M.,“Technology Strategy and Management The Evolution of Platform Thinking”, *Communications of the ACM*, Vol.53, No.1, 2010.

机制无法顺利运行。例如,网络食品零售平台中的商家出售假冒伪劣的产品,欺骗了消费者,也影响了平台的声誉,同时也导致平台中其他商家的声誉受到负面影响。平台企业通过契约设计,与其他成员达成了交易,但考虑到负外部性因素的影响,平台企业仍然可能不信任自己的商业伙伴,更广泛的合作则无法开展。

网络食品平台企业相较于商家和消费者拥有更多的信息,商家和消费者可能会因为缺少信息而选择减少和平台的合作,或者不配合平台治理活动。如果网络食品平台企业愿意分享自己掌握的信息,则会更容易赢得利益相关者的信任,达成更多的合作,从而更加认同平台企业的行为。信息不对称问题的存在,会影响治理机制的互动以及治理的效果。

新制度经济学家威廉姆森(Williamson)认为,人们在经济活动中总是尽最大能力保护和增加自己的利益。为了增加自己的利益,平台企业和利益相关者都有可能在经济活动中采取机会主义行为。网络食品平台企业可能会为了广告费将产品质量一般、好评率不高的商家放在网页的显眼位置;商家也可能会在高质量的产品中加入一些低质量的产品。这种机会主义行为的存在让网络食品平台生态系统中成员的利益受损,导致正确企业文化难以流行,成员没有一个统一的价值观,价值观管理困难。成员可能会为了自己的利益,使得一些非正式治理机制形同虚设,正式治理机制也难以发挥全部作用。

负外部性、信息不对称和机会主义行为对平台治理机制的互动和治理效果都有阻碍作用,因此网络食品平台企业制定治理机制的同时,需要考虑到这些因素所带来的负面影响。这些制约因素也是平台治理所需要解决的问题,如果这些问题能通过合理的治理机制和措施得到控制,网络食品安全的风险将会大大降低,网络食品安全将进一步得到保障。

四、内部正式治理与非正式治理机制互动的机制创新

平台企业为优化各利益相关者之间的交易、提高效率和增强整个平台生

态系统的竞争能力,而在各种运营机制方面进行的创新活动,被称为机制创新。沃尔等(Grewal 等,2010)认为,在平台商业生态系统中,互联网平台治理具有主体多元化、责任分散化和机制合作化三大特质,各生态主体为了维持自身利益以及系统的可持续发展,形成一个密切合作体系,共同补充和优化互联网平台治理机制。① 汪旭晖和张其林(2018)认为,由于平台企业同时兼具市场经营者和管理者双重角色,既有市场搭建功能,又有市场规制功能。市场搭建功能体现在平台规则设计与系统设计上,受用户自发演化和企业理性设计两者影响;市场规制是指平台规则措施和规制措施,由用户自觉实施和企业强制实施共同发挥作用。②

以契约机制与非正式治理机制互动的机制创新为例,契约机制不仅能够减少伙伴之间的机会主义行为,还是企业之间进行合作必不可少的框架。③ 信任这一非正式治理机制可以通过企业之间的互动过程,促进合作关系的达成以及合作灵活性的提高,同时加强系统内成员企业之间的凝聚力,并建立企业间合作过程中需要共同遵守的规范。④ 两种治理机制共同作用可以协调企业间的合作关系。⑤ 威尔科克斯等(Willcocks 等,2014)探究了契约治理和关系治理在商业生态系统 IT 外包服务中的互补与代替机制。⑥ 研究指出,外包服务之间良好的治理机制能够提高外部供应商独有的知识资源和专业技能的

---

① Grewal R.,Chakravarty A.,Saini A.,"Governance Mechanisms in Business-to-Business Electronic Markets",*Journal of Marketing*,Vol.74,No.4,2010.

② 汪旭晖、张其林:《平台型电商企业的温室管理模式研究》,《中国企业改革发展优秀成果 2018(第二届)上卷》2018 年。

③ Gulati R.,"Does Familiarity Breed Trust? The Implications of Repeated Ties for Contractual Choice in Alliances",*Academy of Management Journal*,Vol.38,No.1,1995.

④ Poppo L.,Zenger T.,"Do Formal Contracts and Relational Governance Function as Substitutes or Complements?" *Strategic Management Journal*,Vol.23,No.8,2002.

⑤ Sánchez J. M.,Vélez M. L.,Ramón-Jerónimo M. A.,"Do Suppliers' Formal Controls Damage Distributors' Trust?",*Journal of Business Research*,Vol.65,No.7,2012.

⑥ Lioliou E.,Zimmermann A.,Willcocks L.,Lan G.,"Formal and Relational Governance in IT Outsourcing: Substitution,Complementarity and the Role of the Psychological Contract",*Information Systems Journal*,Vol.24,No.6,2014.

共享意愿，从而促进企业商业模式创新。韩炜和杨婉毓（2015）则以商业生态系统中的新企业为对象，研究了自我中心式创业网络的治理机制，得到了相似的结论，认为契约治理机制与信任治理机制的混合作用更能促进企业的商业模式创新，并通过实证研究证明了自己的观点。[①] 奥什里等（Oshri 等，2015）探讨了在商业生态系统中成员企业与其外包供应商的契约治理机制以及信任治理机制对自身创新绩效的影响，认为高质量的信任治理与契约治理能够促进自身商业模式的创新。[②]

为实现平台企业治理机制创新，必须注意三个关键点。首先，机制创新是在各个治理机制的基础上发展起来的，分析现有机制的弊端是实现企业机制创新的基础。其次，要深入研究平台生态系统的组建、运作和发展的客观规律，机制创新必须要符合生态系统运作的客观规律，还要考虑各个利益相关者的利益。最后，机制创新的进行必须有正面的激励措施和反面的惩罚措施，并长期坚持。

① 韩炜、杨婉毓：《创业网络治理机制、网络结构与新企业绩效的作用关系研究》，《管理评论》2015 年第 27 期。

② Oshri I.，Kotlarsky J.，Gerbasi A.，“Strategic Innovation Through Outsourcing：the Role of Relational and Contractual Governance”，*The Journal of Strategic Information Systems*，Vol.24，No.3，2015.

第六章　社会力量参与网络食品安全风险治理的体系设计

社会力量作为有效的第三方监管手段,参与网络食品监管可以弥补政府监管的不足,提升网络食品监管效率。总体而言,参与网络食品风险治理的社会力量可以分为非政府组织、媒体和消费者三类。非政府组织可以引导行业自律,弥补行政执法的不足;媒体可以及时曝光不安全网络食品信息,督促企业和政府履行自身职责;消费者是食品安全的直接利益相关者,也是网络食品安全监管不可或缺的参与力量。

第一节　社会力量的主要类型与体系构成梳理

一、社会力量的概念

马克思主义经典作家关于社会的论述认为,社会是人们相互交往的产物,是全部社会关系的总和,即社会是由单个个人组成,但并不是简单相加而是人与人之间关系的总和。社会的本质是生产关系,生产关系的总和构成了具有不同特征的社会。①

---

① 吴增基、吴鹏森、苏振芳著:《现代社会学(第五版)》,上海人民出版社 2014 年版。

20世纪90年代,治理理论开始兴起。治理理论从政府、市场和社会的角度将治理主体分为三部分,政府视角下的治理主体包括中央政府、地方政府以及政府派生体等,市场视角下的治理主体主要指企业,社会视角下的治理主体包括非政府组织和公众等社会力量。

我国政府肯定各类社会力量在社会治理中发挥的巨大作用。2013年,国务院办公厅印发的《关于政府向社会力量购买服务的指导意见》指出"承接政府购买服务的主体包括依法在民政部门登记成立或经国务院批准免予登记的社会组织,以及依法在工商管理或行业主管部门登记成立的企业、机构等社会力量。承接政府购买服务的主体应具有独立承担民事责任的能力,具备提供服务所必需的设施、人员和专业技术的能力,具有健全的内部治理结构、财务会计和资产管理制度,具有良好的社会商业信誉,具有依法缴纳税收和社会保险的良好记录,并符合登记管理部门依法认定的其他条件"。2014年,国务院办公厅印发的《关于进一步动员社会各方面力量参与扶贫开发的意见》指出"民营企业、社会组织和个人通过多种方式积极参与扶贫开发,社会扶贫日益显示出巨大发展潜力"。2015年,民政部颁布的《关于支持引导社会力量参与救灾工作的指导意见》提出"大量社会组织、社会工作者、志愿者、爱心企业等社会力量积极参与现场救援、款物捐赠、物资发放、心理抚慰、灾后恢复重建等工作"。2017年,颁发的《科技部关于进一步鼓励和规范社会力量设立科学技术奖的指导意见》指出"社会力量设立科学技术奖是指社会组织或个人利用非国家财政性经费在中华人民共和国境内设立,奖励为促进科技进步做出突出贡献的个人或组织的科学技术奖"。2021年,修订后的《中华人民共和国民办教育促进法》提出"国家机构以外的社会组织或者个人可以利用非国家财政性经费举办各级各类民办学校;但是,不得举办实施军事、警察、政治等特殊性质教育的民办学校"。2022年,江西省第十三届人民代表大会常务委员会第四十二次会议通过《江西省平安建设条例》,旨在组织和动员全社会力量,加强和创新社会治理,依法防范社会风险,化解矛盾纠纷,维护社会秩序,预防和减少违法犯罪，防止和减少安全生产事故，提高社会治理水平，构建共建共治共享格局，保障国家安全、社会安定和人民安宁。

综上所述，社会力量可以被定义为能够参与和作用于社会发展的基本单元，包括自然人、法人（社会组织、党政机关事业单位、非政府组织、党群社团、非营利机构、企业等等），①是“两代表一委员”、律师、心理咨询师、社工、“五老”人员、社会贤达人士等个体，以及各种行业协会、工青妇组织等除国家机关以外的各种社会组织、各界别民众的力量综合。

二、社会力量的特征

社会力量具有以下特征：一是合法性，社会力量应当在有关部门进行登记，并受到国家、政府及社会的承认。二是自主性，即社会力量应具有处理自身事务以及独立承担民事责任的能力。

（一）合法性

社会力量的合法性，是指社会团体的成员或准备吸纳为成员的群体对该团体的认同，以及其治理结构能够确保这种认同程度的状态。国家、政府部门对社会力量的承认，与同意、授权社会力量开展活动相关；单位及其他社会力量对社会力量的承认，与合作、提供资源相关；个人对社会力量的承认，则与个人的参与相关。以上三种主体的承认是社会力量开展公共活动的基础。

组织合法性和成员合法性共同构成社会力量组成的团体内部合法性，反映社会团体内部的结构特征和组织、会员的接受程度，也是社会力量（如行业协会等）组织治理的基础。社会力量权利的行使离不开政府和大众的支持。

① 广州市发展和改革委员会网站：《〈广州市关于支持社会力量参与重点领域建设的指导意见〉政策解读》，2022 年 3 月 17 日，见 http://fgw.gz.gov.cn/zfxxgk/zfxxgkml/zfxxgkml/bmwj/zcjd/zhjj/content/post_8139437.html? eqid=aa5255d9000022b300000004645dfeca。

一旦失去合法性，社会力量将失去权威性，很难集聚成统一意志，社会力量将无法正常行使权利。

（二）自主性

社会力量组成的团体，其内部成员享有自主决定团体事务的权利，包括章程制定和修改权、认识黜免权、内部事务自主管理权、对外活动权等。这些权利是社会力量开展活动所必需的基本权利。此外，自主性还要求社会力量在组织社团活动时是具有理性的，避免个人自发的、不稳定的行动，降低权利滥用对社会稳定的威胁。①

当出现市场失灵等情况时，社会力量可以发挥补充作用，利用其对社会和行业的了解与密切联系等优势，通过内部自治，实现对政府监督治理体系的补充，保障社会秩序的稳定。

三、社会力量的分类

（一）非政府组织

非政府组织是参与监管的关键社会力量，具有专业性的特点，可以发挥纽带作用，有助于缓和政府、企业和消费者三者之间的矛盾。非政府组织的专业性是其工作高效的主要原因之一，在网络食品安全治理过程中，非政府组织能够有效协助发现问题，解决问题。一方面，可以帮助政府了解企业生产状况，解决信息不对称问题；另一方面，可以将政府政策措施传达给消费者，提高政策信息透明度，舒缓消费者的不满情绪。②

阻碍非政府组织参与网络食品安全监管的因素分为客观因素和主观因

① 陈学美：《我国社会团体自治权及其保障研究》，内蒙古大学硕士学位论文，2014 年。

② 陈刚、王文君：《我国社会力量参与食品安全监管的现状与展望》，《粮食与油脂》2017 年第 30 期。

素。客观因素主要是非政府组织社会公信度低、相关法律法规不完善、力量分散、资源不足、政府重视度不够等；主观因素主要是非政府组织不够自律、与政府存在监管冲突，与公众互动不足、缺乏自治能力、专业化水平低等。这些因素严重影响非政府组织参与食品安全监管，降低了监管效率及其社会公信度。此外，非政府组织需要借助政府检测机构监测食品安全，也在很大程度上限制了其监管作用的发挥。因此，应当加快相关法律法规建设和非政府组织自身建设，破除非政府组织参与网络食品安全监管的诸多阻碍因素，具体包括：健全法律法规，为非政府组织参与食品安全监管提供法律保障；加强对非政府组织参与食品安全监管的政策支持，提升其监管自信；加强非政府组织自身建设，杜绝内部腐败；改善非政府组织自身形象，提高社会公信力；加强非政府组织之间、政府与非政府组织之间的合作，加强政府与非政府组织之间的联系，提高监管效率。

（二）媒体

虽然媒体并不直接拥有食品企业的控制权和所有权，但是媒体可以通过间接控制的方式，引导社会或政府对网络食品企业进行监督。媒体可以分为传统媒体和互联网自媒体。其中，自媒体是网络食品安全信息发布或曝光的主要平台，当网络食品安全问题发生时，网络媒体及时报道，广播进行消息播报，电视则进一步详细地对事件进行追踪、跟进、评论分析，报纸是对事件进行追踪和深度分析及结果的报道。媒体对食品安全问题的全面立体报道对于推动食品安全事件的有效进展、监督食品生产经营企业、促进食品安全立法的健全完善有着积极的助推作用。

传统媒体在网络食品安全监管中起着不可或缺的作用，食品安全事件往往先由媒体曝光，而后政府才介入调查。传统媒体报道能够发挥舆论引导作用；媒体介入监管能够维护消费者利益；媒体曝光能够平缓大众情绪；媒体能为大众提供及时、可靠的信息；媒体担负着“守望哨”职责，能够发现事件、及时曝光，为政府扩大信息来源；媒体能够利用舆论压力督促政府、企业履行自身职责；媒体能发挥社会协调功能，维护社会稳定。①

自媒体为公众提供了一种方便快捷的新的监督平台，是政府和公众之间有效的沟通桥梁。自媒体可以为公众参与网络食品安全监管提供有利的平台，其优势在于能够突破信息不对称瓶颈，更便捷、及时地传播大众舆论信息。自媒体给予了公众更大的选择空间，有助于提高公众参与食品监管的积极性。其中，降低公众参与网络食品安全监管的门槛，使公众获得更加有利的发声平台，是自媒体最突出的优势。

（三）消费者

消费者是食品安全的直接利益相关者，是网络食品安全监管不可或缺的参与力量。消费者参与监管有助于扩展网络食品安全监管的时段和范围，提供及时准确的信息，节约政府监管成本；有助于督促政府管理创新，提高政府监管能力和食品安全监管力度。消费者在食品安全多元治理中发挥基础性的支撑作用，消费者参与监管体现了民主需求，既符合人民主权的原则，也是新时代社会治理转型升级的必然要求。

然而，由于消费者处于弱势，其参与网络食品安全监管过程中会面临信息不公开、机制不完善、维权的收益与成本不匹配等诸多阻碍。第一，食品安全相关信息不公开被认为是阻碍消费者参与网络食品安全监管的首要因素。信息公开迟缓、内容笼统、消费者获取信息的渠道和方式不明确，会降低消费者参与热情，影响消费者参与效果。第二，消费者参与监管的机制不完善、相关制度欠缺被认为是阻碍消费者参与监管的另一个重要因素。第三，网络食品安全事件维权的成本与收益严重不匹配也是阻碍消费者参与监管的重要因素。现有制度对网络食品安全不法行为的惩罚力度低，消费者得不到合理赔

① 陈刚、王文君：《我国社会力量参与食品安全监管的现状与展望》，《粮食与油脂》2017 年第 30 期。

偿，无法弥补维权成本，抑制了消费者参与监管的积极性。因此，应从信息公开、制度完善、消费者参与能力提升，以及维权成本、收益平衡等方面，提出消费者参与食品安全监管的应对策略。

为破除上述阻碍，可以考虑有条件地允许职业打假人的存在。实践中职业打假人通过购买或消费假冒、不合格食品后依据相关法律获得惩罚性赔偿，并以此为主要营业收入来源。这一制度对食品生产和销售企业形成极大的威慑，但同时也容易给市场秩序造成某种困扰，因此该制度需要进行科学审慎的设计。

四、社会力量参与治理的理论基础

（一）当代公共治理理论

公共治理理论为将社会力量等第三部门引入公共管理奠定了理论基础。① 公共治理理论强调治理主体多元化和治理责任分化、公共主体间的互动伙伴关系、治理机制的合作网络化，以及治理工具的私法化和非强制性。类似地，公共选择理论也主张治理主体多元化，并指出政府监管的局限性，从而为社会力量参与食品安全监管提供理论支撑。于是，公共部门与私人部门合作共同治理社会问题成为政府改革的必然选择。这种公私部门协同与合作的管理模式被学者称为新公共治理。新公共治理主张“国家—市场—社会”良性互动的三元治理结构。这种治理结构改进了社会责任的承担机制，主张由政府、市场和社会共同承担管理公共事务的责任，这不仅可以减轻政府的责任压力，还可以全面激发公众参与公共事务活动的热情，提高公共事务处理的质量和效率。

政府通过各种方式鼓励公众在非政府组织、非营利机构等社会力量的帮

① 王久月：《哈尔滨市网络订餐食品安全监管问题研究》，哈尔滨商业大学硕士学位论文，2019年。

助下共同参与公共事务的管理，特别是对于网络食品安全这类涉及利益主体众多的问题，社会力量的参与可以更好地解决部分问题。政府可以充分整合社会资源，吸纳社会各方力量共同参与食品安全治理，实现从“管制”到“治理”的转变，提高食品安全治理的效率。

（二）社会管理理论

社会管理有广义和狭义之分。广义的社会管理指对于整个社会的管理，即对于包括政治子系统、经济子系统、思想文化子系统、社会生活子系统和生态自然子系统在内的整个社会大系统的管理；而狭义的社会管理则着重于对政治、经济、文化、生态四个子系统并列的社会子系统的管理。①

我国学术界自20世纪90年代开始关注社会管理问题，把现代社会化分为政治领域（政治国家）、经济领域（市场经济）和社会领域（市民社会）三个领域。它们各自有不同的活动主体、不同的组织目标、不同的社会功能、不同的组织结构、不同的激励机制、不同的运行路径。政治领域的活动主体是政府或政府组织，经济领域的活动主体包括营利组织、作为独立的生产经营单位的家庭和个人，社会领域的活动主体则包括非营利组织、家庭和个人。社会管理通常包括两种类型：一是政府对有关社会事务进行规范和制约，即政府社会管理。政府社会管理是政府通过整合社会资源、动员社会力量，为增进公共利益依法对社会事务实施的组织化活动。二是社会（即自治组织、非营利组织和公民）依据一定的规章制度和道德约束，规范和制约自身的行为，即社会自我管理和社会自治管理。现代社会管理是政府干预与协调、非营利组织为中介、基层自治为基础、公众广泛参与的互动过程。由此可见，社会管理的主体应该是多元的，不仅包括国家、政府机构，而且包括各种非营利部门、社会中介组织乃至企业，它们在对社会生活、社会事务、社会中介组织、社会公共服务等进行

① 孙敏著：《走向协同治理：以食品安全为例》，东北大学出版社2018年版。

处理、规范、协调和服务等社会管理活动中都可以发挥重要的作用。社会管理的手段也应是多样化的，既包括国家政府利用行政手段、法律手段对社会生活的干预，也包括社会中介组织及社会成员利用行为准则、道德规范和舆论影响对社会生活、社会事务、社会中介组织、社会公共服务等的自我管理或自治自律，还包括利用市场机制由企业提供社会公共服务以及企业自觉履行社会责任。

食品安全关系到公众的身体健康和生命安全，是民生的重要组成部分，也是社会管理的重要内容。因此，应该应用现代社会管理理论，不断创新社会管理制度体系，广泛构建社会力量参与食品安全监督和管理的渠道，进而延伸食品安全监管触角。

（三）多元治理理论

多元治理就是积极鼓励企业、公众、社区、社会组织等与政府一起，通过平等协商、协同互动参与公共问题治理的过程。参与多元治理的主体之间不是替代与被替代的关系，也并不意味着某个主体的权力缩小，它们之间存在着权力依赖和资源依赖关系，具有整合社会资本的优势，同时弥补各自的缺陷。参与公共治理活动的各个组织，无论是公共组织还是私人组织都不拥有独自解决问题的能力和资源。公共治理主体的多元化会让各个主体发挥自己的独特优势和资源，通过互动达成一定的目标，形成一个解决社会问题的责任体。公共治理主体之间通过长期的、深入的对话提高决策理性，较少机会主义现象的发生，使行动更加理性。①

要提高治理效果，必须创新我国食品安全治理模式，推动包括政府、企业、社区、消费者、社会组织等在内的主体在平等协商、合作协同的基础上实现多元参与。多元参与食品安全治理并非否定或摒弃政府的作用，政府在多元参

---

① 崔文栋：《多元治理背景下社会企业参与非物质文化遗产保护研究》，吉林大学硕士学位论文，2021年。

与的食品安全治理网络中仍然扮演着重要的角色。在多元参与模式下，政府制定政策、出台法律法规，食品生产经营企业主动承担社会责任，行业协会引导企业自律，第三方检测机构承担具体的检测工作，消费者和媒体对政府、企业等的行为进行监督。

第二节　我国社会组织参与治理的现实考察

一、社会组织的类型

（一）行业协会

我国最早的食品行业协会是国务院在1981年成立的中国食品工业协会（China National Food Industry Association）。20世纪80年代，我国正处于经济体制转型期，食品工业协会的任务就是全力促进整个食品行业发展，因此在这一时期，中国食品工业协会的监管作用没有表现出来。进入90年代，随着经济的发展，人们更加关注食品安全。在这一历史时期，中国食品工业协会的任务是以食品安全为基点，发挥对食品市场的监管作用。食品工业协会制定了食品质量相关的标准和细则，加强了食品工业协会自身的建设。进入21世纪，中国食品工业协会进一步完善了专业委员会，这些委员会也充分发挥了自身的优势，在行业自律、协调政府与企业的关系方面作出了很大的贡献。为了进一步刺激国内市场活力、与国际接轨，我国放开了民间协会的注册限制，近二十多年来有各种食品行业协会成立，并在行业中起到监督和促进发展的作用。

我国的食品行业协会可以分为三类：综合性行业协会（如中国食品工业协会、中国餐饮行业协会、中国饮食行业协会、中国食品卫生监督协会、中国食品质量与安全协会等）、专业性行业协会（如中国奶业协会、中国淀粉协会、中国食品添加剂协会等）、学术性行业协会（如食品科学技术协会等）。从活动范围来看，行业协会可分为全国性、区域性和地方性协会，如图6-1所示。大多数食品行业协会是在政府的领导或指导下履行自己的职责，总体而言，食品领域的各个行业协会在保障食品安全方面都发挥着各自的作用。

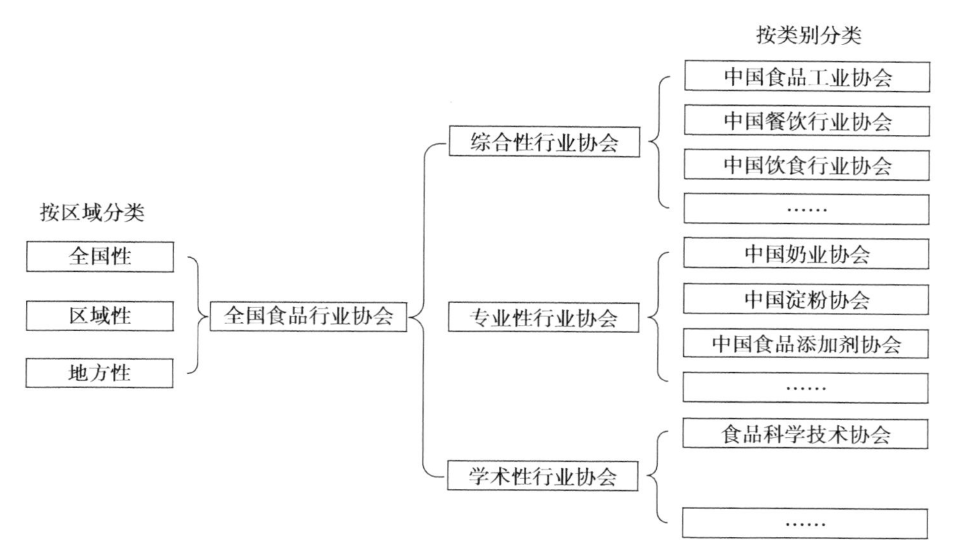

图 6-1　全国食品行业协会分类

资料来源：笔者整理。

目前，国家、省（自治区、直辖市）、地级市、县（区、县级市）层面形成了各种各样的食品行业协会网络。根据中华人民共和国民政部网站上查询到的关于全国社会组织的信息，可以发现与食品安全治理相关的社会组织非常多。从“中国社会组织政务服务平台”的查询情况看，截至 2024 年 4 月 7 日，除了国家层面的中国粮食行业协会、中国食品工业协会、中国调味品协会、中国酒业协会、中国奶业协会等，在省、市、县层面组织状态为正常的还有 346 家粮食行业协会、72 家食品工业协会、14 家调味品协会、128 家酒业协会、88 家奶业协会。从食品产业链来看，有 8 家农产品种植协会、79 家畜牧业协会、68 家养殖业协会、151 家水产养殖协会、143 家茶产业协会、46 家水产行业协会、42 家绿色食品协会、25 家果品行业协会、13 家有机食品协会、68 家食品安全协会等众多的社会组织。可以说，社会组织的种类已经非常丰富，完全可以根据各自不同的组织使命,承担不同的食品安全治理责任,从事不同的食品安全治理活动,为食品安全治理作出积极贡献。

(二)社交媒体

在21世纪初期,电视、广播等传统媒体是我国公众获取新闻信息的主要渠道。其中,中央电视台的观众数量接近12亿,是我国影响力最大、最权威的电视台,具有极高的公信力。中央电视台也是报道食品安全问题的主要电视媒体,《每周质量报告》《新闻调查》《焦点访谈》等均为业界对食品安全的关注集中且影响力大的报道栏目。

近年来,随着互联网技术的不断进步,互联网新媒体得到快速迅猛发展。信息通过网络传播给网民,同时网民的态度、观点也可以通过平台的留言板、聊天室以及新闻跟帖等方式公开向大众发布,实现信息的双向互动。互联网媒体的优势主要在于其信息量巨大、传播实时高效、互动性强等,凭借以上优势,互联网媒体迅速发展成为继报纸、广播、电视等传统媒体之后的"第四媒体"。互联网新媒体和自媒体在网络食品安全监管方面主要具备加强科普宣传、推动执法进程、促进信息沟通等作用。

(三)消费者协会

《中华人民共和国消费者权益保护法》规定了我国消费者协会的职能,具体包括:(1)向消费者提供消费信息和咨询服务等;(2)参与制定有关消费者权益的法律、法规、规章和强制性标准;(3)参与有关行政部门对商品和服务的监督、检查;(4)就有关消费者合法权益问题,向有关部门反映、查询,提出建议;(5)受理消费者的投诉,并对投诉事项进行调查、调解;(6)投诉事项涉及商品和服务质量问题的,可以委托具备资格的鉴定人鉴定,鉴定人应当告知鉴定意见;等等。

消费者协会的成立有利于维护消费者的公共利益、制约商品生产经营者的不法经营行为、保障和监督法律的实施以及弥补行政执法的不足。2023 年 2 月 15 日，中国消费者协会发布《2022 年全国消协组织受理投诉情况分析》，根据全国消协组织受理投诉情况统计，2022 年全国消协组织共受理消费者投诉 1151912 件，解决 915752 件，解决率 79.5%，为消费者挽回经济损失 137767 万元。

2013 年 10 月 25 日，第十二届全国人民代表大会常务委员会第五次会议第二次修订了《中华人民共和国消费者权益保护法》，明确了消费者协会公益诉讼的主体地位，赋予消费者协会公益诉讼权。在目前的条件下，消费者个人消费维权具有较高的成本、时间长、举证难，以自身实力很难和侵权企业抗衡，而由消费者协会代表消费者向法院提起诉讼，把单独消费者的力量凝聚在一起，足够形成与侵权企业对抗的力量。与此同时，消费者协会通过新闻媒体、社会舆论等多方面力量，给经营者造成压力，促使其合法经营，更能给消费者提供专业、高效服务，切实保障其合法权益。

二、社会组织参与网络食品治理的途径与作用

（一）食品行业协会

食品行业协会在网络食品安全治理中有着得天独厚的优势，是网络食品安全治理不可或缺的力量。随着科学技术的不断发展，食品的种类变得越来越多，所采用的生产工艺和添加的化学原料也随之增加，这就增加了网络食品安全治理的难度。网络食品安全问题的反复出现，说明不能仅仅依靠政府和市场对其进行调节。我国食品行业协会在网络食品安全治理中的作用体现在：

第一，弥补市场失灵。网络食品生产经营者和消费者之间存在食品安全信息不对等问题。网络食品生产经营者掌握着食品安全信息方面的优势，拥有有关食品原料、生产流程、生产环境等关键信息。而消费者则无法明确掌握此部分信息，只能依据经验、主观感受或者网络平台的评价信息来对网络食品

的安全性进行评断。此种信息不对等常常造成市场上正规生产的产品受到假冒伪劣食品低价优势的挤压,造成市场秩序紊乱。目前,网络食品的市场制度问题导致网络食品安全信息披露不足,顾客无法有效分辨安全食品,同时也降低了网络食品安全治理的真实成效。[①] 食品行业协会同时有多家大型食品企业加入,拥有制定行业标准和监督成员运营的权力,食品行业协会可以通过内部协商的方式,制定关于网络食品信息透明化的相关政策,和网络食品平台合作,将网络食品的原料和生产制作流程以图片、视频等方式呈现给消费者,打破信息不对等的障碍,最大程度降低企业违规动机。

第二,补充政府监管力量。首先,政府监管也存在信息不对称的问题。网络食品行业的隐蔽性和复杂性使得监管对象有机会逃脱监管人员的监管,监管效果大大削弱。其次,政府监管的主力是政府监管部门的在职人员,由于网络食品监管涉及食品行业专业知识,政府部门监管人员难以在网络食品监管方面表现得很出色。而各地方食品行业协会和各领域食品行业协会都具有一定的食品质量检测能力,聘请了大量食品学专业学者,食品行业协会可以和政府监管相结合,政府可以运用食品行业协会的专业能力,更加科学和客观地监管网络食品安全问题。

第三,引导行业自律。网络食品安全的治理体系需要行业自律机制作为支撑。食品的生产经营者是该行业的基础构成单位,倘若没有提升对食品品质安全管控的主动性,则所有的监管体系即便再完善,也无法确保其产品的品质安全。但是,要求食品的生产经营者保持自律同样有相应的约束前提,仅当诚信为其创造显著收益,而不法行为让其承担巨大代价时,食品企业才有形成自律的动机。由食品生产经营者组成的行业协会,可以对其成员实施自律管理,形成行业共识,防止出现不良竞争,保证市场的有序运作,促进整个网络食品行业良性发展。同时,食品行业协会具有促进行业自律的职责。一方面,应

① 黄冰婷:《泉州市食品安全治理中的食品行业协会作用研究》,华侨大学硕士学位论文,2016年。

提升自我管理的能力,构建完善且高效的管理制度;另一方面,可通过制订行规行约,并组织实施,完善自律体制。食品行业协会引导整个食品行业加强自律管理,提倡诚信合法经营,提高食品安全首要负责人对食品安全的认知,不制造与销售可能存在食品安全隐患的食品,主动维持食品市场的良性运作。

第四,代表行业利益。一方面,食品行业协会可以依靠本身所具有的专业人员,从食品安全事件的属性确认、追责、处理建议、整顿策略等角度出发,给出可行有效的意见,在辅助政府监督管理单位应对食品安全事件的过程中发挥无可替代的作用。另一方面,食品行业协会可以对行业内部以及与其他行业组织之间的纠纷进行调解,一定条件下还可以开展行业仲裁,以此来协调内部会员之间或协会与外部之间的各种利益,最终维护好本行业良好的竞争秩序。

(二)媒体

1. 传统媒体的作用

媒体是重要的舆论监督载体与阵地。由于食品生产、经营、销售环节多,监管对象数量庞大,监管力量相对不足,导致食品监管部门监督和管理难度大、覆盖力度不足,虚假宣传、违规销售、制假售假、黑作坊等食品安全违法案件屡见不鲜。相比之下,传统媒体传播速度快、覆盖面广的特点可以有效弥补食品监管部门的不足,完善食品安全治理体系,纠正市场失灵。媒体传播可以在公众与政府之间起到沟通作用,减少公众与市场之间的信息不对称;在关键信息发布、打击谣言方面,媒体能更容易地将准确、科学的信息传播出去,其报道的及时性可以弥补网络食品安全监管部门的工作漏洞。①

2. 互联网媒体的作用

互联网媒体平民化的特点使消费者能够更好地参与网络食品安全监督;其个性化、互动性强的特点可以激发消费者对参与网络食品安全监督的兴趣;

---

①　王一民:《媒体监督对食品安全犯罪治理的价值生成与作用反馈研究》,《哈尔滨学院学报》2022年第43期。

而传播速度快、覆盖范围广的特点则增强了舆论对网络食品安全监督的力量。网络平台也能有效改善消费者信息不对称的问题。

第一,曝光不安全网络食品信息。互联网媒体通过将不安全食品信息曝光,促使政府采取行政治理,从而规范食品企业的不安全生产行为。对于政府而言,媒体曝光一方面分担了政府监管的成本;另一方面,媒体曝光减少了上级政府和地方政府之间的信息不对称,有利于网络食品安全监管。媒体监督作为法律外的替代机制获得了广泛的重视,互联网媒体曝光作为一种对地方政府行政表现的信息披露机制,可降低中央政府获取信息的成本。因此,互联网媒体监督不仅可以通过政府行政介入的方式达到治理网络食品企业的作用,还可以在政府行政体制内形成有效的信息披露机制。

第二,约束食品企业安全生产。互联网媒体曝光不安全网络食品信息后,消费者强大的舆论压力可以敦促政府介入以及食品企业采取相应措施。媒体可以通过声誉机制来影响公司治理,特别是通过影响经理人的声誉达到公司治理的目的。一般而言,当不安全食品信息被曝光时,考虑到声誉机制,公司通常采取召回以及对消费者赔偿的措施。网络食品企业内部发现问题时,也可以通过媒体及时向社会通报并采取后续措施。企业主动曝光不安全信息,并不会在声誉上造成大的损失,反而会被认为是企业担负社会责任的体现。

(三)消费者协会

我国消费者保护协会成立以来,在保护消费者权益、引导公众参与食品安全监管等方面发挥着重要作用,具体体现在以下方面:

第一,改善消费信息不对称。在现代社会,随着工业革命的完成以及信息革命的快速发展,消费者之间及其与网络食品企业之间的信息占有量已经很难对等。消费者协会一方面可以通过消费者的举报来协调网络食品企业和消费者之间的信息不对称,另一方面可以通过公益诉讼的方法对该网络食品企业给消费者造成的损害进行有效的改变与补救。2020 年 6 月 18 日,安徽省消费者权益保护委员会提出，消费者在通过网络购买食品时，一定要选择外包装和运输条件符合食品安全要求的。同时，强调外卖餐食应附有随餐小票或者清单，要留意食用时间提示和经营者名称、地址、联系方式，以及网络平台名称、订单编号等信息。[①] 2023 年 7 月 27 日，辽宁省市场监督管理局与饿了么、美团等第三方平台达成数据共享意向，实现区域入网商户入驻信息、食品经营许可信息、食品安全社会评价和投诉信息共享互通。一方面，通过第三方平台向消费者推送商户食品安全信用信息，改变消费者在网上选择餐饮店时信息不对称的弱势地位，引导消费者理性消费，逐步形成规范守法经营才能长久发展的社会共识。另一方面，有效筛选用户食品安全评价信息，让第三方平台中涉及食品安全的评价信息能更好地为监管工作服务，提升监管工作的靶向性。

第二，弥补行政执法的不足。行政手段高效率、主动性、简捷性等优点，可以快速地解决消费者之间的权益纠纷，但是也有其自身的缺点。例如，行政执法的随意性。而且这种随意性又会因为侵权事件发生的地域以及影响力等的不同而有所差别，这就与法律所追求的公平性相悖，消费者协会的监督则可以弥补行政执法在该方面的不足。提起公益诉讼是普通消费者或团体进行权力救济的权利，同时也可以在一定程度上弥补行政管理的漏洞，这也是利用社会性的第三方力量去维护公共利益的必然发展趋势。

第三节　公众参与治理的现实考察

一、公众参与的概念

公众参与一般指社会民众对一些有关他们自身利益的公共事务作出自己

---

① 中国消费者协会官网：《安徽省消保委提醒：谨慎购买来源不明生鲜食品》，见 https://www.cca.org.cn/jmxf/detail/29636.html。

的活动和行为。[①] 公众参与主要有三大基础要素，即参与的主体、领域和参与的渠道。公众参与的主体可以是个体公众，也可以是个体公众自发组成的第三部门。在网络食品安全监管中，个体公众是指消费者，第三部门是公众与政府沟通的桥梁，能够提升公众参与的地位和影响力。[②]

我国对于公众参与的研究虽然起步较晚，但近二十多年来不断有学者持续关注公众参与的话题，并对此展开广泛而深入的探索。我国学者普遍认为，公众参与能够有效地减少由于职能部门单方面进行相关政策制定而引发的矛盾和冲突，能够帮助职能部门更加清晰地了解公众需求，提升政府对于公众基本权利的重视，并且照顾到绝大部分公众的基本权益，满足绝大部分公众对于社会公平和公正的需求。

就公众参与网络食品安全监管而言，《中华人民共和国食品安全法》等法律法规确立了公众参与食品安全监管的权利。但作为分散个体的公众，往往缺乏参与监管所必需的经费来源与经济支持，这在很大程度上影响了公众参与食品安全监管的积极性。[③] 另外，由于消费者的食品质量鉴别能力有限，消费者在参与网络食品监管等相关事务时时常处于力不从心的状态。如果可以采用合适的方式提升消费者对于食品质量的鉴别能力，则会促使其成为网络食品质量监管过程中的主要力量。

二、公众参加网络食品治理的必然性与意义

（一）公众参与的必然性

公众作为食品的最终使用者，是食品安全链条上最基础的参与及监督主

① 爱思想：《俞可平：公民参与的几个理论问题》，见 https://www.aisixiang.com/data/12342.html。

② 王春婷：《社会共治：一个突破多元主体治理合法性窘境的新模式》，《中国行政管理》2017 年第 6 期。

③ 邓达奇、戴航宁：《公众参与食品安全监管制度论》，《重庆社会科学》2017 年第 8 期。

体,公众食品安全及维权意识的提高,有助于保障食品安全。因此,公众参与也是新时代食品安全社会共治的应有之义。

1. 公众参加网络食品治理是我国实施法治的必然结果

党的十八届三中全会通过的《中共中央关于全面深化改革若干重大问题的决定》提出,要"推进国家治理体系和治理能力现代化",并强调创新社会治理体制。从社会管理向社会治理的转变,要求在法治的框架下探索公众参与社会治理的新机制和新方法。网络食品安全治理的实践结果表明,单纯依靠政府的一元监管模式根本无法解决网络食品安全问题。因此,创新社会治理模式,发挥公众的力量,合作治理网络食品安全是必然之举。

在法治社会建设进程中,公民作为建设主体具有知情权、参与权、表达权和监督权,这是具有宪法依据的。《中华人民共和国宪法》第二条规定:"人民依照法律规定,通过各种途径和形式,管理国家事务,管理经济和文化事业,管理社会事务。"可见,宪法赋予公民对于"两事务、两事业"进行管理的宪法权利,再结合其他的宪法和法律规范,显然可以将此概括为公民的知情权、参与权、表达权和监督权,而这也是公众参与网络食品安全治理的权利来源和基本类型。一些法律文件和政府文件对于公众参与行政管理和社会管理工作,包括食品安全治理工作的权利,也作了明确规定。例如,2012 年国务院颁布的《关于加强食品安全工作的决定》指出,动员全社会广泛参与食品安全工作。大力推行食品安全有奖举报,畅通投诉举报渠道。充分调动人民群众参与食品安全治理的积极性、主动性,组织动员社会各方力量参与食品安全工作,形成强大的社会合力。还应充分发挥新闻媒体、消费者协会、食品相关行业协会、农民专业合作经济组织的作用,引导和约束食品生产经营者诚信经营。2012 年,国家食品药品监督管理局发布的《关于加强和创新餐饮服务食品安全社会监督工作的指导意见》提出,动员基层群众性自治组织参与餐饮服务食品安全社会监督,鼓励社会团体参与餐饮服务食品安全社会监督,支持新闻媒体参与餐饮服务食品安全社会监督,鼓励社会各界人士依法参与餐饮服务食品安全社会监督,为社会各界参与餐饮服务的食品安全社会监督提供有力的保障。上述法律文件和政府文件的有关规定表明了国家对于公众参与食品安全监管的重视,也说明公众参加网络食品安全监管存在有力的法律支撑。《中华人民共和国食品安全法》也为公众参与提供了基础条件,它可以有效推动食品安全的社会共治,广泛发动公众参与网络食品安全治理。在"互联网+"的新形势下,科学技术的迅速发展、自媒体时代的不断推进也为公众参与网络食品安全治理提供了更有力的支持和保障。第一,公众通过互联网可使食品安全信息尤其是网络食品安全更具透明性,公众的知情权更有保障;第二,通过互联网可建立起一种比较完备的交互式网络信息处理和传播机制;第三,通过互联网可增加公众参与食品安全治理的热情、方式和成效,提高行政管理和社会管理的民主性。

2. 公众参加网络食品治理是我国社会发展的必然结果

风险的社会化使每一个公众都无法在网络食品安全风险下独善其身,政府监管难以独立应对风险的社会化危机。长期以来,我国食品安全都是依靠政府监管活动实现的。但任何单一的监管主体都难以实现食品安全治理的全部职能。公众是网络食品安全最直接的利益相关者,天然具有抵制食品安全犯罪的决心,公众在抵御食品安全违法问题上,也本能地具有主动性和彻底性。因此,强化和鼓励公众参与是对传统监管的有益补充。值得庆幸的是,我国已经意识到了网络食品安全监管存在的一系列问题,开始实施以社会共治为目标的行政监管改革。《中华人民共和国食品安全法》赋予了公民的参与权,通过引入公众监督来应对食品安全的危机,同时加强公众对政府监管的外部监督,意在实现公众在政府管理和监督两个层面上的参与,改变传统政府监管垄断和有限开放的局面。

与此同时,公众的思想也在转变和提升,公众的风险意识和危机感在增强,消费者不再是被动地接受政府监管,而是开始主动寻求监管途径。一方面,公众开始自觉地关注与自身相关的网络食品安全问题,积极主张自身的知情权和健康权。另一方面，食品安全问题深入人心，公众开始以自身力量参与监管活动。作为网络食品安全监管的直接参与者，公众参与网络食品监管的呼声日益高涨。

3. 公众参加网络食品治理是我国经济发展的必然结果

社会主义市场经济体制不仅是经济发展的需要，更是个体解放的需要。在经济转型的过程中，不仅增加了社会财富，提高了人民的物质生活水平，促进了经济的飞速发展，还推动个人走向独立自主，大大提升了我国公众的主体性地位，促进了人格的全面发展，使我国公众成为自立自主的市场主体，提高了公众进行社会主义现代化建设的主动性、积极性和创造性，这一系列的进步使公众参与网络食品监管成为可能。

（二）公众参加网络食品治理的意义

食品安全一头牵着民心，一头关乎产业，是重大的民生问题、经济问题和政治问题。公众在食品安全社会共治中的定位应逐步从观众转向合作者，只有实现消费者与监管部门、生产经营者激励相容，才能从根本上提升我国食品安全保障水平。

1. 能有效提升政府监管水平

随着现代社会的发展，政府通过引导公众的自主监督，使公众在正确理解食品风险的基础上对自己的选择负责，从而自主承担风险监督是一种降低政府监管责任的有效方式，也是一种有效分化风险的机制设计。当安全问题发生时，责任被分配给参与决策的每个主体，一定范围内的每个主体都分担部分责任，可以有效减低食品安全风险对社会的冲击。因此，公众的参与可以有效地缓解政府所面临的政治风险和社会风险。

公众参与网络食品治理可以发挥较大的社会作用，主要表现在：第一，公众参与可以补充政府管理力量。公众作为食品的直接消费者，也是食品安全的受益者，更可成为食品安全治理的参与者，因而公众对于食品安全治理常会表现出特殊的积极性。在公众的积极参与下,政府对于食品安全违规事件的处理会更有行政效率和社会基础,由此扩大政府监管的范围并提高监管的成效。第二,作为网络食品安全的直接受益者和相关者,公众积极参与后所提供的大量食品安全信息可以减少网络食品安全监管的行政成本。与此同时,公众参与网络食品安全风险治理可以积累经验和智慧,推动相关法律法规的出台和完善,有助于加强食品安全法治建设。

2. 能够促进各方利益共识的达成

监管者必须将带有全局意识的监管应用到食品这个影响社会生活的重大领域。需要指出的是,这种新的、整合性的公共健康视野必须依赖于公众充分参加公共讨论来使公共利益得到重视,使网络食品安全问题得到有效解决。公众参与的监管,往往也会引起一些专家解读和新闻媒体报道,这种舆论评价的实现可以使公众对网络食品安全的意见更加广泛地表达出来。通过这种方式,可以向食品行业协会团体或食品企业施压,让它们重视来自公众的监督,而不仅仅只是来自政府的监管。处于网络食品利益网络关键位置的公众,与食品企业、监管部门、食品协会开展广泛的交流,有助于各利益相关者充分互动、不断地对话,实现价值分享。

三、公众参与网络食品治理的途径

现阶段我国公众参与网络食品治理的主要途径为通过消费者协会举报和媒体曝光。

(一)公众通过消费者协会监督

2023 年 2 月 15 日,中国消费者协会发布了《2022 年全国消协组织受理投诉情况分析》,根据全国消协组织受理投诉情况统计,在所有投诉中,商品类投诉为 592603 件,占总投诉量的 51.45%,与 2021 年相比,比重上升 4.45 个百分点;服务类投诉为 525088 件,占总投诉量的 45.58%,比重下降 3.91 个百分点;其他类投诉为34221件,占总投诉量的2.97%。根据2022年商品大类投诉数据,家用电子电器类、日用商品类、食品类、服装鞋帽类和交通工具类投诉量居前五位,如表6-1所示。

表6-1　2022年中国消费者协会受理投诉量居前五位的商品

商品大类	投诉量(件)	投诉比重(%)
家用电子电器类	121524	10.55
日用商品类	121122	10.51
食品类	93478	8.12
服装鞋帽类	89864	7.80
交通工具类	66188	5.75

资料来源:中国消费者协会网。

1. 公众通过消费者协会监督的流程

首先,全国各地消费者协会受理投诉,实行以地域管辖为主、级别管辖为辅、就近受理的原则,需要相关联的消费者协会协助的,相关联的消费者协会应当给予协助。

其次,消费者投诉应递交文字材料或有消费者签字盖章认可的详细口述笔录。投诉材料应包含以下内容:(1)投诉方和被投诉方的基本信息。(2)损害事实发生的时间、地点、过程及与经营者协商的情况。(3)有关证据。消费者应提供与投诉有关的证据,证明购买、使用商品或接受服务与受损害存在因果关系,法律法规另有规定的除外。消费者协会一般不留存争议双方提供的原始证据(原件、实物等)。(4)明确、具体的诉求。对投诉要件缺乏或情况不明的投诉,消费者协会应及时通知投诉方,待补齐所需材料后再受理。

最后,公众的投诉信息由消费者协会处理,并由消费者协会出面联合被投诉商家和消费者协商解决,如图6-2所示。

目前,消费者协会接受公众的投诉渠道变得更加多样化,除了传统的书面和电话形式投诉外,公众还可以在消费者协会的官网进行投诉,有关网络食品

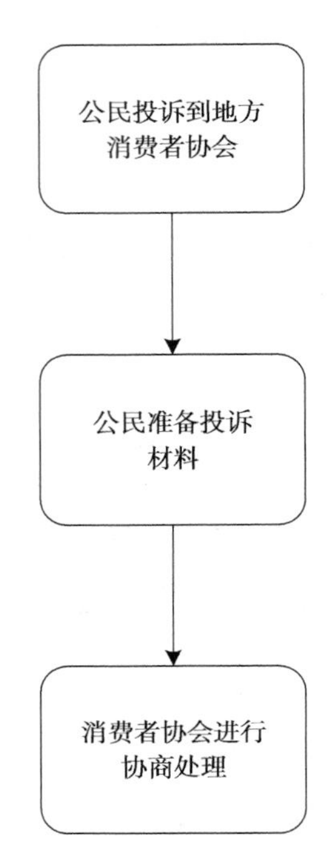

图 6-2　公众向消费者协会投诉的流程

资料来源:笔者整理。

的投诉也有专门的投诉形式。这极大地简化了公众在消费者协会投诉的步骤,有利于公众更好地监督网络食品安全问题,维护自身权益,也有利于消费者协会更好发挥自身作用。

2. 公众通过消费者协会监督的作用

"小额多数"是消费者权益受侵害的主要特点之一。消费者在维护个人合法权益时,其个人力量与被告差距较大,维权成本也较高,维权效果一般达不到消费者预期的效果。在立法上,我国增加了消费者协会对消费者权益进行维护的方式,即省级以上的消费者协会有权提起公益诉讼,可以有效转变消费者在公共利益方面得不到切实维护的局面。

消费者协会可以有效抑制网络食品企业违法行为。公众通过消费者协会投诉不仅能维护个人权益,还可以为了防止其他人受到类似的损害而相对应地对经营者提出一些禁止性的要求，这样可以对经营者的行为形成一定的威慑，进而有效地抑制经营者的违法行为。

（二）公众通过媒体曝光

如今，互联网日益成为人们针对各种事件表达观点和意愿的平台，并且释放出巨大能量。新媒体信息传播能够同时实现信息传播的多样性、时效性、互动性和全时性等。在新媒体语境下，每个受众都是信息的传播者，随时能够通过手机等终端将有价值的信息发到网络上进行传播。因此，越来越多的消费者开始利用网络社交媒体曝光食品安全问题。

1. 公众通过媒体曝光的方式

网络食品安全监管的常见方式就是公众通过传统的电视媒体进行监督。当发现网络食品安全问题后，公众可以联系当地的电视媒体，通过媒体曝光的形式制造舆论，对违法企业形成舆论压力。新兴的网络媒体的出现使公众的监督方式由传统媒体转向网络媒体，公众可以通过联系社交平台上的意见领袖或者使意见领袖自己进行网络食品安全的监督。

2. 公众通过媒体曝光的作用

媒体以其自身优势即形成社会舆论，对食品安全事件的发生具有一定的监督作用。尤其是网络媒体平民化的特点，使更多的公众能够更好地参与到食品安全的监督上；其个性化、互动性强的特点，更加激发了公众对参与食品安全监督的兴趣；其传播速度快、覆盖范围广的特点增加了舆论对食品安全监督的力量。网络媒体平台也能有效改善消费者信息不对称的问题。如前文所述，网络食品企业作为生产者、经营者在食品信息上具有一定的垄断地位，政府部门的监管也很难及时地将信息公布给公众。因此，消费者在对食品安全信息掌握上处于劣势。而网络媒体监督的加入改善了这种信息不对称的情况，公众通过网络媒体的监督可以使网络食品的质量问题以最快的速度传播到社会。

第四节　社会力量参与网络食品安全风险治理协同共治的道路探索

一、社会力量参与网络食品安全风险治理的理念创新

（一）提升食品行业协会的治理地位

1. 加强食品行业协会自身建设

进入网络时代后，网络食品安全问题无法用过去的手段和方法解决，食品行业作为食品安全治理的重要部分，其治理理念也要与时俱进，以适应新环境下的食品安全挑战。

（1）要提升行业协会从业人员专业技术水平。各地方食品行业协会在享受政府的优惠扶持政策的同时，应抓紧提升行业协会从业人员的专业技术能力。邀请高校学者、政府部门经验丰富的一线监管人员开展食品安全知识、检验检测技术、监管执法相关知识的培训，针对重点与难点问题进行详细讲解，提升行业协会从业人员的专业素质，进而提高协会的整体业务水平。提高网络风险意识，邀请网络专家，充分调查消费者网络食品方面的顾虑，有针对性地提升协会的网络预警机制。

（2）要完善行业协会内部管理制度。食品行业协会要按照建立现代社会组织的要求，建立和完善产权清晰、权责明确的治理机构；精简机构，提升面对网络食品安全实践的响应能力。进一步明确行业协会的发展方向并进行长期规划，提高各地方食品行业协会对当地特殊情况下的网络食品安全意识，明确行业协会的中介性职能。健全协会工作制度与内部管理规章，从行业协会内部树立起自律意识；进一步完善财务管理机制，保证资金来源清晰、去向透明，防止遭受其他外界因素干扰，有效规划经费的使用。

2. 积极参与政府网络食品安全标准制定

(1)参与网络食品相关的市场标准制定。食品行业协会应协助政府完善网络食品市场标准,针对企业生产加工环境、生产设备、工艺及流程、人员、检验检测以及质量管理等条件进行严格筛查,禁止不合格企业入市违规经营,从而保障食品行业健康发展。

(2)参与食品质量标准制定。应充分发挥食品行业协会的专业性优势,以食品安全国家标准审评委员会成员的身份,以食品企业和消费者的诉求为基础,通过协商讨论,积极协助政府部门制定更具科学性、可操作性的食品安全质量标准,实现对食品产业链的全程监管,约束企业内部管理行为,督促食品企业树立自律意识,规范食品行业秩序。

3. 扩大食品行业协会会员规模

首先,出台优惠政策吸引以网络经营为主的食品企业入会。食品行业协会应设身处地为食品企业的长远发展谋划,通过与企业管理者、基层员工的交流,获知食品企业的实际诉求以及在经营中的难点,进而有针对性地出台相关政策、开展活动来解决企业的问题。一方面,行业协会可以利用自身平台的优势,通过与电商平台、外卖平台等建立合作关系,为协会内部的会员企业提供统一的经销渠道,帮助小微企业打开销路,支持其快速成长。另一方面,行业协会可以定期开展社会宣传活动,为严格遵守行业标准、诚信经营的会员企业提高免费宣传的机会,提升品牌社会认知度,进而鼓励其他网络食品企业或经营者积极加入食品行业协会。

其次,加强会员企业间的交流合作。我国食品行业进入网络时代后,商业信息的更新速度变快,诸如产品研发、销售模式、营销模式,以及如何与平台之间合作等都在变化。一方面,要定期开展会员企业间的报告会、研讨会以及经验交流会,邀请协会内龙头企业、大型食品企业进行经验分享,帮助小微企业完善经营管理模式,条件允许的可以开展优质食品企业实地参观与学习活动,为会员企业提供提升经营管理效果的思路,提高企业创新理念与整体素质。

另一方面,凝聚行业内食品企业的巨大合力,依托行业协会的平台优势与专业性优势,实现协会内企业间的项目合作,实现双赢。同时龙头企业应发挥示范作用,在技术与管理上为小规模企业提供指导,提升食品行业整体竞争力。

(二)消费者协会加强食品行业监控力度

1. 创新维权机制

开辟专栏解决网络食品领域内的交易纠纷,尤其是在售卖不安全食品严重的外卖市场、淘宝第三方卖家市场、直播带货领域。消费者协会应联合工商管理部门、公安部门、各地方食品行业协会等协调处理网络食品的买卖纠纷,切实维护消费者的合法权益。在消费者协会网站专设网上投诉平台、公布举报电话和电子邮箱等接受消费者投诉。

2. 创新与政府协作理念

消费者协会是公益性的社会组织,其宗旨和性质决定了不得从事营利性活动,不得以牟取利益为目的向社会推荐商品和服务。因此,在资金方面,政府应取消政府按编制进行拨款的规定给予消费者组织足够的财力支持。[①] 消费者协会"作为一个国务院批准的对于社会经济发展、市场成熟与完善有着积极促进作用"的组织,在新时代下应当向政府申请更多的独立经费,以有效监管网络食品安全事件。对于消费者协会与政府之间的沟通和协作机制,不能简单地将其看作上级与下级之间的协作。消费者协会作为第三方组织,要发挥好主观能动性,主动寻找市场中的网络食品安全问题和消费者的诉求,在一定程度上弥补政府监管的滞后性。

3. 创新与食品协会和相关部门的协调机制

由于网络食品安全问题纠纷具有隐蔽性、反复性和复杂性,需要一个持续存在的机制来解决这些不断出现的问题。因此,建立一个长期对话平台十分

---

① 赵宏津:《完善我国消费者协会职能的两点建议》,《当代经济(下半月)》2007年第1期。

必要。消费者协会可以联合各地方食品安全部门和食品行业协会，定期举行会议或开展联合办公，就当前矛盾突出的消费纠纷进行协调，共同找出解决方案。

根据《中华人民共和国消费者权益保护法》的规定，消费者协会从法律属性上看应该是消费者的自治组织。当然，消费者协会的工作也必须得到工商、物价、卫生、商检等部门的支持才能顺利展开。因此，可以借鉴市场经济发达国家的有效做法，由各相关部门组成一个行使保护消费者网络食品权益的专门机构，赋予其相应的权力，履行专项职责。通过该机构可以定期召开会议，沟通情况，听取消费者组织社会监督工作情况的报告以及提出的建议。

（三）强化公众食品安全理念

1. 提高公众参与意识

公众对网络食品安全相关知识了解不够，由于网络食品的销售与购买缺乏互动性，消费者难以切身感受到网络食品安全的重要性，参与治理的责任意识不足是导致公众参与度低的主要原因，因此要发挥教育引导和社会宣传作用。

首先，提高公众对网络食品安全的认知。政府和社会应该积极利用各种途径、采取多样便捷的方式来加强对公众网络食品安全知识的普及教育。一是部门联动宣传。政府部门可以充分利用自身资源，加大宣传力度，比如教育部门可以将食品安全宣传内容特别是网络食品安全纳入安全教育体系，通过举办国旗下讲话、专题讲座、主题班会等宣传网络食品安全知识，利用电视、露天宣传栏滚动播放食品安全信息等。二是宣传方式要贴合公众。运用群众听得懂的语言、喜欢的形式开展宣教活动。

其次，要增强公众的责任意识。公众的责任意识与参与意愿存在显著的正相关关系，但是当前公众的责任意识还不够强，大部分人认为网络食品治理与自身关系不大，而是政府的责任。因此，如何提升公众的责任意识，急需引起重视。一方面,政府应通过宣传教育引导公众明确自身的职责;另一方面,让公众参与其中,通过实践来增强社会责任感,可以借鉴深圳“社区食品安全社会共治建设”项目和厦门食安办推出的“月月十五查餐厅”活动,借助新媒体力量,建立居民与食品安全监管部门的双向互动交流渠道。例如,深圳社工们通过微信群推送食品安全信息让居民及时了解食品安全检验检测咨询,居民也可以进行食品安全情况的意见和建议反馈,同时,还可以在社区活动中进行食品安全的现场检测;厦门让市民跟随镜头与监督人员、人大代表、政协委员一同检查餐厅后厨,见证网络食品安全的点滴进步。通过亲身参与,唤起公众的社会责任感,共同参与网络食品安全治理。

2. 降低公众监督成本

公众作为独立的经济个体,成本—收益是其考量是否参与网络食品安全治理的因素之一。因此,在强调公众积极参与网络食品安全治理的同时,也要保障公众的相关权益,降低参与成本。

首先,降低公众参与的安全风险。有些地方政府对于食品安全鼓励实名举报,公众难免会担心因信息暴露而带来的风险。这会严重阻碍公众参与网络食品安全治理意愿。因此,要降低公众的参与风险,切实保护好举报人的个人信息,消除参与者的后顾之忧。一是要完善制度保障,政府要出台相应政策来保障举报人的信息安全,尤其是实名举报,更要确保其合法权益不受侵害。二是要规范举报管理工作,减少举报流程。要有专人管理举报线索、登记造册并密封在保密箱内,减少流转环节,并对线索进行登记,分门别类存档,指派专管人员负责跟踪收集涉案信息,杜绝失密泄密情况发生。三是要强化工作人员的组织纪律。对举报中心的工作人员加强教育培训,提升相关工作人员的责任意识。

其次,要健全信息公开制度。网络食品安全信息的专业性和技术性,使得公众不易获取食品安全相关信息,也就难以及时准确地向相关部门举报。因此可以通过“互联网+”来推进信息公开工作。一是政府相关部门可以通过食品安全网、工商行政管理局等网站公布食品安全举报办法、举报电话以及发布相关食品安全信息；二是要进一步推进电商食品全程追溯体系建设，以二维码产品标识为追溯主要形式，运用物联网、互联网技术，进行贴码销售，这样消费者就可以通过访问追溯管理平台或者手机下载 APP 扫码追溯相关食品的产地、生产日期、检验检测等相关信息。

最后，要给予适当的正面激励措施。为了弥补公众付出的时间、精力等成本，给予适当的奖励以平衡成本和收益，可以显著提升公众的参与意愿和行为。例如，2019 年，福州市推行"吹哨人"制度，率先出台《福州市网络餐饮服务从业人员食品安全违法行为举报奖励办法》。简化举报流程、以身份代码取代身份信息、创新"不露面"兑奖，提高了"哨兵"积极性。截至 2023 年 3 月底，福州市全市累计通报并制止网络餐饮违法违规行为 3634 个（次），锁定违规"黑名单"网店 22312 家。① 可以看到，使公众利益得到保障会激发公众参与积极性。

另外，也可以考虑有条件赋予职业打假人以"消费者"身份，从而以惩罚性赔偿金支撑其打假所支付的成本。司法实践中否认职业打假人的"消费者"身份的理由主要有两点：一是认为其购买食品的目的并非是消费，而是索赔获利，因此其购买行为属于经营行为而非消费行为；二是认为其购买时事先知道食品存在瑕疵，因此不具备"受欺诈"的主观条件。然而，最高人民法院发布的《关于审理食品药品纠纷案件适用法律若干问题的规定》（法释〔2013〕28 号）第三条和指导案例 23 号②明确肯定了"知假买假"者可依据《中华人民共和国消费者权益保护法》和《中华人民共和国食品安全法》获取惩罚性赔偿。对此，可以理解为国家认可"知假买假"者能够弥补公权力执法力量的不

① 福州市人民政府：《我市试行 AI 巡查触发式监管，让消费者放心吃外卖》，见 http://www.fuzhou.gov.cn/zwgk/gzdt/tpxw/202303/t20230327_4559203.htm。

② 在该案中，孙某某在南京某超市购买了超过保质期的食品，在开具发票后对该超市提起民事诉讼，请求对方按照《中华人民共和国食品安全法》第一百四十八条规定向其赔偿销售价十倍金额的损失。该超市认为孙某某不属于消费者，但未获法院支持。

足。不过,为防止“知假买假”对市场秩序造成不必要的困扰,《中华人民共和国食品安全法》第一百四十八条又将“知假买假”者获得惩罚性赔偿的前提条件限定为“生产不符合食品安全标准的食品或者经营明知是不符合食品安全标准的食品”。

3. 优化公众参与环境

公众的有效参与离不开公众参与渠道的畅通。因此,要着力优化参与环境,拓宽公众参与的方式和渠道,积极探索多元化的参与新途径,形成政府引导、社会参与的良好局面。

首先要健全网络食品安全相关法律法规,拓宽公众参与的法律途径。食品安全有效治理有赖于完善的法律制度体系,因此要进一步完善现有法律法规及配套的规章制度。《中华人民共和国食品安全法》、《中华人民共和国食品安全法实施条例》、各地方食品安全条例和相关法律法规为公众参与食品安全治理提供了一定的依据,但还不能完全满足网络食品安全的实际需要。因此,有必要进一步出台和细化相关的法律法规,从法律上保护公众参与网络食品安全治理过程中的相关权益,如此才能更好地鼓励其参与网络食品安全治理活动。

其次要拓宽公众参与渠道。高效、便捷的参与渠道对公众参与意愿的提升有显著效果。例如,广州市在全市范围内开展食品安全“你送我检”活动,将食品快检车开进 11 个市场。相较于传统的实验室检测模式,快检方式对消费者来说更便利,买完立等可取结果;长沙市进一步加强日常监督检查,将网络餐饮食品纳入年度食品安全监督抽检计划,邀请社会公众参与网络餐饮食品“你点我检”抽检活动,扩展违法行为线索来源渠道,鼓励消费者举报线上公示信息不实、线下实体店经营不规范等问题,鼓励外卖骑手举报配送过程中发现的无证、实际取餐地址与公示地址不一致的餐饮店铺,切实提高消费者、从业者参与社会监督的积极性。让社会公众监督触角进一步延展,通过先进的技术和新的管理理念,不断拓宽参与渠道,创新公众参与方式,让网络食品安全治理工作更加智能化、便捷化。

（四）协调与规范媒体对于食品安全的报道

1. 发挥媒体的正向引导作用

作为信息传播者的媒体，可以对消费者的心理产生引导作用。媒体在舆论监督中需要发挥正向引导作用，引导网络食品服务向好的方向发展，一方面，对发挥示范带头作用的入网食品服务提供者进行奖励和宣传推广；另一方面，曝光网络食品安全违法违规行为。[①] 同时，当发生网络食品安全事件时，政府部门要积极主动地向媒体提供信息，让官方权威的真实信息通过媒体进行宣传，避免散播会造成恐慌的不实言论。为了让媒体更好地发挥舆论监督作用，既需要权威媒体介入，也需要新媒体介入，形成全覆盖的媒体监督环境，才会对食品违规经营行为构成足够的震慑。权威媒体可以设置专栏，对典型的网络食品安全违法违规行为或事件进行全方位深度报道。同时，还要吸收新兴媒体，如同城网红、抖音博主等一些“自媒体”，共同宣传食品安全和消费维权知识，曝光网络食品安全问题，对入网餐饮服务提供者形成震慑。

2. 加大媒体规制力度，强化媒体从业者的专业素养

一方面，新闻媒体从业者要自觉提高专业素质，坚持职业操守，屏蔽利益干扰，遵循客观公正的原则，如实、准确地进行报道，避免引起不必要的混乱和公众恐慌；另一方面，新闻媒体从业者应严格遵守国家机关颁布的相关法律法规和规章。例如，2019 年国家网信办发布的《网络信息内容生态治理规定》第六条明确规定了网络内容生产者禁止从事的行为。网络媒体进行食品安全信息监督时应注意以下几点：一是确保所发布信息的真实性、准确性，即不得散布谣言、误导社会公众；二是企业商业秘密保护，即曝光食品质量问题时尽量不涉及无关的企业内部资料和生产设备信息；三是个人隐私保护，即曝光食品质量问题应事先对无关人员的个人信息进行技术处理。

---

① 谢康、刘意、赵信：《媒体参与食品安全社会共治的条件与策略》，《管理评论》2017 年第 29 期。

3. 建立健全网络立法条例，净化网络媒体报道大环境

网络立法的完善主要从明确管理职责、出台专门法律以及实行网络信息实名制等方面入手。“明确管理职责”，即将网络监管平台与媒体用户的关系形象化、合理化。通过建立健全立法体系，协调各职能部门和各网络平台用户的权利和义务，最大限度避免职责交叉；出台专门法律，即在新媒体环境下针对互联网行业或互联网经济活动制定法律规范，从法律层面规范不良报道行为，实现在线上有效解决网络舆论传播，有力管控网络食品安全突发事件。① 由于目前社交平台种类繁多，部分 APP 用户使用门槛极低，只需注册手机号就能在上面发表言论，每个用户都能进行内容原创或者转载，从而影响带动其他使用者，如果不加限制，则极大地增加了政府管控网络舆论难度。因此，必须实行网络信息实名制，避免恶意发泄情绪的网民利用互联网的隐蔽性散布虚假谣言。

（五）创新制度

1. 建立并完善“吹哨人”制度

除了食品行业协会、消费者协会、公众和媒体等社会力量的监督，仍需要对网络食品安全工作实施“吹哨人”制度。所谓“吹哨人”制度，即知情人士爆料制度，政府通过奖励与保护机制，鼓励行业内部人士将组织内部隐藏的违法信息挖掘并曝光出来。当前，政府可以在网络食品安全工作中实施“吹哨人”制度，以此着力打破政府监管者与经营者之间的信息不对称，从而加大对经营者的警示力度，通过多元治理的方式来提升网络食品安全工作水平。

2. 在网络食品安全领域建立智库

政府应当广泛联系网络食品行业的专家学者，积极从各大高校、政府机关、司法机构、企事业单位、检验检测机构、行业协会及权威新闻媒体等组织中筛选与选拔相关专业人才，积极建立起网络食品安全专家智库，帮助解决监管

---

① 王一民：《媒体监督对食品安全犯罪治理的价值生成与作用反馈研究》，《哈尔滨学院学报》2022 年第 43 期。

中遇到的难题,来共同探索更好的管理网络食品行业的法规,提升网络食品安全政府监管工作水平。

首先,政府应当确立专家聘用的相关标准,通过推荐、自荐等形式,吸纳不同专业、不同研究方向的专家。其次,政府积极完成选拔,尽快建立起一份专家智库名单,明确各类专家的职责与分工,颁发聘用证书和确定各专家的聘用期限,并落实聘请专家的费用。再次,政府定期和不定期组织开展专家座谈交流会和沙龙会议等,组织专家进行相互讨论,积极听取专家对网络食品安全政府监管工作的看法和改进意见。针对网络食品安全政府监管工作的相关疑难问题,组织专家学者开展不同方面的课题研究,尽快形成理论研究成果。最后,形成专家智库工作长效机制,政府还应当不断更新、补充专家智库名单。

二、社会力量参与网络食品安全风险治理的体制创新

创新网络食品安全治理的体制,变革当代中国食品行业的安全机制,需要政府、社会组织和公众等多元治理主体的共同努力。只依靠社会力量变革管理体制是不现实的,需要从公共权力和社会力量两方面入手,在变革和重塑政府治理模式的过程中,基于信任构建一个政府与社会力量广泛合作的社会治理格局,是我国真正实现网络食品安全有效治理的路径选择。

(一)推进行政改革,发挥政府作为治理主体的主导性作用

政府的主导性是由政府的权力特征决定的。在我国,政府掌握着管理社会事务的各种资源,作为社会公共利益的代表者、维护者,在社会治理中处于主导地位或支配地位,这也是网络食品安全治理的政治基础。

1. 由管制型行政向合作型行政转变

管制型行政已不能完全满足社会的实际需要,而社会治理是试图超越管制型行政的一种新型治理模式,它可通过弱化权势的力量,使社会群体主动参与、积极配合,顺利实现对社会的治理。协同理念将替代管制理念成为政府行

政的价值范式,从而实现人类社会治理模式的人性回归。网络食品安全治理冲破了管制型行政的思维模式,要求政府突破工具理性的思维惯性,从价值理性出发,以社会和公众为中心,及时、准确地了解食品行业和消费者的需求,实现与社会力量合作治理。

2. 建立保障网络食品治理的创新实施程序性制度

没有完备的程序性制度框架设计,网络食品安全治理创新就缺乏有效性和现实性。要建立配套的保障网络食品监督机制顺利实施的程序性制度,首先,应完善和规范相关的法律政策,依法管理、监督各社会集团、群体,明确政府的指导和监督职能,为社会各群体进行社会治理提供制度空间。通过科学合理的司法和行政框架,明确各自的法律地位、职责权限和运作规则,增强社会各组织、各团体自我管理的能力,为创建新型的社会治理创新体系提供优良的法制基础。其次,制定各部门社会治理的工作制度,作为行政行为的外部控制机制。通过政务公开制度、公示听证制度、信访调解制度、行政问责制度等程序性制度规制政府的行政方式和政府与社会各群体的关联方式,约束政府机构一些脱离社会现实的无规则的行政行为,促使其与社会力量协同运作,实现社会治理的有序结构,从而形成社会治理的工作机制。最后,要建立、完善和践行网络食品安全治理创新的评估和监督制度。科学确定评估的内容和指标体系,形成政府工作绩效的导向,实现监督主体多元化。

(二)实现全社会的网络衔接

1. 网络食品安全治理的网络化主体构成

网络化治理机制是在网络化治理这一新兴公共管理体系推动下,以解决我国政府在食品安全领域单一主体监管所产生的监管不力问题为目的的一次机制创新,并以机制创新推动政府在食品安全领域的角色及职能转变。网络化治理机制既然作为传统政府的监管机制的突破和创新,其在基本构成要素上与传统单一监管机制存在差异。在主体构成层面，网络化治理机制的主体构成不再仅限于体制内部中央至基层的各级行政组织和个人，而是在更广的场域与社会主体通过平等合作构建扁平化的网络化关系。在宏观上将这些主体归纳为政府、企业、非政府组织及公民个人。在主体功能层面，网络化治理机制下的主体功能不再依靠科层制的上下级关系机械化的发挥，而是各主体根据自身地位和特征发挥特定的功能，如表 6-2 所示。

表 6-2　不同监管体系的责任分配与机制

责任类型	财政责任	公正责任	绩效责任	激励机制	信任程度
传统科层制	按标准财政制度落实责任	按官方条例落实	机械化服从命令	成本基础上加一定激励费用	低
转型模式	保证委托承包方的成本责任落实	公平公正原则	确保活动稳定性	预先商议	中
网络化模式	最大化实现公共价值	按照委托外包协议落实	实现公共利益最大化	结合活动效果奖惩机制	高

资料来源：斯蒂芬·戈德史密斯、威廉·埃格斯著：《网络化治理：公共部门的新形态》，孙迎春译，北京大学出版社 2008 年版。

综上所述，除了前文提到的政府主体地位外，在我国网络食品安全问题的治理方面还需要食品行业协会、消费者协会和媒体等多方社会力量的加入，不断完善我国网络食品安全治理的网络化体制创新，如图 6-3 所示。

2. 各主体的责任

(1) 食品行业协会发挥综合作用

我国食品行业协会的发展方兴未艾，作为第三方社会非营利性主体，秉承为社会服务的宗旨发挥政府与市场不可企及的作用。在网络食品安全治理领域，各种食品行业协会弥补了政府监管力度不足及资源有限问题，并在很大程度上扭转了市场失灵中的诸多弊病。在网络化治理机制中，食品行业协会与各方在相互信任中达成合作关系，在相互监督中达成制衡关系，在相互支持中

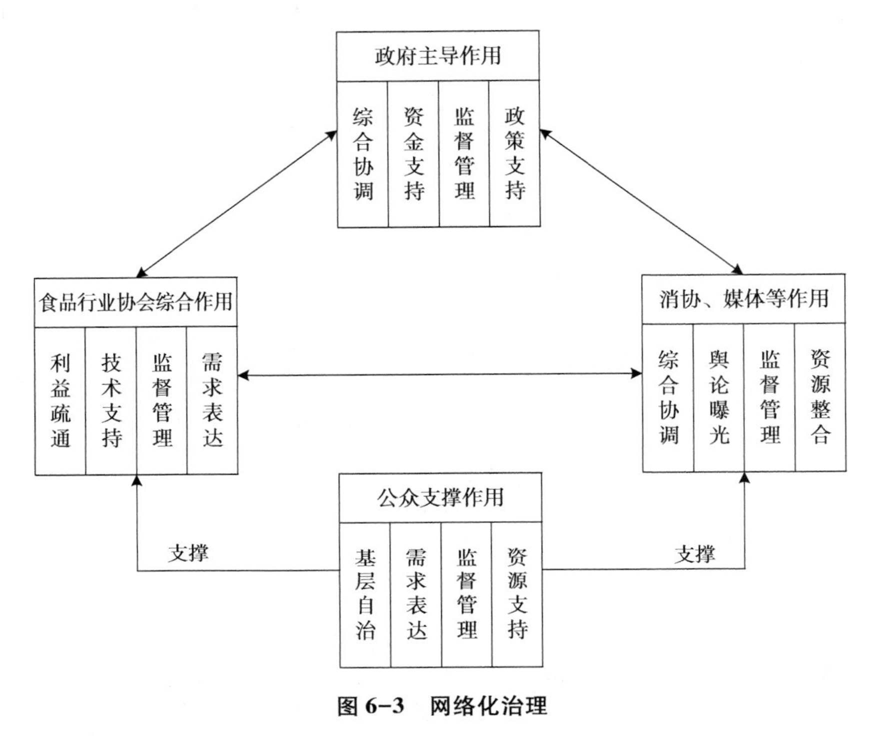

图 6-3　网络化治理

资料来源:笔者整理。

达成依赖关系。[①] 食品行业协会能够协助政府实现各方共同的利益目标,又在更加广泛的私人领域开展组织协调与合作生产活动。

(2)消费者协会、媒体等社会力量发挥基础作用

作为我国食品安全领域监管中不可或缺的一部分,消费者协会应当担负起基础作用。消费者协会作为消费者维权的第三方组织,应当积极参与网络食品安全治理,主动发现问题,积极与网络食品企业建立联系,发生网络食品安全问题时尽力维护消费者的合法权益。消费者协会也可以作为政府监管的补充,为企业施加压力,督促其改善经营措施,减少违规经营的概率,也可以通

① 彭小玲:《论我国非营利组织参与公共危机管理的困境与对策》,《长江师范学院学报》2009 年第 25 期。

过诸如“3·15晚会”的形式集中曝光一批涉事企业，一方面可以提高消费者的网络食品安全意识，另一方面为企业展示负面案例，督促其整改问题。

媒体等其他的社会力量也需要发挥网络食品安全治理的基础作用。一方面，媒体作为公众接触社会的重要工具，其报道的内容具有很强的引导作用。媒体应加强网络食品安全的关注力度，积极宣传有关鉴别网络食品安全性的知识，提高公众的食品安全意识。另一方面，媒体应敢于和违规企业斗争，积极曝光有关问题企业，减少政府的行政成本，拒绝企业贿赂和失真报道，为全社会的食品安全福利努力。

（3）公众发挥支撑作用

公众作为社会群体的主要构成要素，其在分布领域上具有广泛性。在网络食品安全领域，公众既包括受食品安全事故直接影响的消费者，又包括受间接影响的其他社会组织或群体。公众相对于其他社会主体在网络食品安全问题规制领域具有更高的主动性，在网络食品安全治理活动中发挥的作用不可忽视。

对于网络食品安全治理网络化过程中公众作用的定位，要从其与其他主体的关系为切入点。其一是公众与政府的关系，网络化治理中的政府要通过引导机制促进社会主体的充分参与，公众借此渠道充分表达心声和诉求。根据自身对食品安全真实状况的感受，其话语权能更大程度地实现政府决策制定和制度安排的合理性及适用性。其二是公众与其他社会力量的关系，此类非官方机构的工作人员大部分来自社会公众群体，其业务的专业性及活动的稳定性大多取决于公众的特征。因此，公众决定了社会力量在网络食品安全治理过程中发挥作用的形式和效果。其三是公众与企业的关系，公众作为食品状况的直接感知者，网络食品质量的优劣决定了公众与企业的关系，优良的网络食品企业会受到公众的支持和拥护。反之，则会受到公众的监督、曝光、谴责及上诉，并受行政及司法机关的约束、控制及惩罚。[1] 其四是公众之间的

[1] 陈彦丽：《食品安全社会共治机制研究》，《学术交流》2014年第9期。

关系,即公众之间可以以共同的公共价值为目标,在相互协调和合作关系中任意组合并展开集体行动,而这种组合形式具有很大的自主空间。公众在多方联结关系中发挥不同作用,为政府、非政府组织及企业提供了人力及技术等资源支撑。

第七章　网络食品安全风险社会共治的实践探索

为有效解决食品安全工作面临的一系列困难和挑战、更好满足人民日益增长的食品安全需要，2022 年中共中央、国务院发布了《关于深化改革加强食品安全工作的意见》，明确提出“推进食品安全社会共治”。新时代食品安全社会共治要将公众、行业协会、媒体、社会组织等社会主体纳入食品安全风险治理框架内。各级地方政府要充分发挥各自优势，创新监管理念、监管方式，堵塞漏洞、补齐短板，坚持“信息互通、资源共享、政企联动、协作共治”原则，进行一系列网络食品交易风险社会共治的实践探索，全力构建网络食品安全社会共治新格局。

第一节　我国网络食品安全风险社会共治的现状

习近平总书记强调，要完善共建共治共享的社会治理制度，实现政府治理同社会调节、居民自治良性互动，建设人人有责、人人尽责、人人享有的社会治理共同体。[①] 这是对我国实践经验的总结和新要求，也是改革的新境界。为

① 《习近平著作选读》第二卷，人民出版社 2023 年版，第 332 页。

适应政府、市场、社会三者关系的新变化，党和政府通过完善制度安排，积极鼓励公众投诉举报与大力发展社会组织，实施网络食品安全风险社会共治。从总体上看，目前我国网络食品安全合作监管中，政府机构间合作、政府—非政府机构合作以及非政府机构间合作等合作形式均有所涉及，但政府机构间合作最受重视，政府监管仍然占据主导；从演变历程看，政府机构间合作有所弱化的同时，政府—非政府机构合作稳步强化，网络食品安全社会共治正逐步得到重视。同时，为了更好地实施社会共治，还应重视能力建设与信任构筑。①

一、网络食品安全风险社会共治取得的经验

（一）政府参与网络食品安全风险社会共治取得的经验

1. 构建保障市场与社会秩序的制度环境

在食品安全风险社会共治的框架下，作为引导者，政府最重要的责任是构建保障市场与社会秩序的制度环境。政府有责任对企业的生产过程进行监管，确保企业按照法律标准生产食品。同时，政府也有责任建立有效的惩罚机制，在法律的框架下对违规企业进行处罚，这有利于建立消费者对食品安全风险治理的信心。党的十八届三中全会提出全面深化改革的指导思想，对政府、市场间的关系作出重大调整，提出了“市场在资源配置中起决定性作用和更好发挥政府作用”的理论观点。与此同时，不同社会群体不断分化组合，社会结构更趋多样化。为适应政府、市场、社会三者关系的新变化，党和政府通过完善制度安排，积极鼓励公众投诉举报与大力发展社会组织，实施食品安全风险社会共治。2013—2019 年，我国政府新出台 1109 项政策工具，其中强制型、引导型、自愿型三类工具数量分别为 785 个、268 个、56 个，占所有新出台工具数量比例的 70. 78%、24. 17%、5. 05%，上述工具有效协调了食品安全风

① 徐国冲：《从一元监管到社会共治：我国食品安全合作监管的发展趋向》，《学术研究》2021 年第 1 期。

险治理领域政府、市场、社会三者间的关系。①

2. 加强信息公开力度

网络食品供应链主体间信息交流的缺失会严重影响协同治理信息交流的制度与法规建设应成为治理结构的重要组成部分。例如,六安市市场监督管理局按照“公开为常态、不公开为例外”的原则,及时发布食品监管工作动态,回应社会关切,倒逼食品生产经营企业落实主体责任,取得了显著的社会效果。② 围绕民生关切和消费热点,通过局网站和微信公众号发布《五一期间餐饮食品安全的消费提示》《关于食用冷链食品的风险解析》《中秋、国庆食品安全温馨提示》等食品安全提示信息,在重要节点加大宣传力度,引导群众形成良好的饮食习惯、增强群众食品安全意识;同时公布食品处罚信息,震慑违法行为。截至 2024 年 3 月底已公开食品行政处罚案件信息 200 余条③,以表格形式公开违法企业名称、主要违法事实、行政处罚的种类和依据、履行方式和期限等案件信息,相关情况一目了然。食品行政处罚案件信息的公开,加大了违法行为的曝光力度,有力地震慑了食品违法行为。

3. 构建与企业、社会的友好合作伙伴关系

作为公共治理领域的主要部门,政府应发挥自身优势,不断加强与企业、社会组织、个人等治理主体在食品安全风险治理领域的高效合作,成为团结企业和社会的重要力量。政府应秉持开放包容的态度,与企业、消费者、社会组织等主体之间构筑平等、协调、有序的伙伴关系,并发挥自身特长,减少政府部门之间互相推诿、互不关心的现象,有效提高自身的食品安全治理水平。例

① 吴林海、陈宇环、陈秀娟:《中国食品安全风险治理政策工具的演化轨迹与内在逻辑》,《公共治理研究》2022 年第 34 期。

② 六安市市场监督管理局:《公开食品监管信息　打造“看得见”的食品安全》,2021 年 9 月 26 日,见 https://www.luan.gov.cn/public/6608411/9633634. html。

③ 六安市市场监督管理局:《六安市市场监督管理局行政处罚案件信息公开表六市监处罚》,见 https://scjgj. luan. gov. cn/public/column/6608411? type = 4&action = list&nav = 3&catId = 7030911。

如,2014年7月,扎兰屯市食品药品监督管理局开展了食品生产企业质量负责人和食品安全员培训教育,为全市56家获证食品生产企业的68名质量负责人和食品安全员讲解《中华人民共和国食品安全法》《食品生产加工企业落实质量安全主体责任监督检查规定》和《预包装食品标签通则》。2016年6月,揭阳市市场监督管理局开展了食品安全宣传周系列活动,邀请市食品安全专家作"食品安全与诚信经营"主题讲座,为各企业负责人讲授落实企业主体责任、建立完善规范制度、把好原料产品质量、杜绝虚假广告宣传、诚信的本质属性与诚信危机产生的根源等方面知识。① 2023年11月,宿州市市场监督管理局高新区分局开展了食品安全宣传周系列活动,本次宣传周内容丰富,精彩纷呈,包括食品安全进商场、进超市、进餐饮、进企业,食品工厂开放日,食品安全进校园等一系列活动,共设计制作海报、标语12条,专题展板10块,发放食品安全宣传资料1500余份,受理群众咨询800余人次。② 2024年2月,吉木乃县市场监督管理局组织开展食品生产企业负责人、食品安全总监、食品安全员三类人员培训会,培训结束后,组织人员进行了集中测试,测试内容主要包括《中华人民共和国食品安全法》《企业落实食品安全主体责任监督管理规定》等相关法律法规及食品安全标准,共6家企业10人参加了考试。③

(二)企业参与网络食品安全风险社会共治取得的经验

1. 加强企业自律与自我管理

对于网络食品企业而言,较高的食品质量可以形成良好的声誉并获取收

① 揭阳市市场监督管理局:《我市举办食品生产经营单位诚信教育专题培训班》,2019年6月25日,见 http://www.jieyang.gov.cn/jyamr/zwdt/content/post_176282.html。

② 中国食品安全网:《宿州市市场监管局高新区分局开展2023年"食品安全宣传周"系列宣传活动》,2023年11月15日,见 https://www.cfsn.cn/2023/11/15/99387150.html。

③ 吉木乃县人民政府:《抓好"三类人"、管好"三件事"——吉木乃县圆满完成食品生产企业"三类人员"落实食品安全主体责任培训会》,2024年3月4日,见 http://jmn.gov.cn/013/013006/20240304/6e800fb8-bc37-49a8-be85-0d7729ccf293.html。

益。因此,加强企业自律与自我管理是保证网络食品质量的重要环节。

2. 通过契约机制保障食品质量

网络食品企业可以通过纵向契约激励来实现食品产出和交易的质量安全,食品供应链下游厂商的作用尤为明显。为了更好地控制产品质量,农户、加工企业、运输企业和零售企业之间的契约激励越来越普遍。当下游企业可以使用精密度高的检测系统来确保所使用的上游企业原材料、半成品等质量水平,并在发生食品安全质量问题后通过契约机制获得上游企业的赔偿时,会促使上游企业采取措施保障生产食品的质量安全。

3. 向消费者传递安全信息

食品企业可以通过标识认证、可追溯系统等向消费者传递安全信息,缓解食品安全信息不对称问题。这样做既便于广大消费者识别和监督,也便于有关行政执法部门监督检查,有利于促进生产企业提高对食品质量安全的责任感。例如,黑龙江省绿色食品认证数量呈现逐年递增的趋势,由 2016 年的 2200 个增加到 2022 年的 3118 个,数量增加 41.73%。

(三)社会力量参与网络食品安全风险社会共治取得的经验

社会力量是食品安全风险社会共治的重要组成部分,是对政府治理、企业自律的有力补充,决定着公共政策的成败。一方面,社会组织可以监督政府行为,起到弥补"政府失灵"的作用;另一方面,在市场面临契约失灵时,不以营利为目的社会组织可以有效制约生产者的机会主义,以满足公众对社会公共物品的需求。2019 年 10 月 15 日,开封市消费者协会按照市市场监管局的安排部署,组织协会工作人员在河南大学开展网络食品安全消费宣传进校园活动,志愿者现场发放《食品安全 消费常识》宣传折叠页 2000 余份、《消费者权益保护法》小册子 1000 余本。市消协工作人员现场接受咨询 60 人次,受理投诉 1 起。[1] 2024 年 3 月,礼县

① 开封市场监管局:《开封市消费者协会开展食品安全消费宣传进校园活动》,2020 年 4 月 2 日,见 http://www.hljs315.org.cn/wangzhan/index/xiangqing? id=338。

市场监管局各市场监管所在辖区学校开展“食品安全进校园”活动。执法人员通过现场讲解、互动问答、发放宣传资料等方式，向学生们宣讲了“垃圾”食品的危害、如何甄别食品有效期、什么是“三无”食品、在日常生活中如何预防食品安全事件发生等方面的知识。共开展相关活动6场次，发放食品安全宣传资料1600余份。①

二、网络食品安全风险社会共治存在的不足

社会力量是网络食品安全治理的主体之一，其参与监管是打造现代监管型国家的应有之义。但是在实践上，我国网络食品交易风险社会共治仍存在一定不足。

（一）政府引导其他主体参与监管乏力

在网络食品安全社会共治框架中，政府具有不可替代的作用。对政府而言，明确其在网络食品安全风险社会共治中的职能定位和治理边界至关重要。马里安等（2007）根据政府在食品安全治理中的介入程度，将政府治理划分为无政府干预、企业自治、社会共治、信息与教育、市场激励机制、政府直接命令和管控六个阶段。② 社会共治作为其中的第三阶段，政府的功能与作用是具体而明确的，如表7-1所示。

表7-1　政府在食品安全治理中的介入程度

阶段	介入程度	具体描述
阶段一	无政府干预	不作为，自愿的行为规范

① 中国质量新闻网：《3·15市场监管在行动丨礼县市场监管局开展“食品安全进校园”活动》，2024年3月7日，见https://www.cqn.com.cn/rzp/content/2024-03/07/content_9034172.htm。

② Martinez M. G., Fearne A., Caswell J. A., Henson S., “Co-regulation as A Possible Model for food Safety Governance: Opportunities for Public - private Partnerships”, *Food Policy*, Vol.32, No.3, 2007.

续表

阶段	介入程度	具体描述
阶段二	企业自治	农场管理体系、企业的质量管理体系
阶段三	社会共治	依法管理、依靠政府的政策和管理措施治理
阶段四	信息与教育	向社会发布食品安全监管信息，对消费者提供信息和指导
阶段五	市场激励机制	奖励安全生产的企业，为食品安全投资创造市场激励
阶段六	政府直接命令和管控	直接规制，执法与检测，对违规企业制裁惩罚

是社会共治模式中最重要的监督主体。① 在网络食品安全社会共治模式下，要求政府以完善相关法律体系、建立相关监管体系为主要任务。面对纷繁复杂的食品安全治理工作，上层政府应集中精力在法律及制度设计层面进行顶层设计，各级地方政府则履行行政审批、执法检查等职能，将食品认证、监测等工作移交给第三方社会力量，节省人力、物力、财力。然而，当前政府不仅承担行政审批、执法检查以及标准制定等基本职能，还承担着食品安全风险监测、评估以及食品认证、监测工作，繁重的监管任务使其难以有效引导其他社会主体参与共治。

（二）网络食品安全第三方力量监督不足

作为行政监管的补充，第三方监管在保证食品安全供给方面发挥着重要作用。《中华人民共和国食品安全法》明确规定了食品安全治理第三方力量的法律责任，其目的是实现对食品生产经营者的监督。与此同时，该法律的相关规定也存在几处不足：首先，没有明确第三方力量中的检验机构是否负有对送检食品存在问题的报告义务；其次，认证出于市场准入或者为获得补贴，并非为方便消费者甄别信息；再次，虽然规定了媒体的虚假广告有关主体与食品生产经营者承担连带责任，但是实践中向媒体索赔案例少之又少；最后，虽然

① 刘嘉裕、陈文兴：《食品安全社会共治模式的困境与出路》，《江南论坛》2021年第3期。

规定了责任保险制度，但是责任保险的适用范围是非常有限的，仅在食品安全问题造成比较严重的人身损害时，生产经营者才会主动购买责任保险，当食品问题没有造成人身损害只承担退货和惩罚性赔偿，责任保险并无太大意义。虽然第三方力量中的媒体监督能力强大，但也是一把双刃剑。随着自媒体的快速发展，网络食品安全谣言的监管未能及时同步，加上消费者辨别谣言能力有限，可能会导致正常生产经营受到影响。

（三）网络食品第三方平台监管责任有待压实

随着我国“互联网+食品”等新兴业态快速增长，高信息不对称性、高外部性、高流动性、高风险性等特征使我国食品安全面临新的监管难点。第三方平台连接着网络食品生产经营者与消费者，理应在网络食品交易中发挥更大的作用，然而目前我国法律关于第三方平台监管责任的规定比较宽松。表 7-2 列举了我国现行法律法规关于第三方平台监管责任的相关规定。

表 7-2　平台监管责任

法律法规	惩罚力度
《中华人民共和国食品安全法》	对网络食品交易第三方平台提供者的法定代表人或者主要负责人进行责任约谈
《网络餐饮服务食品安全监督管理办法》	网络餐饮第三方平台的所有违法行为应当承担的罚款仅为 5000 元以上 3 万元以下，一般仅可进行警告、督促整改，拒不改正的，处以罚款，法律权威性有待加强
《中华人民共和国电子商务法》	存在第三方平台“知道或者应当知道”的不明确规定，对网络餐饮服务提供者的有效监管力度不够
《网络交易监督管理办法》	对平台经营者违反相关监督义务分别规定了法律责任，但处罚力度较《中华人民共和国食品安全法》和《中华人民共和国电子商务法》更轻

资料来源：笔者整理。

（四）消费者对网络食品安全认知水平有待提高

网络食品安全社会共治不仅是政府或者平台与商家的职责，消费者也扮演着非常重要的角色。消费者关于网络食品安全问题所表现出的态度及网络食品消费倾向,直接关系到政府和平台的具体行为决策,同时消费者对网络食品安全的认知,也能直接反映出社会共治的效率水平。消费者的行为在网络食品安全社会共治中具有重要的意义。消费者是网络食品问题的直接利益相关者。消费者对网络食品生产经营者的制约可以通过市场机制和法律来实现。市场机制指消费者通过网络等传播网络食品安全信息,曝光劣质网络食品生产经营者。市场机制可以有效约束规模较大的网络食品提供者,因为大型企业比较关注自身的品牌和声誉。但实际上,消费者面临较严重的信息不对称,这导致了消费者无法很好地通过市场机制来制约网络食品的生产经营者。

消费者如何购买食品和避免风险受到食品安全风险认知程度的影响,但是消费者对食品安全风险主观认知水平与客观存在的食品质量安全风险往往是不一致的。现有研究结果表明,消费者对安全网络食品的关注度较高,但了解程度不深。影响消费者对安全网络食品购买倾向的因素包括性别、年龄、婚否、收入、家庭规模及对食品安全的关切度等。李宗泰(2013)基于北京的调查数据,分析发现安全网络食品还没有得到消费者更清晰的认知。[①] 李燕婕等(2021)对北京市居民网络食品安全认知的调查显示,85.89%的调查对象认为网络食品安全十分重要,但对于网络食品安全性关注程度的调查发现,非常关心网络食品安全的调查者仅占62.32%。[②] 随着我国国民经济的不断发展,以及人们生活水平的不断提高,消费者对食品质量安全风险方面的关注度有所提高,但是对于食品的质量安全的认知程度普遍偏低,并且容易受到外界舆论的影响,消费者对食品质量安全风险的认知水平与真实食品质量安全水平

---

① 李宗泰:《消费者对安全食品的认知和购买行为倾向研究——基于北京市的调查数据》,《北京农学院学报》2013年第28期。

② 李燕婕、周地、苑林宏:《北京市居民网络订餐现状与食品安全认知、态度及行为调查》,《卫生职业教育》2021年第39期。

之间存在差距。

第二节　我国网络食品安全风险社会共治的典型案例

一、上海市

上海市作为一座拥有两千多万常住人口的国际化大都市,如何保障网络食品安全,已经成为政府食品安全监管工作的重要内容。面对社会共治理念兴起带来的新机遇、政府部门机构改革带来的新要求、外卖配送快速发展带来的新挑战,以及平台企业垄断竞争带来的新难题,上海市在加强网络外卖食品安全监管方面在全国处于领先水平。

(一)颁布相关法律法规

上海市在网络外卖食品安全立法领域走在全国前列。2016 年 6 月 24 日,上海市食品药品监督管理局、上海市通信管理局印发《上海市网络餐饮服务监督管理办法》,规定了网络餐饮服务提供者和网络食品交易第三方平台的责任和义务。2017 年,上海市食品药品监督管理局发布新《上海市网络餐饮服务监督管理办法(征求意见稿)》,公开征求社会公众意见,除了将临时备案的小型餐饮服务者纳入许可范围外,还在原有基础上增加了第三方平台应当建立入网食品经营者的准入标准、增设专职食品安全管理机构或人员、通过自建网站交易的网络餐饮服务提供者应及时向所在地市场监管部门备案等内容。2017 年 11 月 2 日,新修订的《上海市网络餐饮服务监督管理办法》经市食品药品监督管理局 2017 年第十七次局务会议通过,原《上海市网络餐饮服务监督管理办法》同时废止。2017 年 4 月 26 日,上海市食品药品监督管理局发布《关于餐饮配送环节监管工作指导意见》的通知,提出加强餐饮配送服务环节食品安全监管。2020 年 9 月 22 日，上海市市场监督管理局发布了全国首个专门规范食安封签的规范性文件，即《上海市餐饮外卖食品安全封签使用管理办法（试行）》，规范食安封签的使用和管理，同步推出地方标准《一次性食品安全封签管理技术规范》，与此同时，上海市消费者权益保护委员会和上海市食品安全工作联合会联合发布《关于倡导本市餐饮外卖规范使用食品安全封签的指南》，形成了“办法”“标准”“指南”三个文件“错位互补”“三位一体”的制度供给。《上海市餐饮外卖食品安全封签使用管理办法（试行）》有效期至 2022 年 10 月 31 日届满，为进一步加大食安封签推广与应用，防止餐饮外卖食品配送过程中的食品污染风险，守护餐饮外卖食品安全，也为确保制度延续性和有效性，上海市市场监督管理局开展修订工作，于 10 月 31 日印发了《上海市餐饮外卖食品安全封签使用管理办法》，自 2022 年 11 月 1 日起实施。为规范网络餐饮服务行为，加强网络餐饮服务食品安全监督管理，保证餐饮食品安全，保障公众身体健康，上海市市场监督管理局印发《上海市网络餐饮服务食品安全监督管理办法（试行）》，自 2024 年 2 月 1 日起施行，有效期至 2026 年 1 月 31 日。该办法共二十二条，重点围绕网络餐饮第三方平台和入网食品经营者的权利、义务进行规范，包括健全第三方平台食品安全组织体系、明确“一户一证”工作导向、提供“互联网+明厨亮灶”规范建设的支撑、推广食安封签在网络餐饮服务中的使用、扩大电子证照在入网资质审查中的场景应用、增加第三方平台和入网食品经营者关于反食品浪费的规定、提高入网食品经营者责任履行能力等。通过实施这些措施，上海市市场监督管理局将有效推动网络餐饮服务行业的健康发展，为公众提供更加安全、健康、便捷的网络餐饮服务环境。

（二）加强监测检查与执法

上海市网络外卖食品安全监管职责主要由市食药监局的餐饮处、区市场监督管理局的食品经营管理科、镇或街道市场监督管理所来承担。围绕网络外卖食品安全监管，主要包括三大工作内容：一是线下对餐饮单位餐饮服务食品安全监督量化分级的检查工作，如表 7-3 所示；二是线上对网络外卖平台商家的网络餐饮服务监测工作；三是与第三方检测机构合作对网络外卖食品安全的抽检工作。

表 7-3　餐饮店动态等级评价指标体系

检查内容	检查项目
许可证照	亮证经营（许可亮证、监督公示、临时备案）
	证照有效（证照一致、地址相符、核查效期、验证真伪）
	★经营范围（核准类别、经营品种）
机构人员	人员制度（人员管理、培训考核、内培自查）
	健康管理（健康证明、动态健康）
	个人卫生（衣帽口罩、手部卫生、行为卫生）
设置布局	场所设置（周边环境、加工场所、专间、专用场所）
	场所布局（场所面积、生进熟出）
设施设备	★维护设施（地面、排水、墙壁、门窗、天花板、通风排烟）
	★工用具、容器和设备（设备配置、材质、标识；卫生状况）
食品检查	★食品、食品添加剂及相关产品（食品包装、标签标识、感官检查、添加剂使用）
	★违禁食品（添加非食用物质、检验超标、过期食品、未检疫或检疫不合格、病死或死因不明畜禽和水产，以及其他违禁食品等）
采购贮存	索证索票（有效资质、供应商评价、合格证明、采购凭证）
	台账记录（书面记录、信息追溯）
	★贮存场所（防四害设施、环境卫生、贮存温度）
	★食品存放（临保管理、分类分架、有毒物品、废弃物品）
粗加工切配	清洗水池（水池配置、标识区分）
	操作过程（加工过程、工具卫生、垃圾清理）
烹饪加工	★加工过程（烧熟煮透、煎炸油脂、菜肴饰品、冷却冷藏、垃圾清理）
	食品存放（时间控制、防污措施、分类存放）

续表

检查内容	检查项目
专间操作	硬件条件(许可资质、场所条件)
	★环境条件(空气消毒、工用具消毒、手部消毒、环境温度)
	加工过程(食品感官、净水检查、专人操作)
	食品存放(冰箱存放、防污措施、备餐时间)
清洗消毒	★设施设备(清洗设施、消毒设施、保洁设施)
	★餐具卫生(洗消过程、餐具保洁);集中消毒餐具(执照证明、餐具包装、餐具卫生、供应商名称)
食品留样	留样制度(制度落实);留样设施(冰箱、容器);留样管理(数量、时间、标签、记录)
废弃物	废弃物处置(处置协议、台账记录、设施配置)
特殊环节	现制饮料;生食海产品
快速检测	快检食品配件;快检环节配件;采样单编号
团膳外卖	即食食品(时间限定、温度限定);包装容器;膳食暂存(冷膳冷藏、热膳热藏)
其他	明厨亮灶;控烟执行

注:带★项目为关键项目。
资料来源:笔者整理。

2021年1月25日,上海市食品药品安全委员会办公室、上海市市场监管局发布《2020年上海市食品安全状况报告(白皮书)》,报告对全市处于经营状态的111452户餐饮服务单位的动态分级评定和监督结果进行了公示,等级为A(笑脸,良好)的占45%,B级(平脸,一般)占54.1%,C级(哭脸,较差)占0.9%。A级餐饮服务单位的比例比2015年高了15.3%;C级餐饮服务单位的比例比2015年低了2.7%。上海市食药安办、上海市市场监管局发布的《2023年上海市食品安全状况报告(白皮书)》显示,继2022年后,上海在2023年再次未报告发生集体性食物中毒事故以及其他重大食品安全事件。连续两年"零报告",这是2006年以来的首次。过去一年,上海主要食品的食品安全总体监测合格率为99.2%,食品安全总体状况保持有序、可控、稳中向好的态势。集体性食物中毒发生率的持续走低，得益于上海对于食品安全问题最严格的监管。据统计，2023 年，上海共监督抽检各类食品样品 162474 件，总体合格率为 98.4%；快速检测 1325369 项次，阳性率为 0.29%。其中，食品生产加工和食品进出口环节的监督抽检合格率总体保持较高水平，2023 年，这两个环节的食品监督抽检合格率分别为 99.7%和 99.8%，后者为 2010 年以来最高水平。2023 年，上海食品安全监管部门开展日常巡查、监督检查和专项执法检查共计 540022 户次，发现问题企业 79961 户次并要求整改或者予以处罚，查处食品安全违法案件 32948 起，罚没款金额 10586.1 万元。上海公安部门侦破危害食品安全的犯罪案件 217 起，抓获犯罪嫌疑人 732 人，由检察机关提起诉讼 299 人，法院一审判决食品安全相关犯罪 208 人。高压监管下，一批食品安全违法犯罪案件被曝光，一批低水平食品生产经营者被淘汰，百姓对于上海食品安全环境的信心稳中有升。《上海市民食品安全满意度调查报告（2023 年度）》显示，2023 年上海市民对食品安全满意度得分为 90.9 分，比 2022 年提升了 0.9 分，是近 14 年的最高水平。

在加强网络外卖食品监测检查与执法方面，上海市也积累了较多经验。首先，探索跨区域执法。新型的市场主体爆发式增长，市场监管存在本区违法的企业网上注册却不在本区的问题。上海市食药监局与浦东新区人民政府签署了《食品药品安全战略合作协议》，浦东新区将率先打破这一监管瓶颈，通过筹建网络市场监管局，并通过建设大数据监管中心等新举措，探索跨区域执法。其中，网络食品安全会成为首个“试水”的领域。其次，美团与上海市场监管部门合作，开发了“天眼”系统（餐厅市民评价大数据系统）。“天眼”系统在智能检索分析用户在美团等网络平台上的评价后，形成负面信息线索库，为政府部门提供风险研判、实时预警等数据参考，协助监管部门利用“天眼”系统“以网管网”。2020 年，上海市开始推广应用“食安封签”，制定《上海市餐饮外卖食品安全封签使用管理办法（试行）》以及上海市地方标准《一次性食品安全封签管理技术规范》。2022 年，上海市“外卖餐厅 100%使用‘食安封签’的示范商圈或街区”已有146个；“所有门店100%使用‘食安封签’的总部公司”20家；先后投放“食安封签”8040余万张，市场上贴有封签的外卖食品可见率明显提高。[①] 近年来，浦东市场监管局持续深入探索“一业一证”审批、监管、执法相互协同的综合监管制度，根据区域餐饮行业面广量大、食品安全风险高等现状，在“大型饭店综合监管一件事”基础上，试点拓展“浦东综合监管码”的多场景应用，实现“码上亮证”“码上监管”“码上共治”，进一步强化食品安全风险管控。在未来一个时期，浦东市场监管局将深入开发“浦东综合监管码”手机应用端，进一步纳入经营主体全生命周期的更多数据，同时加大多方信息互动交流，完善与其他职能部门、社会第三方机构的数据整合，继续拓展应用范围，解锁更多应用场景，为今后有更多的数据在“码”上汇集提供可能，使经营主体的画像更饱满、更全面，不断提升综合监管效能。[②]

（三）推行“互联网+信用监管”机制

浦东新区市场监督管理局与“饿了么”合作，共同探索“互联网+信用监管”机制。通过数据开放、共享，实现“良币驱逐劣币”，促使好的企业做得更好：一方面，监管部门将对检查情况和市场评价良好的企业实行“远距离监管”，充分保护创新创业者的积极性；另一方面，对检查情况和市场评价差，甚至存在违法行为的商户，将集中力量予以严管，维持市场正常秩序，促进市场公平竞争。其创新的核心就是改变了过去政府单向监管的做法，调动各类市场主体的积极性。信息公开之后，消费者能够更直观地感受到政府信息的价值，然后作出理性选择，通过市场无形的手“挤出”不符合法律法规、不符合食品安全标准的商户，从而倒逼餐饮行业提高整体水平。浦东新区市场监督管

---

① 央视网：《保障市民“舌尖上的安全” 上海启动食品安全执法检查》，见https://sh.cctv.com/2022/07/30/ARTI0XMXg8NU11Q97WHeuDrS220730.shtml。

② 上海市人民政府：《浦东探索综合监管码多场景应用“一码”共享统管增效》，见https:/www.shanghai.gov.cn/nw15343/20240110/4d3c855779314760bc5f47060e009e96.html。

理局率先尝试与“饿了么”在餐饮店数量多、监管难度大的陆家嘴地区先行试点。登录“饿了么”网站或用手机 APP 软件订餐时，在餐厅列表页和详情介绍中点开“脸谱”图表，来自浦东市场监管局的证照登记信息和相关检查信息便一目了然。“饿了么”在平台服务中形成的信用评价、交易记录、投诉举报等大数据也将同步传输到浦东新区市场监督管理局，推动“互联网+”与市场监管的深度融合，促进行政资源的有效配置，推进市场动向与政府监管的无缝衔接。2024 年春季开学伊始，上海浦东教育局部署开学安全检查工作，局领导和各处室带队抽查，四个教育指导中心进行全覆盖检查。为加大校园食品安全检查力度，围绕专项行动重点整治隐患，修订完善检查指标，突出食品安全“日管控”“周排查”“月调度”制度落实，充实病媒生物防制检查要点。在寒假食品安全隐患整改基础上，进行“回头看”，持续不断改进。同时，利用“互联网+明厨亮灶”系统开展智能巡检，目前全区中小学、幼儿园食堂已实现“互联网+明厨亮灶”项目全覆盖，管理部门通过该系统可以实时浏览、回看食品加工过程，利用人工智能自动识别抓拍食堂操作中违规现象，将“明厨亮灶”图形信息和食堂基础信息进行整合，实现了“一图感知、一体联动”的模式，提升学校食品安全智慧化管理水平。

（四）鼓励社会公众参与监督

上海市非常重视食品安全社会共治理念，发动消费者、配送员等公众力量参与网络外卖食品安全监督管理。国家统计局上海调查总队发布的《上海市民食品安全满意度调查报告（2020 年度）》显示，2020 年上海市民对食品安全满意度得分为 86.5 分，比 2019 年增加 2.6 分，是此前 11 年的最高水平。调查结果显示，在食品安全关注度、政府的评价、媒体的评价、企业的评价以及市民参与食品安全共治情况这五个维度中，对政府的正面评价得分最高，为 88.8 分。对食品安全现状的信任，很大程度上源自对食品安全情况的认知。近几年来，上海市民对食品安全知识的知晓程度呈逐步升高的趋势。国家统计局上海调查总队发布的《上海市民食品安全知识知晓程度调查报告(2020年度)》显示,2020年,上海市民食品安全知识知晓度得分为85.4分,这得益于上海市加大宣传力度,以及建设市民满意的食品安全城市等各项措施的开展。认知程度的加深还增加了公众监督食品安全问题的积极性。2020年,上海市场监管12315系统共接到食品类投诉举报102049件,同比增加42%;上海食品安全监管部门共落实有奖举报100件,奖励金额15万元。①

让公众参与到线下实证调查中不仅弥补了基层食品安全监管部门人手不足的问题,做到了及时而有效的普查工作,而且还建立了公众参与、社会共治的治理机制,提高了政府工作的公信力,切实强化了对人民群众的宣教科普作用。通过建立常态化监管机制,上海市食药监局实现了网络餐饮数据库的实时更新和动态维护,始终掌握最新最真实的网络餐饮数据。每周更新的实时数据为市局对下属区所的绩效管理提供抓手,实现了量化考核和责任区分。市食药监局引入社会公众的力量对网络餐饮平台和商家实现全面有效的监管经验完全可以复制到电商食品监管工作中。上海市市场监管总局联合教育部、公安部、国家卫生健康委印发《关于切实加强2023年秋季学校食品安全工作的通知》。为进一步深化政民互动和公众参与,加强校园食品安全社会共治,2023年上海长宁区教育局"政府开放月"活动邀请市民代表和家长代表来到长宁区新虹桥小学,对学校食堂和食品安全操作规范、储存管理、加工环境卫生等进行参观和监督,筑牢校园食品安全防线,切实保障师生饮食安全。此外,2023年上海市场监管部门在全市新增了1000家餐饮食品"互联网+明厨亮灶"示范店,将餐饮服务单位加工经营场所的视频监控接入网络餐饮服务第三方平台并向社会公开,用透明的食品安全信息提升市民的安全感和满意度。

① 中国政府网:《2020年上海市食品安全白皮书发布》,见 http://www.gov.cn/xinwen/2021-01/28/content_5583206.htm。

二、宁波市

2015年以来，宁波市围绕建设“食安宁波”目标，以“四个最严”为总体要求，坚持“全域覆盖、全程监管、全员参与”的原则，夯实政府创建责任，推动部门履职尽责，倒逼企业诚信经营，引导社会各方参与网络食品安全治理，形成了“全市联动、责任明晰、保障有力、运行高效、氛围浓厚、群众获益”的创建格局。2021年，宁波市正式获评“浙江省食品安全市”。2022年11月，宁波获评“国家食品安全示范城市”。

（一）强化党委政府主导作用

一是落实食品安全党政同责。宁波市在浙江省率先出台《宁波市党政领导干部食品安全责任制工作清单》，明确党政主要负责人是食品安全工作第一责任人，并以清单的形式细化了工作要求、工作任务、任务期限。二是“科学化”谋划食品安全领域改革，印发《关于全面深化改革推进实现食品安全治理现代化的实施意见》，明确2020年、2025年、2030年的食品安全治理现代化建设目标任务。加快推进食品领域改革，全面提升全市全链条食品安全保障水平。三是加大财政资金投入。宁波市政府每年将食品安全经费列入本级预算，并逐年递增，2018—2020年分别安排5768.64万元、7654.17万元、12408.13万元，合计2.58亿元。同时，市级财政每年安排240万元创建工作专项经费予以保障。同时，每年落实资金确保开展150余万批次的食品快速检测及5万批次以上食品定量检测，检测样本量保持在6批次每千人以上。强化检测平台建设，投资近1亿元建设宁波市产品食品质量检验研究院，检验检测能力居全国前列。

（二）强化基层基础能力

一是完备基层派出机构。按照乡镇（街道）、经济区域、专业监管领域等设置了114个市场监管所，实际运作98个，配备干部1205人，占干部总数的50.5%，为创建提供强有力监管执法能力保障。

二是强化基层食安建设。全市乡镇（街道）严格落实党政同责，加强基层食安委、食安办机制，以及日常检查、信息报告、人员培训、食安宣传等制度建设。通过微信、QQ等平台不定期约谈，加强第三方平台负责人、业务员的指导与沟通，对阶段性的网络订餐监管工作、网络订餐抽查结果进行通报，商讨网络订餐活动存在的难点、热点问题，就餐饮单位准入、资质等方面进行实时有效对接，防范无证入网餐饮单位监控的真空。不定期约谈入网餐饮单位代表，并对重点入网餐饮单位进行培训。通过对外发布网络订餐单位"红黑榜"等信息公开形式，并利用媒体宣传报道、"市场监管"官方微博、微信公众号等多种宣传方式，深入白领商务楼、高校园区等重点区域，着重突出宣传的生动性和针对性，推送食品安全知识，有效提高学生、白领等主要消费人群的科学安全饮食意识。在2019年全省率先开展基层食安办规范化建设达标后，2020年启动星级食安办评定，提高基层乡镇（街道）食品安全工作能力。

三是发挥基层网格作用，依托"四个平台"，建立了由8000余名协管员、信息员组织成的基层村（居）食品协管员队伍，实现了小网格全覆盖。充分发挥基层网格员隐患排查、信息报告、社会宣传、协助执法等作用，完善基层网格员培训考核和报酬补助制度，落实网格员日常工作补助经费，织密基层食品安全防护网。

（三）强化食品安全全程监管

一是加强食用农产品源头监管。加强食用农产品源头质量安全监管，大力开展国家、省食用农产品质量安全市、县创建。深入实施农药化肥减量增效工程，持续推进"三品一标"、规模食用农产品种植基地、渔业健康养殖示范基地、品牌强农战略，持续开展食用农产品质量安全治理行动。推进粮食产业链"五优联动"，严把"田头"和粮食收储质量安全关。探索推进"互联网+现代农业”发展的有效途径，变革农产品质量安全管理模式。建设“浙农码—浙食链”衔接共享场景，实现食用农产品从种养殖环节到终端销售的全链条数字化追溯。

二是加强食品生产经营过程监管，推进食品生产企业 HACCP、ISO20002等先进体系导入，实施食品生产企业飞行检查，开展“寻找 CCP”行动，建设“阳光工厂”“透明车间”，提高食品生产企业管理水平。加强农产品批发市场、农贸市场、商场超市等食品经营单位监管，探索实施高风险重点品种“五步法”治理模式，推行“三小”登记备案制度，提高流通单位规范经营水平。以校园食堂、农村集体聚餐、养老机构食堂、网络订餐单位等高风险场所为重点，全面开展餐饮单位食品安全监管。深入实施“反对餐饮浪费”行动，建设文明用餐秩序。推进餐厨废弃物处置设施建设，加强餐厨废弃物集中回收处理。持续强化口岸进出口食品监管，综合施策，提高食品安全监管效能。打击网络订餐第三方平台和入网餐饮单位的违法行为，稽查部门及时收集相关证据，加大对第三方平台未有效履行入网审查义务等违法行为的处罚力度，同时要求全市市场监管部门加强对入网餐饮单位的监督检查力度，对于入网餐饮单位的违法行为及时进行立案查处，对于伪造食品经营许可证、营业执照等犯罪行为切实加强同公安部门的配合协作，实现刑行衔接，及时移送公安。建设“抽检处研控”一体化智控平台，推动抽检监测、市场快检、投诉举报等平台数据“一台运转”。开发应用网络餐饮风险智治应用场景，实现网络餐饮服务经营行为动态监测和靶向监管。

三是创新社会共治机制。通过建立网络餐饮食品安全社会共治共管格局，构筑一道网络餐饮经营业态食品安全防护墙，着力提升食品安全消费信心。例如，宁波市镇海区局与镇海农商银行签订网络餐饮食品安全共治共管工作项目合作协议，正式建立“1+1+N”网络餐饮食品安全共治共管专班工作机制，充分发挥镇海农商银行各支行及网点放心消费协管员作用，协助执法人员开展线上线下巡查。全覆盖建设校园“阳光厨房”，试点建设“校园食安智治”应用场景,实现校园食材从农田到餐桌的全链监管。建设应用“养老食安在线”,建成标准化老年食堂 345 家,累计助餐服务超千万人次,居全省首位。

(四)提高外卖配送规范水平

一是宣传推广浙江省《网络订餐配送操作规范》(DB33/T2251-2020),加速其落地生效,从而使外卖配送更为合规有序。二是全市范围内积极引导推广外卖封签,全市已派发 500 余万份外卖封签,并引入了第三方广告公司通过市场化运营的方式,免费向商家发放外卖封签,以期用“小封签”撬动外卖食品“大安全”,鼓励平台方主动落实,积极作为,确保网络订餐配送环节的规范操作,更好地守护外卖食品安全。三是通过印发《关于采购使用一次性食品相关产品的告知书》,联合餐饮行业协会,借助新媒体渠道,广泛告知相关餐饮单位采购使用的要求和注意事项,并提供了一批供应商的具体参考名单,方便餐企之间实时对接采购,缓解供需矛盾,同时解决了外卖食品安全和餐具供应问题,受到了餐饮单位的一致好评。

(五)提升数智化治理水平

一是率先研发网络订餐智能化监控系统。目前,宁波市网络订餐监管系统已升级到 3. 0 版,实现了全端口智能监控,并有效解决常规监管的低效痛点,疏通线上线下联动监管堵点,达到靶向性监管效能最大化、闭环型监管风险最小化,有效保障了消费者“舌尖上的安全”。该项目成为 2018 年宁波智慧城市建设和智能经济发展典型案例,系统已监测覆盖全国近 300 个城市,并在近 148 个城市签约落地。二是建设无堂食网络订餐“在线厨房”。在提供网络订餐服务的餐饮店中,存在着一部分只有厨房、没有堂食的餐饮店,消费者无法看到店内的卫生情况,管理难度大,风险隐患高。2019 年,镇海区市场监管局将宁波大学步行街周边列为试点区域,动员餐饮店业主安装网络摄像头并接入视频平台,建设无堂食网络订餐“在线厨房”。监管部门定期对无堂食网络订餐“在线厨房”的商家进行网上检查，并引入五色管理模式，分为绿码（红榜单位）、蓝码（规范单位）、黄码（警示单位）、橙码（整改单位）、黑码（黑榜单位），检查结果通过网络餐饮监管系统推送给平台，按照问题严重程度分别给予提示、警示、下线等处理，同步公布检查信息，发布“红黑榜”。三是探索建设食品安全追溯联动平台。2019 年，宁波市鄞州区将食品安全追溯联动平台建设列入区政府民生实事工程，着力构建食品质量顺向可追踪、逆向可溯源、风险可管控、发生安全问题时产品可召回、原因可查清、责任可追究的联动追溯体系，筑牢从“田头到餐桌”的食品安全防线。目前，食品安全追溯联动平台已逐步在宁波全市推广建设。2021 年，宁波推广应用“浙江外卖在线”，建成“网络阳光厨房”2.3 万家，直播展示商家后厨情况，外卖经营更加透明。2023 年 11 月，宁波成功打造“浙里食安”6 项标志性成果，在保障食品安全方面取得新成效，示范引领效应明显。这 6 个试点示范项目，分别是风险隐患闭环管控机制、放心农贸市场建设、食品安全责任保险提质扩面、快检一件事集成改革、校园食安智治及养老助餐综合治理集成改革。

（六）强化创建氛围营造

一是统筹宣传资源。成立由市委宣传部、市食药安办牵头，18 个部门组成的创建工作宣传组，充分挖掘各部门的宣传资源进行广泛宣传。将国创宣传纳入宣传部门的公益广告库。利用食品安全宣传周、3·15 消费者权益保护日、科技宣传周、安全生产月、法制宣传月、质量月进行宣传，开展网络餐饮食品安全共治共管专项活动。充分发挥各大主流媒体作用，以设立专题专栏、系列讲座、播放宣传片等形式开展宣传。二是丰富宣传渠道。广泛开展进企业、进社区等“五进”宣传活动，在农村社区、城市广场、商业综合体、工地围挡、轨道交通、机场码头、公交、银行网点、商场超市、农批农贸市场、各餐饮单位、药店及其他人流集中场所，投放创城宣传公益广告，提升广大市民食品安全意识和国创知晓率。三是强化互动宣传。面向基层社区（村）居民建成食品药品科普宣教中心(站)380个,建设全省首家进口食品科普体验中心,构建居民宣传交流阵地,开展常态化、互动式的食安宣传。组建食品安全社会监督员、志愿者队伍,不定期参与开展"四个你我"宣传活动,不断激发社会各界参与食品安全监督的积极性。指导食品行业协会、食品企业参与宣传,提高社会各界的关注度,形成持续集中、声势强大的舆论氛围。

三、无锡市

无锡市现有入网餐饮单位总数超过4万家,网络食品安全监管已成为社会关注的热点问题。近年来,无锡对网络食品安全工作加强全周期动态治理、全方位依法治理、全要素智慧治理,通过夯实基础、强化监管、提升效能,有效保障了百姓"舌尖上的安全"。

(一)强化精准智控

无锡市是江苏省市场监管领域率先实施"智慧市场监管"项目的地市级,通过开发应用大数据食品安全治理的"无锡模式",强化精准智控。"一云一中台"的大数据中心形成了以统一社会信用代码为唯一识别的管理主体库,能同时实现许可、监督、检查、处罚、非现场监管等数据标签维度。同时,以食品安全数据为依托,无锡市实行食品生产企业安全风险分级管理,安排不同频次的全覆盖监督检查;以"全景画像"为基础,市级市场监管部门可以对食品安全风险较高、社会关注度较高的食品生产企业开展飞行检查。顺应"互联网+"时代潮流,在严管中实现巧管,无锡食品安全监管工作正逐步进阶,用"大系统、大数据、大平台"提升监管能力,推动监管方式的转变。

为普及食品安全相关科学和法律知识,增强广大消费者辨别谣言的能力,构建全链条、智能化的食品安全谣言治理格局,无锡市食安委办会同市委网信办、无锡市司法局等相关食安委成员单位,江南大学以及市报业集团、市广电集团、市自媒体联盟等媒体单位建立反食品安全谣言联动机制。通过对线上线下食品安全谣言进行梳理、分析、澄清，联动法律法规和科学知识宣传活动，促进无锡市食品安全环境优化、食品行业健康发展。

（二）强化闭环管理

2020 年下半年，针对多地相继报出进口冷链食品检出核酸阳性或涉疫食品流入市场等情况，无锡市场监管部门同步落实疫情防控和食品安全隐患防范工作。一方面，第一时间部署进口冷链食品追溯系统建设，在 48 小时内建成了全省首个进口冷链食品追溯系统并正式上线；另一方面，牵头出台加强冷链食品管控的文件，全面排查全市 2175 家食品生产经营户和第三方冷库，牵头建立进口冷链食品集中监管仓。2021 年，无锡市启动了“数字食安无忧保”项目，在全省率先整合分散在不同层级、不同监管部门和企业主体的食品安全相关数据，建设食品安全大数据中心和一体化监管平台，年均归集、分析相关数据 2000 余万条，有力支撑从食材供应基地到餐桌的食品安全全程监管和追溯。

积极探索“互联网+基层政务公开标准化规范化”，首创依托微信小程序“餐饮布局智算”，为餐饮服务经营者提供合理布局、规范经营的指导建议。该小程序依据国家市场监管总局关于餐饮服务食品安全操作规范公告和《江苏省食品经营许可（餐饮服务类）审查细则（试行）》等要求，结合辖区实际需求定制而成。市民可使用该小程序选择经营餐饮类型、场所面积、经营项目等类目，系统会自动生成经营所需的餐饮类别、布局要求、专间、水池、场所分离要求及后厨装修布局的关键要点，有效避免市民办理许可证时返工，真正实现办理行政许可“最多跑一次”。

（三）强化协作网络

一是强化党政同责。推动把食品小作坊提档升级列入《无锡市食品安全工作三年行动计划》和《无锡市食品安全重点工作安排》等，将其纳入地方食品安全工作专项考核体系，确保工作常态化、长效化开展。市政府在财政支出普遍压降背景下，专门协调总额146万元的专项工作经费，各市（县）、区以3000—20000元/家的标准对“名特优”食品小作坊进行专项奖补，严格落实党政领导责任。在推动“两个责任”落地工作中，无锡各地全面落实食品安全党政同责。2023年1月，江阴市市场监督管理局协同包保干部对包保企业开展首轮食品安全包保督查，以实际行动落实“两个责任”工作。在现场督导的过程中，主要强调压实食品安全属地管理责任及落实食品企业主体责任的问题。

二是强化属地化落实。明确镇（街道）牵头做好辖区内食品小作坊的监督管理，在深化文明城市、卫生城市创建过程中，推进农贸市场改造提升，在部门农贸市场试点开展熟食卤菜、豆制品等散装食品进货来源信息公示，营造全社会共同监督的高压态势。运用共治手段和市场机制倒逼小作坊合法登记、规范发展。

三是强化协作监管。在3轮全市未建档食品小作坊摸底排查中，构建“内外协作、双向排查”工作机制，组织全市5634名食品安全协管员（信息员）对责任网格内食品小作坊进行正向排查，各级市场监管部门重点从经营环节对全市248家农贸市场进行反向排查，向食品小作坊业主和小作坊房屋出租业主发放告知书，提醒主动登记、合法租赁。

四是强化区域协作。2021年3月，根据《长江三角洲区域一体化发展规划纲要》战略部署要求，无锡江阴市、惠山区与常州市经开区签订食品安全区域合作协议，积极构建毗邻地区食品安全“大监管”工作模式格局，打造食品安全高质量发展共建共享新格局。根据协议，三地将建立交流研判机制，围绕重点领域、重点毗邻场所、重点监管对象，定期开展市场监督管理理论研讨，探讨和推广市场监督管理学术研究成果，推进三地食品安全监管一体化；建立信息共享机制，通过工作函、小程序等方式，加强经济发展业态和食品行业政策、工作信息的交流共享，适时联合发布工作要情，探索建立冷链食品消毒证明、核酸检测报告、省级进口冷链食品追溯系统数据互认交流机制；建立信用互认机制,积极探索突破行政区划监管壁垒,加强三方食品信用互认机制,对食品生产经营从业人员、农村集体聚餐厨师的健康体检、教育培训、登记备案等实行“一地审批、三地互通”;建立监管互动机制,围绕区域性、阶段性、突发性、流动性的监管重点领域,开展三方联合整治,消除毗邻地区的食品监管盲区和重大安全隐患,同时实行农产品溯源共认,对附有其他两地溯源码的农产品实现入场绿色通道,免快检入场销售;建立应急联动机制,确保第一时间发现隐患,第一时间作出预警防范,涉及跨区域的疑似食品安全事件第一时间联合处置。①

(四)强化治理效能

作为江苏省“双随机、一公开”非现场监管创新试点城市,无锡市积极探索为企业和监管人员双向减负增效的精准路径。全市积极推动明厨亮灶 3.0 版本,即“互联网+明厨亮灶”,把餐饮单位明厨亮灶的视频流信号上传到互联网云端,广大市民可以通过关注“无锡市场监管”微信公众号观看后厨直播,让全无锡消费者即使不到店也可以通过微信公众号、手机 APP 或有关网站来监督餐饮单位后厨,真正实现食品安全社会共治。经过明厨亮灶的推行,辖区大部分商户都安装了设备,但就餐高峰期还是会出现有的摄像头不开,或对着墙壁、走廊,有的实时视频时间滞后甚至无法播放。随后,智慧食安阳光平台上线,整合前端监控设备、大数据分析和可视化智能管理平台,能对后厨 24 小时动态监管,实时展示设备在线状态。经过测算,通过平台一个监管人员一天可抽查 80 家商户,一个月就能抽查完所有商户,效率提高 400%左右。

非现场监管发现问题后,执法人员可以及时通过语音呼叫,督促企业实时整改。一旦发现违法违规问题,后台抓取系统能立即抓拍取证、下载保存,实现取证更智慧。此外,无锡市着力打造了食品安全在线辅助检查程序“食安

① 常州市人民政府网:《经开区:与无锡市江阴市、惠山区签订食品安全区域合作协议》,见 http://www.changzhou.gov.cn/ns_news/707161663660122。

快速通”系统,该系统上线以来已经发放食品经营许可证566张,在疫情防控期间发挥了重要作用。

同样地,为解决餐饮单位卫生状况“能看”“不能管”的现状,无锡高新区市场监管局上线了首个AI食品安全智慧监管平台,为指挥调度、调查取证等多种后台应用提供监控图像和业务数据。如遇见厨师不戴工帽和口罩操作、服务员在工作区玩手机等不规范行为,AI摄像头自动抓拍上传到系统,监控人员在第一时间通知监管对象所在辖区的监管人员进行现场处理,实现了执法部门、监管对象的“能管”。无锡各地积极打造亮点品牌,运用新媒体、新技术赋能食品安全工作,应用数字化思维构建风险预警模型,擦亮了社会共治品牌,拓宽了社会共治渠道,形成了一批可感知、可复制、可推广的共治成果。例如,梁溪区围绕“十号进行食”引导公众参与社会监督,无锡经开区打造“太湖食综”数字化监管平台,江阴市建成丁果湖食品安全主题公园等。

此外,推动外卖骑手以“吹哨人”的身份融入食品安全综合治理。无锡目前拥有外卖骑手一万余名,是日常保供的重要力量,也是与商家密切接触的关键群体。疫情期间,无锡市场监管部门对骑手启用了小程序进行管理,每日上传抗原和核酸报告信息,同时形成了对违规商家的新的举报渠道,无锡市场监管局在此基础出台了四个安全“吹哨人”制度,外卖骑手成为“吹哨人”制度的重要应用场景。无锡市印发《市场监管“四个安全”吹哨人制度的实施方案》,明确在全市食品、药品、重点工业产品及特种设备安全领域建立“吹哨人”制度,从内部举报人举报、调查、处置、奖励等方面作了具体规定,引导社会公众特别是相关企业从业人员主动参与社会监督,防范化解安全风险,坚决守住安全底线,营造政府主导、群众参与、社会共治的综合治理氛围。市局统一制作含有举报二维码的宣传海报和宣传手册,各市(县)区局结合日常检查和专项检查,指导各类市场主体在显著位置张贴。在全市农贸市场、批发市场等重点场所显著位置上张贴制度海报。强化对餐饮企业的食品安全监督,加强与美团、饿了么等网络平台合作,对外卖骑手开展基本食品安全常识培训,形成一批食品安全固定“吹哨人”。高度重视“吹哨人”提供的线索，第一时间安排精干力量对线索进行核实。

第三节　我国网络食品安全风险社会共治的成效

网络食品安全治理必须突破政府一元管理、单方面管理的思维定式，更加强调多元化主体的参与，包括第三方力量、消费者参与等。随着中国特色社会主义市场经济体制的不断完善，网络食品安全风险治理体系中政府、市场与社会主体的职责边界逐步厘清，食品生产者主体责任体系逐步建立，社会组织、新闻媒体与广大民众等社会力量参与的积极性和力度不断增强，食品安全风险社会共治格局初步形成。

一、网络食品安全法制体系与监督制度日趋完善

（一）网络食品安全法治体系框架分层规治

我国网络食品安全法治体系建设仍处于初级阶段，作为依法治国的法治国家，法律是维护社会秩序稳定、保护国家和人民基本权益的武器。建立健全食品安全保护法能够促进我国法律体系及安全发展，构建有法可依、依法必严的法治社会。目前，我国对于网络食品安全法律规制已形成了四个层次的法律体系，分别是法律、行政法规、部门规章、地方性法规，如表 7–4 所示。

表 7–4　网络食品安全法律规制体系

类别	名称	相关内容
法律	《中华人民共和国食品安全法》	规定了网络食品交易第三方平台的义务和责任
	《中华人民共和国电子商务法》	规定了电子商务平台经营者的义务和责任

续表

类别	名称	相关内容
行政法规	《中华人民共和国食品安全法实施条例》	强化网络交易第三方平台食品安全义务
部门规章	《网络食品安全违法行为查处办法》	规定了网络食品交易第三方平台提供者的义务和违法责任
	《网络餐饮服务食品安全监督管理办法》	规定网络餐饮服务交易第三方平台提供者义务
	《网络交易监督管理办法》	规定了第三方平台定期报送经营者信息以及鼓励建立自动化信息报送机制
地方性法规	《上海市网络餐饮服务监督管理办法》	规定应建店家信用评价体系等内容
	《湖北省网络订餐食品安全监督管理办法》	规定了网络订餐第三方提供者义务和职责
	《陕西省网络订餐食品安全监督管理办法(试行)》	规定网络订餐第三方平台提供者和通过自建网站交易的餐饮服务经营者的义务
	《江苏省电子商务平台管理规范(试行)》	规定了电子商务平台经营者的义务
	《内蒙古自治区网络餐饮食品安全监督管理办法(试行)》	规定了第三方平台应当建立资质审查、投诉举报处理、食品安全应急处置等制度

资料来源:笔者整理。

(二)网络食品安全监管仍需加强

目前,虽然我国网络食品监管体系不断完善,但是监管并不全面,仍然存在网络食品监管的“真空”领域。① 以监管对象为例,我国网络食品市场参与主体众多,监管对象复杂,网络食品的原材料供应商、包装材料供应商等主体缺乏相应的监管。在监管环节方面,政府部门和网络平台的监管重点在于加盟食品生产经营者的资质证件以及卫生状况,而对重要的配送环节却缺少监管。在实际网络食品经营中,配送模式、配送设施、配送人员素质参差不齐,目

① 谢丹颖:《网络餐饮食品安全监管问题研究》,西南政法大学硕士学位论文,2018年。

前仍然没有形成统一的配送标准。强化网络食品安全治理需要做到以下几个方面：

1. 健全网络食品安全法律法规体系

目前，国家对网络食品安全规范的法律主要体现在两个方面，一是食品安全方面的立法，二是网络交易方面的立法。首先，在法律层面实现对其直接规制的有《中华人民共和国食品安全法》，《中华人民共和国食品安全法》直接涉及网络餐饮食品行为的只有两条；其次，在行政法规层面，目前还没有实现对网络餐饮食品安全领域进行立法；再次，在部门规章层面，能够实现对网络餐饮食品经营行为进行直接规制的，有《网络食品安全违法行为查处办法》《网络交易监督管理办法》与《网络餐饮服务食品安全监督管理办法》三部部门规章；最后，仅部分网络经济发展比较成熟的地区，根据当地网络餐饮的实际发展情况和发展需求，制定了效力仅限于本地区的地方规范性法规，例如，《上海市网络餐饮服务监督管理办法》《广东省食品药品监督管理局关于网络食品监督的管理办法》《江苏省电子平台商务管理规范（试行）》等。

综上所述，目前对网络食品安全进行规制的法律法规多以地方规范性法规的形式存在，但是这些法规效力低、条文少、效力范围有限，且规定的内容不尽相同。目前只是少数地区出台了相关地方性法规，大部分地区并未针对网络食品展开专门性立法工作。这样的立法局面不利于网络食品市场的协同健康发展，容易造成区域性发展不平衡。因此，建立健全的网络食品法律法规体系就显得尤为重要，我国应加强对网络食品安全法律法规的修订，构建完整的网络食品安全法律法规体系。

2. 弥补立法空白

整合《中华人民共和国食品安全法》《网络食品安全违法行为查处办法》和《网络餐饮服务食品安全监督管理办法》的相关规定，网络餐饮食品安全监管的对象包括两类：一类是网络餐饮平台。针对这类平台，《网络餐饮服务食品安全监督管理办法》规定了两种：其一是提供网络餐饮服务的第三方平台提供者;其二是入网餐饮服务提供者的自建网站。另一类是入网餐饮服务提供者。同时根据《网络食品安全违法行为查处办法》第四十六条,对食品生产加工小作坊和食品摊贩等的网络食品安全违法行为的查处,可以参照本办法执行。

但是,以上三部法律法规都没有在法律层面上对第三方平台提供者、自建的网站及入网餐饮服务提供者下定义,同时也没有对其外延进行具体展开说明。因此,目前对于微信、微博、QQ 和网络直播等特殊平台,以及家厨外卖、中央厨房等特殊网络餐饮经营模式的治理仍然存在法律上的空白。我国需要加强对网络食品治理空白领域立法,以便更好地加强网络食品安全治理。

3. 设置统一具体的标准体系

一方面,我国目前并不存在专门的网络食品安全标准,而是采用一般食品安全标准。然而,我国食品安全标准很多,目前有 3000 项左右,而且每项标准之间并没有实现独立,一定程度上存在重合、交叉,甚至相互矛盾的情况。[①] 例如,对于同一种商品,不同国家机关或不同行业组织都制定了不同的标准,导致在政府有关部门的检测结果与在其他同样合法的检测机构检测的结果不尽相同,有时甚至是相反的。因此,为了减轻司法实践的困难,我国网络食品安全治理需要设置统一具体的标准体系。

另一方面,《中华人民共和国食品安全法》第三十三条和第三十四条对储存、运输食品的容器、工具和设备的卫生标准进行了规制,但《网络餐饮服务食品安全监督管理办法》《网络食品安全违法行为查处办法》,对于配送标准的规定则过于概括笼统,并没有罗列具体标准。所以,我国在网络食品配送领域也需要制定具有强制约束力的全国统一标准。

4. 实施科学多样的监管手段

目前我国对网络食品安全的监管主要采取传统的监管手段,譬如现场检

---

① 食品安全治理协同创新中心著:《食品安全治理蓝皮书》,知识产权出版社 2015 年版。

查、抽样检查等,还不能很好地在监管手段中融合互联网的因素。此外,我国还没有建立起一个可供各个监管部门共享的网络餐饮食品安全曝光信息平台,不同地区不同部门之间的信息交流还相对滞后。在网络食品安全信息发布方面,监管者需要成为信息的第一发布人,及时回应公众的疑惑。因此,在网络食品安全领域需要实施科学多样的监管手段,建立健全风险监管体系,贯彻“预防为主”的监管理念。

(四)政府网络食品安全治理职能

1. 构建保障市场与社会秩序的制度环境

在网络食品安全风险社会共治的框架下,作为引导者,政府最重要的责任是构建保障市场与社会秩序的制度环境。政府有责任对网络食品平台以及网络食品生产经营者与配送者进行监管,确保网络食品各主体按照法律标准生产配送食品。同时,政府有责任建立有效的惩罚机制,在法律的框架下对违规主体进行处罚,这有利于建立消费者对网络食品安全的信心。

2. 构建紧密、灵活的治理结构

网络食品安全治理的效果取决于治理结构的水平,分散的、不灵活的治理结构会严重限制治理各方主体有效应对不断变化的网络食品安全风险的能力。[①] 因此,政府需要根据我国的实际情况,运用不同的政策工具组合来构建最优的社会共治结构,实现治理结构的紧密性和灵活性。考虑到网络食品供应链主体间的诚信缺失会严重影响各个主体间的进一步合作,信息交流的制度与法规建设应成为治理结构的重要组成部分,要通过信息的公开、交流来解决治理结构中的不信任问题。

3. 构建与社会共治各主体的友好合作伙伴关系

作为公共治理领域的主要部门,政府应发挥自身优势,不断加强与平台、

① 吴林海著:《中国食品安全风险治理体系与治理能力考察报告》,中国社会科学出版社2016年版,第552—556页。

媒体、第三方力量等主体在网络食品安全治理领域的合作，成为团结企业、社会的重要力量。政府应广泛吸收多方力量的参与，在消费者、社会组织、平台与政府之间构建相互信任、合作有序的伙伴关系，有效抑制治理主体的部门本位主义，提高治理政策的有效性和公平性。同时，为了更好地与平台、第三方力量展开合作，政府应开诚布公地公开相关信息，增进其他主体对自己的信任，构建和谐有序的社会共治环境。

二、网络食品交易第三方平台强化自身责权

网络食品安全风险社会共治要求网络食品平台承担更多的网络食品安全责任。近年来，网络食品第三方平台不断通过规范网络食品行业经营秩序，推动网络食品社会共治。

（一）强化网络食品第三方平台法律责任

1. 落实对经营者的实质审查责任

越来越多的传统商家选择入驻电子商务平台，这样不仅可以减少店面成本，并扩大消费者需求。食品经营者首次加入网络交易平台需要经过平台的资质审查。资质审查可以理解为在申请加入网络交易平台时，当事人需要提交其从事网络食品经营资格资质相关材料，然后由第三方平台进行审查，对于符合入驻条件的为其提供交易平台服务，不符合条件的经营者拒绝其入驻平台。例如，第三方平台对商家的资格审查可以从产品运营价格和质量、货源信息等方面进行。网络食品交易平台对食品经营者的资质进行审查是减少纠纷的前置屏障，因此网络食品交易第三方平台需要重视对于入驻商家的实质性审查，而非仅仅进行形式审查。

2. 明确对经营者的监管责任

网络食品交易第三方平台作为平台的所有者与管理者，对于平台内所发生的交易活动具有一定的管理控制能力，对于平台内商家有监督管理义务。

网络食品交易第三方平台不仅要对平台内食品经营者的违法行为进行监管，还要对已经入驻的经营者的身份资质信息进行监管。当出现不符合许可证要求等情形时，应当采取处置措施。法律需要明确对平台的监管责任。对违法行为或严重违法行为的判断，应当完全交由平台处置还是由法律加以详细规制，需进一步作出法律的明确规定。法律应明确规定网络食品交易第三方平台对于平台内的经营者违法行为的监管责任。

3. 平台责任设计需反映网络食品交易特点

高质量的行政立法能够有效提高监管效率，促进行政管理目标的实现；反之，不谨慎甚至错误的行政立法则会使行政效能大大降低。[①] 当前法律对网络食品交易第三方平台的责任大多是参照《中华人民共和国消费者权益保护法》《中华人民共和国广告法》《中华人民共和国产品质量法》中的条款进行设计，缺乏一定的针对性。网络食品交易中消费者在其利益受到侵害时，食品生产经营者、第三方网络交易平台、食品运输者或者其他可能的侵害人相互之间可能发生责任推诿，致使消费者得不到及时的赔偿等情况的发生，需要落实各方责任。因此，应从法律层面进一步对网络食品交易第三方平台赔偿责任限制与责任承担范围进行详细规定。

（二）明确网络食品第三方平台法律义务

1. 对经营者资质审查义务

网络交易平台具有审核入驻食品经营者资质等信息的义务，资质审查义务在《中华人民共和国电子商务法》第三十八条予以规定。《中华人民共和国食品安全法》第六十二条规定平台对经营者实行实名登记，并且对应当取得许可证的经营者进行许可证审查。对于不符合资质要求的商家，禁止其入驻网络交易平台从事交易活动，也从源头上减少了网络交易纠纷发生的可能性。

---

① 任峰著：《食品安全监管中的政府责任》，法律出版社 2015 年版，第 62 页。

在消费者维权时，进行实名登记网络食品交易第三方平台可以通过及时提供侵权卖家的联系方式、有效地址和真实名称的方式，将侵权者信息告知被侵权人，以便受害人进行索赔。

2. 对消费者信息保存和安全保障义务

《中华人民共和国电子商务法》第三十一条规定电子商务平台经营者应当记录、保存平台上发布的商品和服务信息，并确保信息的完整性、保密性、可用性。网络交易平台应当确保平台上的信息的完整性和保密性，并予以记录、保存。网络交易数据是合同订立、履行、终止的依据，发生纠纷时这些数据就是有力证据。如果没有这些网络数据的保存，交易数据信息将不复存在，买家购买的商品信息也不得而知。《中华人民共和国食品安全法实施条例》第三十二条对于网络食品交易第三方平台的信息保存义务作了进一步的规定，平台对于食品经营者的登记信息以及交易信息应当妥善保存。《中华人民共和国电子商务法》第三十八条明确规定网络交易平台需要对消费者尽安全保障义务。安全保障义务是网络交易平台负有采取合理措施保障消费者的权益不受侵害的义务。对于网络交易平台获取的个人信息应当进行保密，防止个人信息泄露与窃取。网络交易平台为其用户提供网络技术支持，《中华人民共和国电子商务法》第三十条规定网络交易平台保障其网络安全，采取必要技术措施以保障网络稳定运行。《中华人民共和国网络安全法》第二十一条规定网络运营者具有防止电子数据被不法分子窃取、篡改的义务并且防止数据泄露。

3. 维护平台内买卖双方公平交易义务

网络交易平台负有维护公平交易的义务，网络交易中卖家与买家虚假交易的现象屡见不鲜。例如，一些卖家不惜花费大量的资金在刷单上，其目的是增加交易订单数量，获得更靠前的商品排名，从而增加曝光度以获得更多的交易机会。网络交易平台需要维护市场的公平竞争。经营者采取刷单的方式获取交易机会的行为属于同业之间的不正当竞争，市场交易秩序也必将遭受破坏。《中华人民共和国电子商务法》第三十二条规定电子商务平台经营者应当遵循公开、公平、公正的原则，制定平台服务协议和交易规则，明确进入和退出平台、商品和服务质量保障消费者权益保护、个人信息保护等方面的权利和义务。

三、网络食品交易第三方力量稳步发展

作为相对独立于政府、市场的"第三领域"，第三方力量主要由公民与各类社会组织等构成。网络食品安全需要第三方监管和社会综合治理，需要充分组织和动员社会力量参与。第三方力量是网络食品安全风险社会共治的重要组成部分，是对政府治理、平台监管的有力补充，决定着公共政策的成败。网络食品安全治理第三方力量主要包括媒体、消费者协会、行业协会、认证及非政府组织。作为行政监管的补充，第三方力量对于保证网络食品安全发挥了重要作用。

（一）媒体监管参与广泛

媒体具有信息曝光和信息传递两方面的特点，媒体监督在我国食品安全管理上发挥了重要作用。媒体的食品安全治理机制有两条：一是媒体曝光不安全食品信息，通过借助政府的行政治理对网络食品提供者进行约束；二是向消费者传递不安全食品信息，从而通过舆论压力和声誉机制来约束食品企业安全生产，如图 7-1 所示。

由于网络是一个开放的信息交流平台，网络媒体的监管能够快速传递信息，但是网络媒体需要确保监督的深度性、全面性及公信力。目前，我国大量的网络食品安全事件都是由媒体首先曝光，媒体参与网络食品安全的态度积极，对于我国网络食品安全起到了良好的促进作用。

（二）消费者协会作用彰显

消费者协会和其他消费者组织是依法成立的对商品和服务进行社会监督

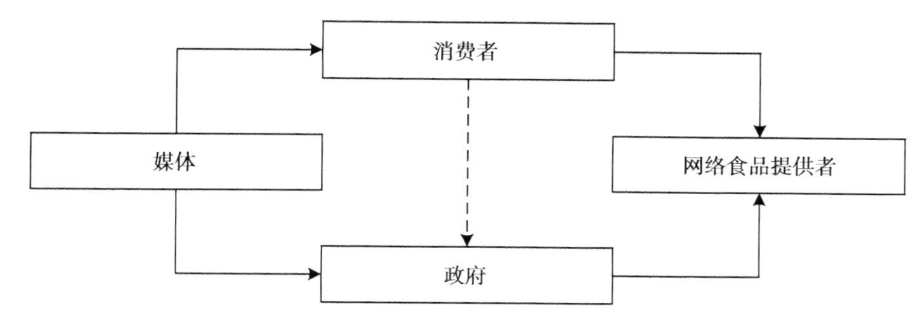

图 7-1　网络食品中媒体的治理机制

资料来源：笔者整理。

的保护消费者合法权益的社会团体。根据消费者权益保护法的规定，保护消费者的合法权益是全社会的共同责任。国家鼓励、支持一切组织和个人对损害消费者合法权益的行为进行社会监督。消费者协会和其他消费者组织作为保护消费者权益的专门组织，有权对侵害消费者合法权益的食品生产经营违法行为，依法进行社会监督，这也是加强食品安全社会共治的重要方面。消费者权益保护法明确规定了消费者协会应当履行的职能，包括向消费者提供消费信息和咨询服务；参与有关行政部门对商品和服务的监督、检查；就有关消费者合法权益的问题，向有关行政部门反映、查询，提出建议；受理消费者的投诉，并对投诉事项进行调查、调解；投诉事项涉及商品和服务质量问题的，可以提请鉴定部门鉴定；就损害消费者合法权益的行为，支持受损害的消费者提起诉讼；对损害消费者合法权益的行为，通过大众传播媒介予以揭露、批评。

（三）行业协会需进一步明确角色定位

《中华人民共和国食品安全法》第九条规定，食品行业协会应当加强行业自律，引导和督促食品生产经营者依法生产经营，推动行业诚信建设，宣传、普及食品安全知识。

食品行业协会应当依照食品安全法的规定，努力做好以下几方面的工作：一是引导和督促食品生产经营者依法生产经营。有关食品行业协会应当加强对其成员的自律教育，提高成员自身素质，严格遵守食品安全法和国家有关食品安全的其他法律、法规的规定，依法进行食品生产。二是推动行业诚信建设。食品行业协会作为行业自律组织，应在推动行业诚信建设中发挥重要作用。首先要完善行业自律规则，为食品生产经营企业提供具体的行为尺度，引导、规范其经营行为；其次要加大协会的自律监管力度，建立食品生产经营者信用评价体系，记录食品生产经营者的诚信情况；最后要进行全方位的教育宣传，使企业充分认识到丧失诚信给行业和社会造成的严重危害。三是宣传和普及食品安全知识。开展食品安全知识的普及和宣传工作，倡导健康的饮食方式，增强消费者的食品安全意识和自我保护能力，对于促进和保障食品安全具有重要意义。有关食品行业协会作为具有食品安全专业知识的机构，应当发挥积极作用，通过多种形式进行食品安全知识的宣传和普及。行业协会可以通过定期组织各个专委会进行检测活动的方式，把检测结果通过媒体公布，接受公众的监督，同时做好投诉举报中心工作，让消费者拓宽维权的渠道，专门成立法律维权服务中心。

（四）认证需要体现客观公正性

我国食品认证可以追溯到20世纪90年代初，并在随后的30多年里迅速发展。伴随着我国政府职能发生深刻转变，我国逐步引入社会力量参与食品安全监管，比如允许法定认可的第三方认证机构协助政府部门开展食品的检验检测工作。同时，推动政府部门与高校科研院所、企业等不同性质第三方认证机构的跨组织资源整合，发挥政产学优势，从而进一步提高食品安全水平。

我国食品安全管理体系认证机构绝大多数都能够较好地发挥认证活动对食品生产经营企业的促进作用，提升企业生产管理水平，提高食品安全系数，有效防范食品安全事件发生。但是，在食品安全产品认证方面，还未实现真正意义上的第三方认证独立。因此，网络食品安全社会共治特别需要强调认证组织的客观公正性。

（五）非政府组织涉足网络食品安全领域

目前，我国非政府组织在社会服务、环境保护、扶贫开发、行业协调以及政策倡导等领域较为活跃，但在食品安全领域涉足较少。非政府组织在我国食品安全管理领域发挥的公共治理作用，可以从我国政府对转基因食品管制态度的转变看出。此外，非政府组织也在多方面积极寻找我国食品安全管理的新路径，如建立城乡互助体系、确保生产安全食品、推广病虫害综合治理、协助超市建立食品可追溯系统等。

据民政部统计资料显示，截至 2023 年底，全国共有社会组织 88.5 万家，全年共接收各类社会捐赠 1070 亿元。从社会组织的数量和募集金额来看，我国的社会组织近年来得到了很大的发展。然而食品安全相关方面的社团组织数量较少，覆盖面较窄。非政府组织在我国网络食品安全领域涉足较浅，需要加强非政府组织在我国网络食品安全社会共治中的作用。

第四节　我国提升网络食品安全风险社会共治能力的路径

随着食品供应链跨地域延伸，网络食品安全风险已经突破了传统意义上的时空限制。新时代网络食品安全风险共治体系建设的重点在于，充分认识并准确把握政府、市场与社会的职能边界及其动态演化，健全政府、市场与社会多元化主体跨界合作机制，促进多元化共治主体间的跨界合作。

一、建立网络食品安全社会共治利益机制

网络食品安全社会共治涉及多元主体之间的多层次、复杂的关系，如图 7-2 所示。因此，必须建立合理的网络食品安全社会共治利益机制，协调众多利益相关者之间的关系，使各方积极参与社会共治。

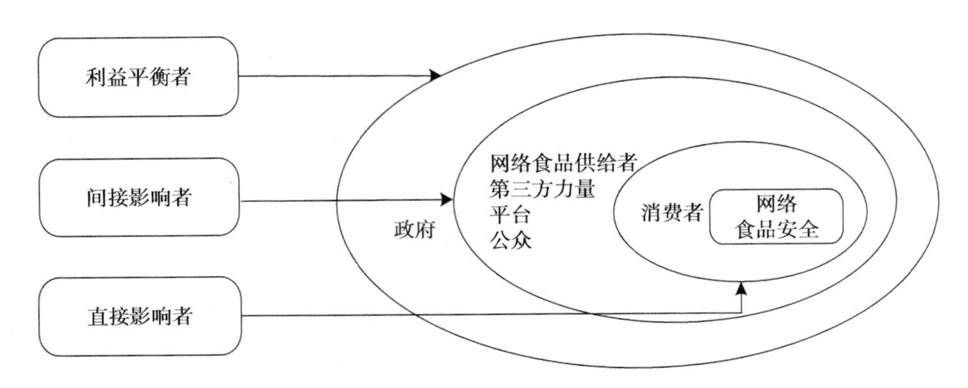

图 7-2　网络食品安全社会共治的利益相关者

资料来源:笔者整理。

(一)培育网络食品安全社会共治利益导向机制

要提升网络食品供给者的责任感,引导其在道德准则的约束下加强自律,生产和销售质量合格的网络食品。第一,应该大力进行网络食品安全的公益宣传。宣传网络食品安全的必要性、不安全的网络食品对人体和社会的危害。目前,对于网络食品安全的宣传多为媒体对不安全的网络食品的曝光,且主要面向消费者。加大对网络食品平台、商家以及配送者的宣传,有助于其形成正确的价值观。第二,对于诚信经营的平台以及商家给予认可,对于网络食品安全管理水平高的政府部门给予更高的荣誉,弘扬社会正气。

(二)完善网络食品安全社会共治利益产生与表达机制

网络食品安全社会共治利益产生机制实质上是各种食品安全治理法律、制度的建立与完善的过程。当前,我国需加强相关制度建设,完善网络食品安全治理法律法规,提高网络食品安全治理产生机制的有效性。网络食品安全各主体之间的利益关系如图 7-3 所示。

网络食品消费者与网络食品供给者之间的利益关系依靠网络食品供给者自律来实现。网络食品安全治理利益表达机制是网络食品消费者利益得以表

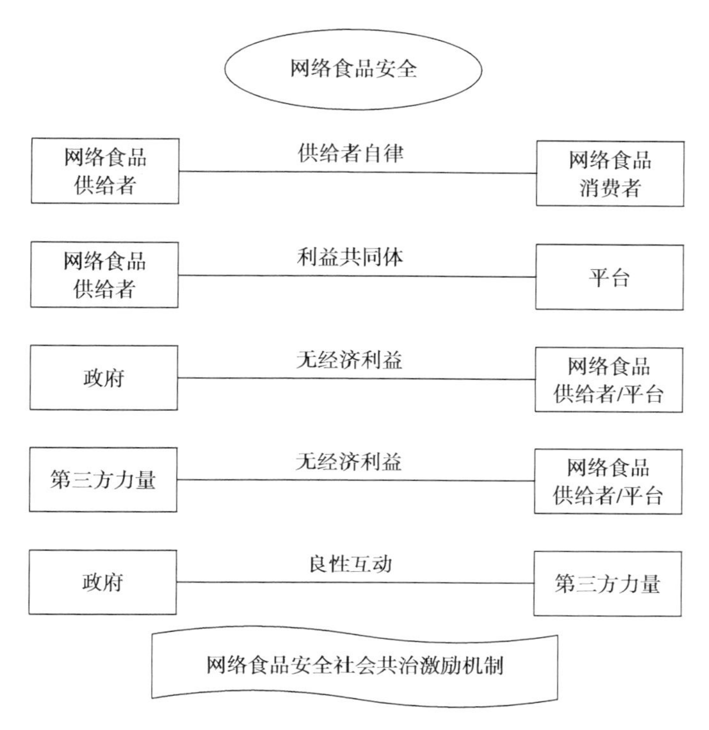

图 7-3　网络食品安全社会共治主体间利益关系

资料来源:笔者整理。

达的渠道。单个消费者实力弱小,要想使自身利益不受侵害,需有相关组织为其表达和实现。传统的表达消费者利益的组织是政府,政府通过制定和执行法律,行使公共权力矫正市场失灵,保障处于网络食品市场弱势地位的消费者利益不被剥夺。但由于政府本身资源有限,还要负责其他公共事务管理,且其属于网络食品安全利益相关者中的利益平衡者,故不能很好地表达消费者的意志。媒体、消费者协会等第三方力量是表达消费者利益的更好选择。社会共治的第三方力量是网络食品安全协同治理的有效保障与强力支撑。当前,我国民众参与网络食品安全社会共治的有效性不足,网络食品安全治理利益表达机制孱弱。第三方力量的培养需要国家的大力推动。一方面,需要承认第三方组织的相对独立性,为其发展提供较大的合法活动空间;另一方面,需要加大培育消费者的主体意识、自由意识和法治意识，使得消费者化被动为主动，积极主动表达自己对于网络食品安全的利益诉求。

要健全和完善公众参与制度。要从立法参与、执法参与和司法参与三个方面健全和完善公众参与制度。在立法参与上，要改进政策的制定程序和规则，畅通公众表达利益诉求的渠道，努力将公众的利益诉求嵌入食品安全相关政策的制定中。在执法参与上，要鼓励公众依法监督和举报，综合使用宣传教育和物质激励相结合的方式，从精神上和物质上进行引导。完善保密制度，解决举报人的后顾之忧。在司法参与上，建立和完善公益诉讼制度和惩罚性赔偿制度。食品安全是消费者的基本权利，保护消费者的基本权利就要把刑事惩处与民事赔偿结合起来，让公众拿起法律武器同违法违规的食品生产经营行为作斗争。因此，要尝试建立和完善公益诉讼制度和惩罚性赔偿制度，提高惩罚性赔偿的力度，试行“上不封顶，下要保底”的政策，达到打击网络食品安全违法犯罪的目的。

（三）培育多元主体以及调整网络食品安全社会共治利益制衡机制

网络食品安全社会共治的主体是复合主体，包括政府、平台、商家、第三方力量、消费者等。制衡机制关键是培育多种力量，扶持弱势力量，确定各种力量之间的制约关系。在网络食品安全治理中，利益制衡是使各利益相关者相互制约，平衡分配网络食品安全治理利益。网络食品安全治理主体间合理的利益关系如图 7-4 所示。

多元主体的参与能有效弥补政府单一监管的不足，满足消费者多样性需求，同时利用各主体之间的合作、竞争机制减少政府的寻租腐败行为，是解决网络食品安全问题的有效方式。[1] 多元主体的核心是独立于政府主体和私人

---

① 陈彦丽著：《协同学视阈下我国食品安全社会共治研究》，经济科学出版社 2016 年版，第 185—188 页。

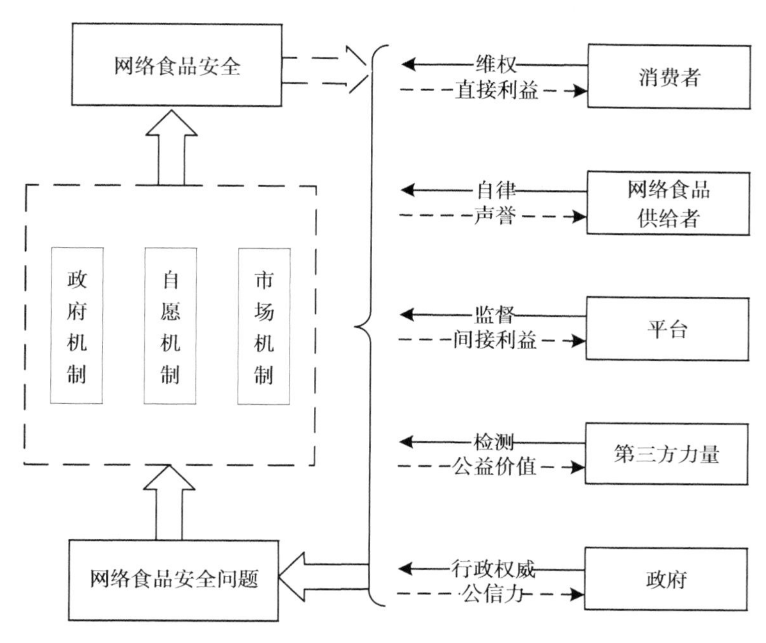

图 7-4　网络食品安全社会共治利益相关者模型

资料来源:笔者整理。

主体之外的第三方力量,包括媒体、消费者协会、行业协会、认证机构及非政府组织,其在网络食品安全社会共治中应承担的职能如表 7-5 所示。

表 7-5　网络食品安全第三方力量职能

第三方力量	职能
媒体	媒体为网络食品安全信息提供了快速而广泛的传播平台,由于媒体传播覆盖面的广泛性,使其成为消费者获取食品安全信息、了解食品安全现状最重要的渠道之一。充分利用社会媒体的传导功能,可以对公众大面积的网络食品安全恐慌施加正面影响和引导
消费者协会	消费者协会和其他消费者组织作为保护消费者权益的专门组织,有权对侵害消费者合法权益的食品生产经营违法行为,依法进行社会监督,这也是加强食品安全社会共治的重要方面
行业协会	行业协会对提高网络食品安全水平、促进网络食品产业快速发展发挥了重要作用。通过加强行业自律、规范行业行为、开展行业服务、维护行业利益、保障公平竞争的网络市场环境,从而达到降低行政成本、促进行业发展的目的

续表

第三方力量	职能
认证机构	使得所有的网络食品必须经过强制性的检验,保障网络食品安全
非政府组织	利用非政府组织自身的优势,积极投入到网络食品安全监督活动中,改善网络食品安全问题

资料来源:笔者整理。

在我国,行业协会被赋予行业协调、行业代表、行业自律和行业服务等职能,可以起到约束和规范会员企业的作用。在食品安全监管上,相比政府干预,行业协会具有信息获取、监管动力、比较成本等方面的独特优势。因此,食品安全风险社会共治应该鼓励和督促食品行业协会通过制定行业标准、签订自律公约、行业内监管和对企业进行教育培训等措施促使和诱导食品企业强化食品安全。要明确行业协会的性质、地位、职能等权利义务,从组织体系上完善行业协会的治理结构、组织机构和运作机制,为行业协会推动食品企业加强食品安全控制奠定基础。要加快社会组织与行政机构脱钩的步伐,真正将行业协会的属性转变为社会公共服务性质,并理顺政府、企业和社会的关系,通过行业协会这个特殊的社会组织强化食品企业的责任意识、自律意识和守法意识。

媒体是参与食品安全风险治理主体的重要组成部分。一方面,要利用舆论宣传功能加强对公众的食品安全教育和风险交流。公众的食品安全意识和认知水平较低是当前食品安全风险治理面临的突出问题之一。媒体应该充分发挥自身在宣传教育上的比较优势,广泛传播食品安全知识,提高公众防范意识和认知水平。从风险社会的视角看,风险交流是缓解社会紧张情绪和提升公众信任的重要抓手。媒体应该及时、准确、有针对性地发布食品安全信息,让公众科学和正确地认识可能或已经存在的食品安全风险。另一方面,要降低媒体实事求是揭露食品安全问题的交易成本,落实好媒体监督食品安全问题的社会职能,发挥市场体系中独特的声誉机制。

第三方力量具有准公共性、自愿性、社会性和专业性等特点,可以更好地代表公共利益,协调政府、网络食品供给者和消费者之间的利益矛盾。同时以其在相关领域更专业的服务,减弱网络食品安全治理中的信息不对称,提高网络食品安全治理整体水平。目前,我国第三方力量发展程度低,实力弱小,还没有在网络食品安全治理中发挥应有作用。培育网络食品安全治理第三方力量需做好以下几点:(1)宏观上鼓励。赋予第三方力量独立的法律地位,保障其独立性,授予第三方力量准公共权力,保障其权威性,完善准入制度,保障其专业性。(2)中观上规范管理。建立完整的第三方力量组织体系,即建立网络食品安全标准制定机构,网络食品安全检测机构,网络食品安全风险评估机构,网络食品安全信用评估机构,网络食品安全信息收集、分析、披露机构,各机构分工合作、相互配合,形成网络食品安全多元治理网络。(3)微观上监督约束。建立对第三部门的监督机制,保证其应有的独立性、公正性与公益性。

二、加强网络食品安全社会共治政府监管

(一)提升政府监管责任意识

1. 坚持以人民为中心的监管责任理念

政府监管部门的工作要具体落实到每个行政监管人员,行政监管人员的责任理念是影响网络食品安全监管成效最重要的因素,直接影响网络食品市场安全的监管态势。在网络食品安全行政监管的过程中,要坚持把人民利益放第一位。对行政监管人员进行网络食品安全相关知识与专业技术的教育培训,有效防止政府部门在网络食品安全监管中出现监管缺位与执法不力的问题。

2. 加强多元力量协同治理

与传统食品产业链相比,网络食品产业链复杂程度提高,以政府为单一监

管主体监管网络食品市场,力量过于薄弱,存在监管人员、专业性不足等问题,监管成效较差。应当摒弃单一行政监管理念,在政府仍然对网络食品安全监管工作负主要责任的同时,更多地发挥出网络食品平台以及第三方力量的协同治理。政府需要调动起社会多方主体的积极性,形成共治格局。首先,畅通监督举报受理机制,鼓励消费者作为网络食品安全最直接关系主体,通过消费者协会等第三方力量来拓宽社会公众参与监督的渠道。其次,推动网络食品行业协会的组建,根据行业自身特点来制定行业自律公约,规范自身行为,推动行业诚信建设。通过政策指引支持第三方力量建立技术检测、认证等平台,提升技术支撑能力。最后,积极发挥新闻媒体的舆论监督与教育宣传作用,普及网络食品安全及维权等方面的法律知识,打造全社会齐抓共管的监管氛围,形成多方共治协同监管局面。

(二)完善网络食品相关法律法规

1. 健全网络食品市场的法律规范

完善的法律法规是政府有效治理的前提,虽然目前我国在网络食品行业也制定了相关的法律法规,但针对性不强,适用依据不统一、不完善。因此,在网络食品安全领域需要进一步完善相关的法律法规。网络食品除了具备传统食品行业的特征,还具有互联网的特质,涉及网络食品平台、商家及配送者。因此,基于网络食品的特点,应出台专门针对网络食品安全监管的法律法规。虽然《中华人民共和国食品安全法》涉及网络食品行业的监管,但主要针对的是传统食品安全监管,有些条款并不适用于网络食品行业,这使政府在实际监管中缺少必要的法律依据。因此,可在《中华人民共和国食品安全法》的框架下制定网络食品行业的实施细则。对于存在的监管空白现象,如对网络食品平台的监管,在相关法律文件中应对其进行完善。一方面为政府监管提供法律依据,另一方面可明确网络食品平台和配送人员的职责,减少网络食品配送环节的风险。此外,明确网络食品安全监管部门的职责,用法律制度明确各部门的职责,避免权责交叉和多重管理。[①]

当前我国主要以《中华人民共和国电子商务法》《网络食品监督管理办法》《中华人民共和国食品安全法》《中华人民共和国消费者权益保护法》《中华人民共和国合同法》《中华人民共和国民法典》等多部法律中的相关条款来对网络食品市场进行依法规制。[②] 现有的法律条款主要体现在互联网管理和食品交易安全两方面的相关法律规定,网络食品安全方面的法律法规还不充足。依据以上法律条款处理网络食品安全问题时,多部法律之间可能存在矛盾冲突,影响网络食品安全治理效率。

一些不法分子会利用法律漏洞进行不规范操作经营,第三方平台可能会因此逃避自身监管的责任与义务,不仅起不到规范网络食品市场环境的作用,也保障不了消费者的基本合法权益。加强第三方平台对入网商家进行管理与约束并以法律的形式确定商家入网资格是完善网络食品市场法律法规的重要部分。同时要求入驻商家在当地工商部门进行登记备案后才可以获得网络销售许可证进入网络市场,提高经营者违法成本来防止违法行为的发生。但是,防止网络食品质量问题的发生主要靠第三方平台对入网经营者准入资质进行把关是远远不够的,对于食品原材料来源、产品的制作销售,流通环节等都应有明确规定,出台关于网络食品流通全程信息监管的相关法律,方便政府职能部门责任追究工作的开展。应更加明确与细化第三方平台的责任,制定政府各部门的监督实施办法,在完善网络食品质量安全等方面法律法规的同时,也将政府的监管职能依法落实到位,进而保证政府监管有效。

2. 完善网络食品安全物流相关法律法规

物流运输作为网络市场食品交易至关重要的一环,是影响网络食品安全的重要因素,加强物流运输相关法律规范的建设意义重大。当前,我国已经出台《中华人民共和国邮政法》《中华人民共和国合同法》《快递市场管理办法》

---

① 杨慧舜:《网络订餐食品安全的政府监管》,华东政法大学硕士学位论文,2019 年。

② 李方磊:《网购食品安全监管问题探析》,陕西科技大学硕士学位论文,2014 年。

等相关法律法规来规范物流快递行业的运行。网络市场的兴起与快速发展极大地带动了物流配送的需求,壮大了物流快递行业的规模。目前,快递公司数量迅速增加,能力与规模参差不齐,网络食品专业运输设备的不足、操作不规范等问题会直接导致物流环节网络食品的安全风险增加,危害消费者的身体健康。

面对当前复杂多变的网络食品配送要求,现有的法律法规很难保障网络食品物流行业的健康可持续发展,出台专门且更为全面的法律刻不容缓。这套专门性的法律应该包括对物流公司、快递人员及派送商品等一系列全面且细化的法律条文。其中,对网购食品与网购商品的运送进行区分,尤其是对于生鲜、蛋糕、奶制品等特殊食品的配送要明确要求有提供专门冷冻储存设备和冷链物流服务能力的快递公司进行配送,提高快递人员的准入资格并制定更详细的工作操作指南,以此来有效保障物流行业的规范和网络市场的食品安全。

3. 明确网络食品经营者的法律责任

2018 年 1 月 1 日起开始实行的《网络餐饮服务食品安全监督管理办法》中对网络第三方餐饮平台的职责作了相关规定,要求网络餐饮第三方平台要加强对入网商户资质的审查。但在实际操作中,不仅仅是网络餐饮第三方平台,网络食品第三方平台的商户都存在证件不全等违规经营行为,这也与法律中存在的漏洞有关。① 网络第三方平台作为网络食品的责任主体,在相关的法律文件中只对其职责作了规定,而对其违法行为的惩处却较少规定。作为“理性经济人”的第三方平台,当违法成本较低时,出于追求经济利益的考虑,仍然会选择违法行为。因此,在法律规章中,可通过法律法规制度设计加强对网络第三方平台及网络餐饮经营者的惩处力度,对入网商户审核不严而造成食品安全事故的,网络第三方平台也应承担相应的连带责任。

---

① 杨慧舜:《网络订餐食品安全的政府监管》,华东政法大学硕士学位论文,2019 年。

4. 完善侵权损害赔偿保险制度

网络食品安全责任险是当消费者遭遇网络食品安全问题时，由保险公司进行理赔，其前提是网络平台或网络餐饮经营者与保险公司合作，即参与了网络食品安全责任保险。《中华人民共和国食品安全法》提出鼓励食品生产经营者参与食品安全责任保险，但未对网络第三方平台作出相应规定。网络食品安全责任险其目的在于保证网络经营主体能够履行承诺，特别是对食品安全的承诺。从微观视角看，一方面，网络食品安全责任险具有防御功能，可促使食品经营者规范经营，保障食品安全质量；另一方面，具有赔偿功能，当发生网络食品安全事件时，可对消费者进行赔偿，维护消费者合法权益。因此，我国可将网络食品安全责任险提升到法律层面，通过法律制度安排规范网络第三方平台和网络食品经营者的食品安全责任保险行为。

（三）规范网络食品市场监管内容

1. 严把网络市场食品经营者资质的审查

目前，网购食品经营者准入门槛过低是我国网络食品市场混乱的首要原因。因此，加强对网络食品经营者资质的要求并进行严格把关极为关键。法律明确规定第三方平台有责任对其入网经营者进行准入资质检查，入网经营者需要在第三方平台上实名注册才能申请电子店铺，提交经营范围、经营食品的名称与类型，以及经营地址等信息，并上传食品经营许可证、营业执照等证照的照片等。第三方平台对商户提交的信息进行核实与审查后，再收取与网店规模相对应的保证金，前期工作完成方可准予其网上营业。准入环节的相关规定要求第三方平台落实到位，不能因为主观原因而放松对网络食品经营主体的审查、放宽准入标准，需要政府监管部门对第三方平台的工作进行监督与核实，发现不合格与违法行为，依法问责平台服务提供者。

2. 加强网络食品来源信息监管

网络食品交易的虚拟性使消费者对于食品安全信息严重缺失，容易造成网络食品安全问题。当下应大力加强对网购食品交易链条中各环节的食品安全信息的监管，尽可能地减少因食品信息不对称而侵害消费者合法权益的情况。需完善当前的网络食品安全信息监管机制，以应对网络环境市场中实际食品来源、加工的检验、检疫信息与经营者提供的相关食品信息不一致的状况。落实线上与线下共同监管，经营者将食品的来源信息等上报给第三方平台与政府监管部门备案，同时要求提供电子凭据以方便审核监管。政府监管部门根据收集到的信息按照行政区域的划分来对网络食品经营者开展调查，对于存在基本证照不全或不符问题的商家，依法对其作出停业处理。加强对入网商家线下的生产经营环境进行检查，对商家的自制食品与半成品进行检验与检疫。其他则对供应商供货的食品实行抽检，若发现问题坚决取缔经营资质，下架网络食品。通过日常监管与不定期抽查，保障食品信息真实可靠。

3. 严格规范网店退出网络市场的程序

对网络食品市场店铺的约束不强无形增加了网络食品安全风险。入网经营者前期在电子店铺上投入的资金及缴纳给第三方平台的保证金额较少，导致入网经营者不惧怕损失且易退出网络市场，长此不利于网络市场环境的健康有序发展。要制定能约束网店退市行为的措施，从入网经营者的月平均销售额着手，制定风险保障制度，每月提交相应数额的交易风险保证金；规定退市后一定时间内无售后纠纷才可退还保证金，切实为消费者提供一个有保障的网络食品购物环境。

三、设计网络食品安全社会共治信息系统

隐蔽性、虚拟性等特点加剧网络食品交易信息不对称，政府部门应创新监管的方式手段，利用互联网技术搭建网络食品安全信息监管公开平台，构建全

方位、立体化、网格化的网络监管体系，推行多方积极参与创建与治理的追溯体系管理运营模式。①

（一）建立网络食品安全社会共治网络信息化基础平台

网络食品安全监管信息公开平台的建立对于政府监管部门越来越重要，该平台的基础是网络食品安全信息网，如图 7-5 所示。

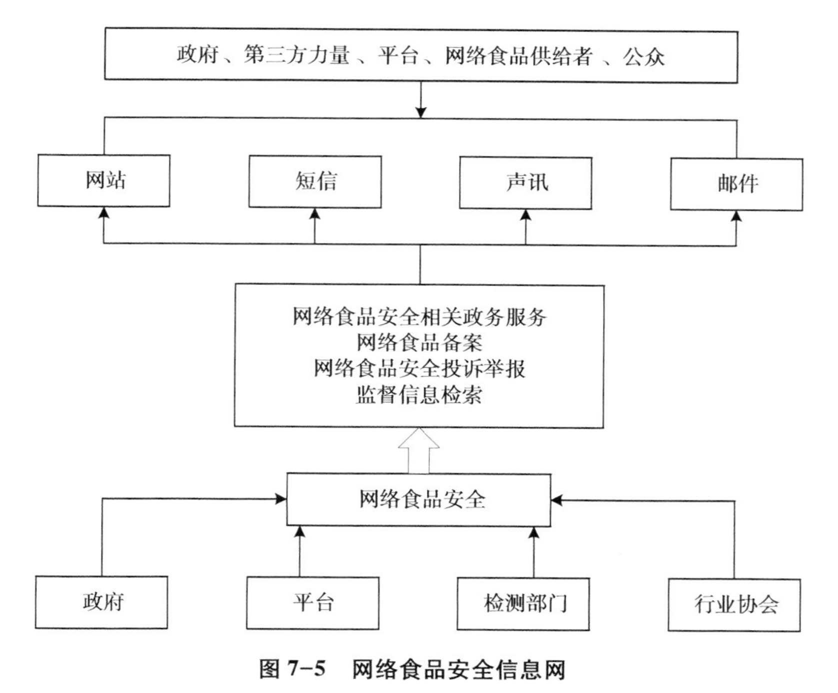

图 7-5 网络食品安全信息网

资料来源：笔者整理。

建立网络食品安全社会共治网络信息化基础平台是食品安全治理信息化建设的基础环节，信息化基础平台有助于实现政府部门的食品安全网格化监管以及多元主体之间的信息共享。首先，该平台应能与第三方平台进行数据

① 陈彦丽著：《协同学视阈下我国食品安全社会共治研究》，经济科学出版社 2016 年版，第 185—188 页。

对接,实现政府与第三方平台及时共享网络食品安全数据信息。方便查询到经过第三方平台与政府同时审查合格的网络食品经营者的登记注册情况及相关食品证件信息,特别是自产自销及散装食品的销售经营者正规合法的证照信息和食品生产相关合格证明。其次,设置食品检验和惩戒告示信息专栏,及时发布不同食品批次的安全抽检与检验检疫情况,将网络食品安全社会评价及投诉信息共享给大众,并将不同种类食品的安全警示信息、商家违法行政处罚等信息进行公开告示。最后,政府还应不断加强对信息平台的技术支持与更新,保证消费者能实时查询网络食品信息,实现公众与网络食品安全信息服务平台的良性互动。

加大在食品安全社会共治信息化、智慧化方面的资金投入力度,大力提升食品安全的风险监测、风险交流、风险评估、安全检疫、智慧监管等能力。培训和提高监管人员利用现代化科技、信息手段的能力,实现监管人员的信息共享、即时监管、智能监管。同时,扩大食品安全社会共治的信息覆盖,逐渐推动信息公开和共享在食品安全社会共治全流程、全阶段、多主体的覆盖。建立健全食品安全信息公开机制,提升公众参与食品安全监管的热情。

充分利用大数据技术,根据消费者的特征与多次检索信息的需求来为不同的消费者推送多元化、个性化的网络食品安全信息。同时设立网络食品信息多渠道查询的超链接以便消费者能及时全面了解到官方权威信息,有效满足不同消费者对网络食品安全信息的需求。平台要为消费者与监管部门、第三方平台之间的交流与沟通提供个性化的支持服务,整合网络食品基础数据。网格化的优点是可以明确监管责任,去除监管盲区,将各监管部门监管资源有效整合,进行联运协同执法、网络食品安全全程监控。信息共享有利于将网络食品生产与经营信息及食品安全治理信息及时有效传播,在全社会形成网络食品安全治理合力。网络信息化基础平台是网络食品安全管理信息系统、网络食品安全风险监测与评估信息系统、食品安全信用信息系统和食品安全可追溯信息系统建立的基础和保障。网络信息化基础平台还需在全国范围内建设云计算中心，建设统一的网络食品安全云计算中心可以为政府部门提供全面、统一的网络食品市场运作及管理信息，保证网络食品安全信息的完整性，实现网络食品供应链全程管理的信息互通，并且通过云计算中心提供的超级存储及处理能力，建立起可供社会共享的网络食品安全信息资源，减少网络食品安全信息系统的重复建设投资，最大限度地保障广大消费者的利益。

（二）完善政府网络食品安全信息公开制度

信息公开是政府工作的重要内容。网络食品安全信息公开有利于社会公众了解网络食品安全问题及治理状况，保障消费者的知情权，便于公众参与和监管，维护社会安定。除涉密信息和有争议的信息外，政府网络食品安全信息公开主要包括四个方面，如表 7-6 所示。

表 7-6　政府网络食品安全信息公开内容

网络食品信息	公开内容
政府日常监管	建立网络食品安全日常监管信息公开制度，由国务院卫生行政部门统一制定网络食品安全日常监管信息范本，从而保证网络食品日常监管信息公开的统一性、科学性和目的性
供应链	“从农田到餐桌”全过程的原材料、添加剂、生产加工条件及程序、食品检测等详细信息。此方面的信息公开需要第三方力量检测、认证服务的有效配合，才能够反映网络食品供应链运行的真实状况，使消费者了解更多的网络食品安全知识，提高其运用网络食品安全可追溯信息系统的积极性
风险评估及预警	网络食品安全风险评估应以公众健康为第一目标，设置公众参与的具体途径及方式，并且将“转基因食品”等具有未知风险的食品明确标注
事故处理	食品安全事故的发生地、人身及财产损失、发生原因、责任者、调查结果、处罚措施，以及相应的防范建议等

资料来源：笔者整理。

当前，我国网络食品安全信息公开还存在一定不足。例如，信息公开多是政策层面的规定，缺少法律强制力；政府信息公开的范围较狭窄，界定不清晰；

过程公开不力,结果公开的及时性较差;缺少制约,缺少政府不公开的法律责任追究;政府各部门间协调性不高,信息资源难以共享。为此,需要完善我国的政府网络食品安全信息公开制度。第一,明确网络食品安全信息公开的基本原则,扩大网络食品安全信息公开的范围,提高网络食品安全信息公开的力度和及时性。第二,对现有信息公开方面的法规、政策进行整合,减少立法、执法中的矛盾冲突,实现信息公开的统一规划和部署,促进网络食品安全政府管理部门之间的协调和资源共享。第三,建立明确的网络食品安全过程公开和结果公开制度,细化、拓展网络食品安全信息公开的内容,既要公开网络食品安全政策、标准和处理决定,也要公开会议资料、审议的过程、作出决定的过程等,通过国家统一的网络食品安全信息发布平台,实现网络食品安全法律法规、网络食品安全标准、网络食品安全风险评估和监测数据、网络食品安全事故行政处罚决定、网络食品安全标准制定过程、网络食品安全日常监督信息等的统一公布。第四,建立责任追究制度。对故意隐瞒、拒不公开食品安全信息的政府部门及相关人员规定相应的惩戒机制,追究其行政或刑事责任。①

(三)建立完善的网络食品安全信息管理制度

网络食品安全信息管理主要包括信息披露制度及责任制度的管理。为解决网络食品市场的信息管理主体的协调制度及信息管理的信息不对称等问题,使处于弱者地位的消费者获得更多的网络食品安全信息,从而作出正确决策,建立完善的网络食品安全信息管理制度十分重要。网络食品安全管理信息系统的内部结构如图 7-6 所示。

网络食品安全信息管理的主体包括政府食品安全管理部门、网络食品生产经营者及第三方力量,在信息管理的主体中,政府具有管理者与服务者的双

---

① 丁冬:《食品安全信息公开的现实、问题及其改进——从广州镉超标米事件谈起》,《人大法律评论》2013 年卷第二辑。

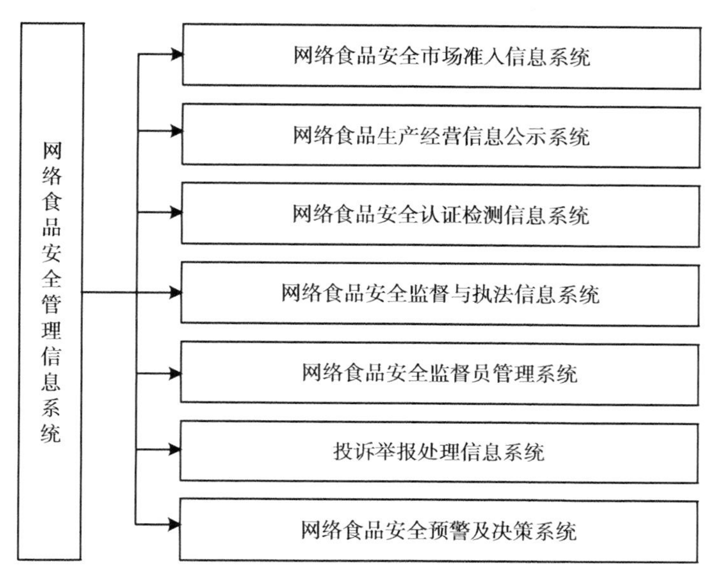

图 7-6 网络食品安全管理信息系统的内部结构

资料来源:笔者整理。

重身份,是网络食品安全信息管理的最重要参与者。当前,我国的网络食品安全信息管理存在许多问题。由于投入资金不足、检测技术和设备落后、监管人员少且专业素质不高等原因导致政府网络食品安全信息采集能力较弱;部分媒体受专业性的限制和高收视率的驱使,未能对网络食品安全事件进行客观、严谨、真实的报道。

建立完善的网络食品安全信息管理制度要做到以下两个方面:第一,可将全国各地区、各部门食品安全信息网站合并,建立统一权威的网络食品安全信息发布平台。保证网络食品安全信息一站式查询,做到准确、及时、高效,提高网络食品安全信息的更新速度,保证网站的公信力和权威性。第二,设计有效的激励机制来打破网络食品第三方平台、商家及第三方力量的集体沉默策略。通过利用不对称的预期利益来引导网络食品第三方平台、商家及第三方力量自愿提供网络食品安全真实信息。

（四）构建信息技术运用融合平台

信息技术运用融合在网络食品安全治理中是指在政治因素与技术因素相统一的情况下构建信息技术融合平台。重点运用融合网络信息技术，结合各地网络食品安全监管实际，着重打造“互联网+治理”模式。整合监管部门间治理力量，推动建立大数据系统，对网络食品提供者的上传信息、消费者点评等数据进行实时分析与警报，从而协助监督管理部门了解整体动态情势，提升监管效率，严格执行法律，对违法的第三方平台和网络食品经营者进行处罚。构建信息技术运用融合平台包括以下两个子系统信息平台：

1. 整合政府部门信息交流共享平台

由于不同部门之间存在数据系统壁垒，各部门之间未能实现监管信息的共享。因此，可利用信息技术构建统一的公共网络食品安全信息网络系统，将不同部门、不同环节的网络食品监管信息整合起来，推动跨区域、跨部门的网络食品安全信息互联，使政府的各个部门都能及时共享网络食品安全信息。建立信息资源共享的网络食品安全政府监管网络平台，有利于减少组织壁垒，畅通信息沟通渠道。在统一监管平台下，各个部门和各个区域的政府和机构都能实现对网络食品的跨区域监管。一方面，在遵循“属地管理”原则下，利用互联网技术进行远程操作，获取相关监管信息，从而有利于提高政府监管效率；另一方面，利用数据分析，向属地监管部门自动输送违法经营单位信息，属地监管部门通过实地审核的方式对违法经营单位作出惩罚，并将相关处理信息上传共享平台，形成新的监管数据。在“互联网+”背景下，数据驱动决策、数据驱动监管将逐渐成为常态，数据和信息的实时监测将为网络食品质量安全提供保障。

2. 构建政府与第三方平台信息系统

第三方平台在网络食品安全监管中发挥着重要作用，在公众利益上与政府具有相同的目标。因此，政府部门与第三方平台之间应构建信息共享系统，减少因信息不对称而造成的监管漏洞。市场监督管理局在进一步探索对网络食品单位发放经营许可证时,应将经营者的相关信息通过信息共享平台与第三方平台实现信息同步。第三方平台在审核网络食品提供者入网资质时,可同时通过信息共享平台查看入网商户的相关证件信息,避免入网商户提供虚假信息。与此同时,第三方平台也可以审核该网络食品提供者在经营时是否存在违法行为,以此对入网商户进行严格审核。第三方平台也可将网络食品提供者的证件审查情况、经营情况、消费者投诉情况通过信息共享平台反馈给政府部门,从而方便政府部门实现在线监督。

四、创新网络食品安全多元共治体系

网络食品安全社会共治的核心是协同治理。在协同机制的作用下,网络食品安全社会共治体系的运行依靠内在的沟通、协调、对话和利益诱导等机制,形成网络食品安全社会共治模型,如图 7-7 所示。

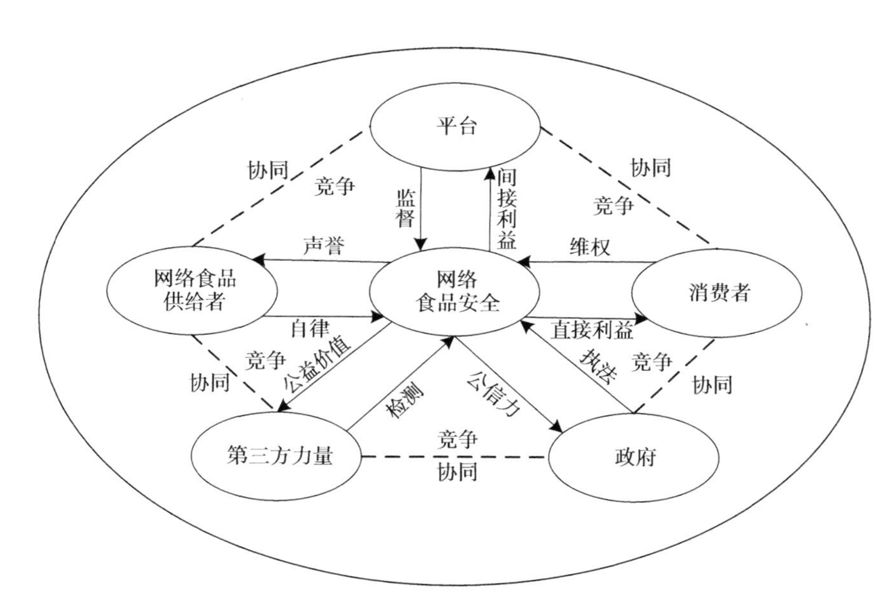

图 7-7　网络食品安全社会共治系统模型

资料来源:笔者整理。

（一）政府：网络食品安全治理的主导者

治理理论认为，在公共物品的生命周期中，大致存在三个角色：消费者、生产者，以及连接消费者与生产者的中介者。政府更多是扮演中介者的角色。网络食品安全治理并不意味着政府在网络食品安全管理领域的退出和责任的让步，而是政府角色和职能转变。

目前，我国网络食品安全监管第三方力量参与程度低，多元主体尚未形成，还需发挥政府在网络食品安全监管中的主导作用。政府是多元共治主体中的领导者、监督者和协助者，是供给者与需求者之间的双重博弈者。因此，政府首先要理顺内部关系，防止多部门执法的混乱、被动局面，继续整合原有分段监管部门的职权；其次要改变单一监管者地位，明确多元主体在网络食品安全治理中的职能和作用，将可以由社会进行的标准制定、风险评估、检验检测、日常监督等以委托、授权、外包等方式交给第三方力量来进行，强调客观性和公正性；最后要维持宏观管理、协调、执法等政府行为，强调全局性和权威性。政府要制定网络食品安全协同治理中的宏观框架和参与者的行为规则，创造一个利益共享、责任共担的机制，对网络食品安全供给多元主体之间的合作与竞争进行筹划与引导，从而营造公平的环境。

（二）平台：网络食品安全治理的责任者

1. 加强入网资质审查

网络食品第三方平台作为网络食品交易的撮合平台，承担的首要任务就是对申请入网的网络食品经营者的营业执照和食品生产许可证等进行资质审查。网络食品平台要利用自身的技术优势，承担起协助政府监管部门的责任，设置比法律规定更加严格的审查标准。例如，除了审查证照外，第三方平台还可以要求入驻商家提交经营场所的照片，并与营业执照上的照片进行比对。此外，网络食品第三方平台也要完善网络食品服务提供者市场准入机制。要加强对人工审核的管理,严格要求审核人员认真检查申请入驻平台的商家所提交的材料的真实性。在市场准入方面要制定网络食品安全专项监管制度,对入驻商家的经营信息进行实名登记,检查证照信息是否一致。不仅如此,网络食品第三方平台在商家入网后,可以对其经营信息进行抽查,也可以要求再次审核部分经营者的证照,检查其是否存在共用证照的行为,或者是否存在私自更改经营地址未上报的行为,即在监管过程中可以对经营者的经营资质进行抽查。①

2. 加强重点监控

由于网络食品服务提供者数量庞大,网络食品第三方平台也需建立重点监控制度,进行分级监管。目前,美团已经建立了“天网系统”,依靠“天网系统”可以利用大数据分析技术对网络食品服务提供者的经营业务进行监督和人工监控。通过大数据分析可以做到对网络食品交易量比较大的食品经营者进行重点监控。根据消费者信用评价、投诉举报数量、政府监管部门通报的违法违纪情况和守法情况,将网络食品服务提供者进行分级,对于等级高的网络食品服务提供者可以减少抽查监测或者不监测,而对于等级低的网络食品服务提供者可以重点监控,增加抽查监测的次数或者进行实地检查。对重点监控者进行食品安全培训,经培训合格者才可以继续经营。此外,美团已经建立的“天行系统试行”是对网络食品配送过程的食品安全进行监督,利用此系统可以对曾违反操作规范的配送员进行重点监管,并对其进行食品安全培训。综上,网络食品第三方平台可以利用自身的大数据系统对网络食品服务提供者和配送员进行重点监控,从而高效率地对网络食品安全进行监管。

3. 健全信用评价机制

《中华人民共和国电子商务法》提出,网络食品第三方平台应当建立信用

---

① 张敏:《网络餐饮第三方平台食品安全监管研究》,甘肃政法大学硕士学位论文,2021年。

评价制度,虽然信用评价制度存在于网络食品第三方平台体制内,但是现有的信用评价制度只是消费者对食品订单进行评价。因此,要运用技术手段将信用评价的数据信息进行梳理整合,对网络食品经营者虚假评价或者消费者的恶意评价行为进行识别,以保障信用评价的真实性。建立完善的信用评价反馈机制,将网络食品服务提供者的信用评价与其经营行为真实联系,并将网络食品服务提供者的信用评价与奖惩挂钩。根据信用评价建立黑名单制度,对于列入“黑名单”的网络食品服务提供者,根据违法行为的程度和社会影响程度,分级采取约谈、部门通报、在媒体发布公告等不同方式处理。同时,信用评价要与重点监控挂钩,网络食品服务提供者的信用评价可以作为重点监控的依据,对信用评价低的网络食品服务提供者重点监控,可促使商家合法经营网络食品,由此形成网络食品第三方平台食品安全监管闭环。

4. 畅通投诉举报渠道

在网络食品的安全监管过程中,消费者监督的重要性越来越凸显。消费者是网络食品安全问题的直接接触者,消费者群体庞大,接触到的食品安全信息不计其数,这些信息是政府监管部门和第三方平台的监管盲点,若能够设置适当的渠道将信息汇总传递给政府监管部门和网络食品第三方平台,就能极大减轻两者的监管压力,扩大监管覆盖面,形成监管合力。设置畅通的投诉举报渠道可以有效带动消费者维权的积极性,有利于实现网络食品安全社会共治。

5. 完善食品安全事故处置措施

目前,对于网络食品安全事故处置的相关法律规定比较笼统。《网络食品经营监督管理办法》中仅规定第三方平台应当建立食品安全事故处置制度,由于网络食品第三方平台在网络食品安全事故的处置方面存在不足,因此要完善网络食品第三方平台的食品安全事故处置措施。

首先,第三方平台要预先制定一份网络食品安全事故的处置预案,预案内容要包括以下几个方面:一是网络食品安全事故分级标准;二是设置预防预警机制；三是设置食品安全事故的处置程序；四是建立应急保障机制；五是加强网络食品安全事故处置的知识技能培训并组织演练。网络食品安全事故处置预案不是一个形式，第三方平台要严格按照制定的预案实施，为处理网络食品安全事故做好准备。其次，第三方平台要建立网络食品安全事故信息接收平台并向社会公开，以及时发现网络食品安全事故。最后，当真正发生网络食品安全事故时，第三方平台需根据网络食品安全事故处置预案及演练，立即对事故进行处置，采取措施防止事故损失和影响的扩大，并将情况上报，配合政府监管部门调查处理。对于引发网络食品安全事故的食品经营者，应根据平台的管理规则进行处置，按照违法行为的轻重采取批评警告、停业整顿、临时下线或者永久下线的惩罚，并将其移交行政机关或者公安机关。此外，网络食品第三方平台应当将食品安全事故的处置结果公开在平台上，以警示其他食品经营者，并接受消费者和其他社会群体的监督。

（三）第三方力量：网络食品安全治理的参与者

第三方力量以其“专业性、灵活性、纽带性优势”，以网络食品安全治理积极参与者身份成为网络食品安全社会共治不可或缺的重要一环。[①] 要充分发挥网络食品安全治理第三方力量的参与作用，首先必须通过一系列制度建设及政策支持，对于其健康可持续发展给予大力支持，在保证其独立性、自主性、专业性的前提下，实现与其他参与主体的和谐发展。

1. 适当扩大第三方力量职能，充分发挥其专业优势

目前，我国网络食品安全治理第三方力量参与网络食品安全治理的力度及范围均不尽如人意，要实现第三方力量的充分参与，首要工作是在明确政府与第三方力量关系的基础上，加大政策扶持力度，对其独立、健康、有序发展提供政策、资金、人员等方面的支持。此外，政府还要将更多与专业相关的职能，

---

① 张勤、钱洁：《促进社会组织参与公共危机治理的路径探析》，《中国行政管理》2010 年第 6 期。

如市场准入、检验检测、标准制定生产许可、商标认定等，下放给资质符合条件的第三方力量，以充分发挥其专业优势。同时，将政府从具体管理事务中抽身出来，专门做好政策制定与指导、市场秩序维护等工作，由具体的执行者变为指挥协调者。

2. 加强第三方力量的组织体系建设，增强其公信力

一方面，要调整第三方力量内部的治理结构，形成多元化结构体系，增强其运行的独立性与自主性。另一方面，要不断增强组织的公信力。既要加强组织内部管理，规范运作，以提高自我管理、自我约束、自我发展水平；又要在组织内部建立均衡机制，通过民主参与及多元监督等方式，约束组织领导和成员的不法行为；还要建立并完善第三方力量声誉管理制度，通过制度明确组织成员市场行为规范，奖励合法经营者，处罚不法经营者，以公正、公平、公开的行业规范增强组织的公信力；此外，还要积极完善质量评估制度和信用评估管理制度，加强网络食品行业的质量评估及信用管理，在推动行业发展的同时，增强其自身的公信力。

3. 鼓励第三方社会组织参与，支持充分利用信息技术手段

要支持第三方检测机构充分利用信息技术手段，建立起系统性、应用性和集成性的检测平台，并通过引入竞争机制，加大政策支持、资金扶持和制度管理等，积极引导和鼓励第三方检测机构参与食品安全监管。要鼓励和支持第三方认证机构开展有机食品、绿色食品等质量认证，利用第三方认证机构的质量认证对冲消费者和生产者的信息不对称，帮助消费者利用声誉机制“用脚投票”，有效解决食品市场上“劣币驱逐良币”的现象。要鼓励城乡基层自治组织、消费者协会开展食品安全法律法规和食品安全防范等知识普及工作，倡导健康的饮食方式，澄清食品消费领域不实谣言，增强消费者的食品安全意识和自我保护能力。同时，探索性尝试赋予城乡基层自治组织隐患排查、先期整改等工作，缓解监管部门人少事多的矛盾。

（四）消费者：网络食品安全的直接参与者

消费者是网络食品安全的直接受益者，其对于食品安全治理的积极参与、理性参与、有效参与程度，在一定意义上，直接决定网络食品安全治理的实效性。

1. 培育公共精神，实现积极参与

要实现消费者对于网络食品安全的积极参与，必须转变并增强几个意识：一是主体意识。消费者作为重要的网络食品安全利益相关者，与网络食品安全具有极为紧密的联系，又由于食品安全具有的公共性，使其影响极为广泛，消费者必须明晰“食品安全直接受益者”这一主体定位，实现对于食品安全治理的积极参与。二是维权意识。受当下维权渠道不畅通、维权成本高、维权效果不佳等因素的影响，我国消费者对于食品安全的维权意识普遍缺乏。三是公民意识。公民意识对于公民积极参与社会治理、公共精神的有效培育具有极为重要的作用。要强化社会主人翁意识，通过合法渠道以合理形式积极参与包括网络食品安全在内的社会治理。

2. 掌握食品安全知识，实现理性参与

对于公众参与网络食品安全治理而言，除要培育公共精神，还要努力掌握食品安全知识以实现理性参与。具体而言，需要掌握以下三方面知识：首先，要掌握网络食品安全知识。作为网络食品安全的直接受益者，公众必须通过学习、阅读网络食品安全宣传材料，或利用网络学习，掌握预防、鉴别、消除网络食品安全隐患的日常知识或实用的专业理论。其次，要通过风险教育提升风险自救能力。通过政府相助与公民自助相结合的形式，让消费者了解网络食品安全的简易识别方法、健康饮食习惯等。同时，通过风险教育增强公众的食品风险意识，提升危机状态下的自我救助能力。最后，要掌握正确的参与知识。正确参与知识的具备，对于公众选择合法、合理、合适的参与渠道，运用正确的参与形式具有决定作用。面对网络食品安全治理，公众应该充分利用现有的举报投诉等渠道,向相关政府监管部门、消费者协会、媒体寻求帮助或补偿,在法律允许的范围内,充分行使公民享有的参与权。

3. 通过合适渠道,实现有效参与

对于公众而言,即便拥有了公共精神并具备了专业的食品安全知识和参与知识,如果参与渠道不畅通或选择了不合适的参与渠道,那么不仅不利于实现网络食品安全的有效参与,甚至还会对其自身权益和社会稳定带来不利影响。

寻求合适的参与渠道,可以着眼于在信息公开平台上进行充分的交流沟通。这种交流沟通包括四个维度:一是公众与政府之间的交流沟通。政府通过交流不仅可以增强其行为的可信性与正当性,还可以了解政府的相关政策法规,以及寻求食品安全救助的渠道,增强其参与的有效性。二是公众与网络食品服务提供者之间的交流沟通。通过这种交流沟通,可以在一定程度上缓解信息不对称问题,使公众在掌握食品信息的基础上,增强分辨、识别食品安全隐患的能力。三是公众与科研机构的交流沟通。应及时了解食品安全风险预警,增强应对食品安全风险的针对性与及时性。四是公众之间的交流沟通。促进信息传递结成信息沟通及利益同盟,共同应对网络食品安全风险。

五、健全网络食品社会共治跨界合作机制

要想从根本上改善食品安全环境,确保人民群众“舌尖上的安全”,必须按照新时代完善社会治理体系、提升社会治理效能的要求,重点从主体跨界、地域跨界、部门跨界等视角,健全跨界合作机制,完善食品安全社会共治体系,切实满足人民日益增长的食品安全需要。

(一)基于跨治理主体视角的食品安全风险多元主体共治

《中华人民共和国食品安全法》以法律的形式明确要求食品安全工作实行“预防为主、风险管理、全程控制、社会共治,建立科学、严谨的监管制度”的基本原则,并将社会共治原则体现到具体的条款中。实行社会共治成为我国

社会各界治理食品安全风险的共识和新时代食品安全风险治理的根本路径。

党的十八大以来,我国食品安全风险社会共治取得了显著成效。新时代食品安全风险共治体系建设的重点在于:充分认识并准确把握政府、市场与社会的职能边界及其动态演化,健全政府、市场与社会多元化主体跨界合作机制,促进多元化共治主体间的跨界合作。一是完善政府与企业之间的跨界合作机制,政府既要严格执法、加强对企业进行监督检查,更要从多方面开展工作,引导企业更好地履行社会责任,发挥治理功能;二是完善政府与非营利性组织之间的跨界合作机制,政府在政策制定与实施中既要吸收社会组织的意见和建议,也要逐步将部分监管职能交给社会组织;三是完善政府与社会公众之间的跨界合作机制,政府既要在食品安全相关政策制定与实施中征求社会公众的意见,及时回应民意,也要进一步引导社会公众直接参与食品安全风险治理,鼓励社会公众依法对政府食品安全监管与企业食品安全生产进行监督。

(二)基于跨地域边界视角的食品安全风险府际协同治理

食品安全地方政府负总责并非意味着简单意义上的“划地而治”,而是督促各级地方政府加强府际合作,建立信息共享与利益协调机制。为解决跨地域边界的复杂食品安全问题,地方政府之间,尤其是诸如江浙沪、粤港澳、京津冀等区域一体化程度较深的地方政府之间,迫切需要建立一种跨地域的、有别于传统行政区治理模式的协同治理机制,以充分发挥食品安全风险治理系统各参与主体的优势和专长。通过协同合作、资源共享、利益调整,进而形成跨越地域边界的食品安全问题治理的良好局面。一是制定跨地域边界协同治理的法规制度。制定跨地域边界食品安全问题协同治理的各类政策、法规以及部门规章等,有效规范各治理主体的行为选择,是跨地域边界协同治理有效运转的重要保障。二是培育跨地域边界协同治理的社会资本。食品安全风险跨地域边界协同治理属于治理范畴,治理子系统除了通过正式法规制度集体行动以外,更要有大量的非正式的松散的互动合作,而这主要通过社会资本来完成。三是建立跨地域边界协同治理的参与协调网络。建立相应的参与协调机制,使各子系统有序参与跨地域边界公共问题的决策和利益的协调。既要建立跨地域边界协同治理决策参与机制,也要建立跨地域边界协同治理利益协调机制。

后　记

作为互联网环境下的新生事物,网络食品为人民群众提供了更加便利轻松的生活,但也滋生了新的食品安全风险。近年来,党中央、国务院高度重视网络食品安全规范管理工作,推动全国网络食品安全形势总体平稳、持续向好,人民群众获得感、幸福感、安全感不断提升。为了及时梳理我国网络食品安全治理的创新举措和生动实践,我们历时两年多完成了《网络食品交易风险与治理机制研究》的研究与撰写工作。本书受到国家社会科学基金重大项目“食品安全社会共治与跨界合作机制研究”(项目编号:20&ZD117)、国家自然科学基金青年项目“基于平台型生鲜电商的供应链质量安全风险治理机制研究”(项目编号:72003081)、国家社会科学基金一般项目“社交媒体环境下食品安全网络舆情发酵机理与管控策略研究”(项目编号:21BGL215)等课题的资助,是在前期完成的调研报告和商业案例基础上修改完善而成的。鉴于网络食品安全治理是一个异常复杂的系统工程,本书不仅进行了理论探讨,还特别强调了理论与实践的结合,通过深入调研上海、宁波、无锡等城市网络食品治理实践,本书对案例进行了详细整理和经验提炼,力争使研究结论能够兼具理论意义和实践价值。

本书是团队共同努力的成果。我们十分感谢为此书的研究、撰写、出版而作出努力的所有成员。感谢岳振兴、王执杰、李秀峰、李云龙、赖德凌、郭瑞、柴敬怡、王艺苗、徐宇辰、王雪、张熠璐等同学卓有成效的前期研究工作，感谢肖仪、蒋玉坤、李浩、谢雨杰、代茗卓、毛君澜、陆心航、王晨雪、唐诗妍、罗勇、虞珂、倪洁、齐畅达、刘烁、周绪蓝等同学参与搜集资料并协助书稿撰写。

我们在研究过程中参考了大量的文献资料，并尽可能地在文中一一列出，但也难免会有疏忽或遗漏。研究团队对被引用文献的国内外作者表示感谢。

习近平总书记一直以来都非常重视食品安全问题，那些“舌尖”上看似寻常的小事，都是总书记心中的大事。为了保障公众的食品安全，必须加强食品安全网络监管，在网络空间营造风清气正的环境。我们将继续探索，不断开拓，努力为持续推进食品安全治理体系和治理能力现代化建言献策。

2024 年 5 月

责任编辑:李甜甜
封面设计:胡欣欣

图书在版编目(CIP)数据

网络食品交易风险与治理机制研究/浦徐进,洪巍,徐磊 著. —北京:人民出版社,2024.7
ISBN 978-7-01-026594-0

Ⅰ.①网… Ⅱ.①浦…②洪…③徐… Ⅲ.①网上购物-食品安全-风险管理-研究-中国 Ⅳ.①TS201.6

中国国家版本馆 CIP 数据核字(2024)第 103367 号

网络食品交易风险与治理机制研究

WANGLUO SHIPIN JIAOYI FENGXIAN YU ZHILI JIZHI YANJIU

浦徐进 洪 巍 徐 磊 著

人民出版社 出版发行
(100706 北京市东城区隆福寺街 99 号)

北京九州迅驰传媒文化有限公司印刷 新华书店经销

2024 年 7 月第 1 版 2024 年 7 月北京第 1 次印刷
开本:710 毫米×1000 毫米 1/16 印张:21
字数:260 千字

ISBN 978-7-01-026594-0 定价:86.00 元

邮购地址 100706 北京市东城区隆福寺街 99 号
人民东方图书销售中心 电话 (010)65250042 65289539